全国高职高专建筑类专业规划教材

建 筑 设 备

主 编　徐　欣　孙桂涧
副主编　刘华斌　吴　琼　徐海英
主 审　景巧玲

黄河水利出版社
·郑州·

内 容 提 要

本书是全国高职高专建筑类专业规划教材,是根据教育部对高职高专教育的教学基本要求及全国水利水电高职教研会制定的建筑设备课程标准编写完成的。本书系统地介绍了流体力学基础知识、建筑给水工程、建筑排水工程、采暖与燃气工程、通风与空调工程、建筑电气系统、建筑弱电系统等内容。其体系完备、内容翔实、图文并茂、深入浅出、系统性强,注重实践性和实用性,突出现行新规范和新标准。

本书可作为高职高专院校、成人高校及继续教育和民办高校的建筑工程技术专业、工程造价专业、工程监理专业、建筑装饰工程技术专业教材,同时亦适用于建筑经济管理、物业管理等专业。此外,还可作为建筑工程专业技术人员的岗位培训教材及有关人员的自学教材。

图书在版编目(CIP)数据

建筑设备/徐欣,孙桂涧主编.—郑州:黄河水利出版社,
2011.5 (2015.1 修订重印)
全国高职高专建筑类专业规划教材
ISBN 978 - 7 - 5509 - 0057 - 8

Ⅰ.①建… Ⅱ.①徐… ②孙… Ⅲ.①房屋建筑设备 -
高等职业教育 - 教材 Ⅳ.①TU8

中国版本图书馆 CIP 数据核字(2011)第 085893 号

组稿编辑:王路平 电话:0371 - 66022212 E-mail:hhslwlp@ 163. com
　　　　　简　群　　　　　　66026749 　　　　　w_jq001@ 163. com

出 版 社:黄河水利出版社
　　　　地址:河南省郑州市顺河路黄委会综合楼 14 层　　邮政编码:450003
发行单位:黄河水利出版社
　　　　发行部电话:0371 - 66026940、66020550、66028024、66022620(传真)
　　　　E-mail:hhslcbs@ 126. com
承印单位:河南承创印务有限公司
开本:787 mm × 1 092 mm　1/16
印张:18
字数:420 千字　　　　　　　　　　　　　印数:8 001—12 000
版次:2011 年 5 月第 1 版　　　　　　　　印次:2015 年 1 月第 3 次印刷
　　　2013 年 1 月修订

定价:32.00 元

前　言

　　本书是根据《教育部、财政部关于实施国家示范性高等职业院校建设计划,加快高等职业教育改革与发展的意见》(教高[2006]14号)、《教育部关于全面提高高等职业教育教学质量的若干意见》(教高[2006]16号)等文件精神,由全国水利水电高职教研会拟定的教材编写规划,在中国水利教育协会指导下,由全国水利水电高职教研会组织编写的建筑类专业规划教材。本套教材以学生能力培养为主线,具有鲜明的时代特点,体现出实用性、实践性、创新性的教材特色,是一套理论联系实际、教学面向生产的高职高专教育精品规划教材。

　　本书适用于建筑工程技术、工程造价、工程监理、建筑装饰工程技术等专业。在编写过程中遵循的原则及特点如下:

　　(1)本书理论和实践部分内容翔实、图文并茂、通俗易懂,便于学生自学。编者在多年教学过程中发现,如果理论知识太少,只讲识图与安装,有些学校没有较好的实训条件,学生缺乏必要的理论基础,以致对这门课兴趣不大,所以教材必须便于学生自学,提高学生的学习积极性。

　　(2)本书理论讲解、施工图识读、施工安装三者并重,形成完整的知识体系,各相关专业可根据需要有选择性地讲解,加强学生动手能力的培养,提高学生的实践技能,体现了高等职业教育注重以能力为本位的人才培养观念。

　　(3)采用现行的规范和标准。本书介绍了新材料、新技术、新工艺,使学生更多地掌握新知识、新技术。

　　(4)本书实用性强,对于那些需要进一步提高的学生、相关专业的工程技术人员也有一定的参考价值。

　　本书编写人员及编写分工如下:湖北水利水电职业技术学院徐欣编写第一章、第四章(第三节)、第六章(第六~第八节),福建水利电力职业技术学院肖定华编写第二章、第四章(第一节、第二节),浙江同济科技职业学院张艳编写第三章,辽宁水利职业学院吴琼编写第五章,黑龙江农垦科技职业学院孙桂涧编写第六章(第一~第五节),福建水利电力职业技术学院徐海英编写第七章,福建水利电力职业技术学院刘华斌编写第八章,山西水利职业技术学院李渐波编写第九章。本书由徐欣、孙桂涧担任主编,负责统稿;由刘华斌、吴琼、徐海英担任副主编;由国家注册造价工程师、注册监理工程师、湖北城市建设职业技术学院景巧玲担任主审。

　　本书在编写过程中参考了大量的书籍、文献,在此向有关编著者表示衷心的感谢!

　　本书在编写过程中,力求尽善尽美,但由于编者水平有限,书中疏漏之处在所难免,敬请读者批评指正。

编　者

2011年1月

前　言

目　录

第一章 流体力学基础知识

物质在自然界中通常有固体、液体和气体三种存在状态。液体和气体因具有较大的流动性而被称为流体。流体力学是研究流体平衡规律和运动规律以及流体与固体之间相互作用问题的一门科学,它是现代许多工程领域的理论基础。流体力学包括两个基本部分:研究流体平衡规律的称为流体静力学,研究流体运动规律的称为流体动力学。

第一节 流体的主要物理性质

一、流体的密度、容重、比容、相对密度

(一)密度和容重

流体和固体一样也具有惯性,惯性的大小可用质量来量度。质量越大,惯性也越大,越难改变其原有的运动状态。对于均质流体,单位体积的质量称为流体的密度,即

$$\rho = \frac{m}{V} \quad (\text{kg/m}^3) \tag{1-1}$$

式中 m——流体的质量,kg;
V——流体的体积,m^3。

流体在重力作用下具有重量。对于均质流体,单位体积的重量称为流体的容重(又称重力密度,简称重度),即

$$\gamma = \frac{G}{V} \quad (\text{N/m}^3) \tag{1-2}$$

式中 G——流体的重量,N;
V——流体的体积,m^3。

由物理学知,$G = mg$。因此

$$\gamma = \frac{G}{V} = \frac{mg}{V} = \rho g \tag{1-3}$$

式中 g——重力加速度,一般取 $g = 9.8 \text{ m/s}^2$。

流体的密度和容重随其温度和所受压力的变化而变化。但在实际工程中,液体的密度和容重随温度和压力的变化不大,可视为一个常数,而气体的密度和容重随温度和压力的变化较大,设计计算中通常不能视为一个固定值。因此,当指出某种流体的密度和容重时,必须指明它所处的温度和外界压力条件。

(二)比容

比容是密度的倒数,即 $\nu = 1/\rho$,其单位为 m^3/kg。

(三)相对密度

物质的密度与标准物质的密度之比,称为相对密度。对于固体和液体,标准物质多选

用4 ℃的水;对于气体,多采用标准状况(0 ℃,1.013 25 × 10^5 Pa)下的空气。

二、流体的压缩性与膨胀性

当温度保持不变时,流体的压强增大、体积减小、密度增大的性质,称为流体的压缩性;当压强保持不变时,流体的温度升高、体积增大、密度减小的性质,称为流体的膨胀性。液体和气体的压缩性与膨胀性有所不同。

液体的压缩性与膨胀性都很小。例如,水在常温下,当压强增大一个大气压时,体积约缩小1/20 000,因此在实际工程中往往不考虑液体的压缩性。例如,在管道的密闭性试验(俗称管道试压)中,常用水作为试验介质。首先将试压管段充满水,然后用试压泵向管段内强制性继续注水,水的压缩性很小,所以只需强制注入少量的水便可使管段内压力升高很快,使管段内升压时间缩短。如果管段密闭性不好,只要有少量泄漏,便会使压力明显下降。又如,在一个大气压下,当温度在10 ~ 20 ℃时,水的温度升高1 ℃,体积只增加1.5/10 000。所以,在实际工程中,除供暖系统外,都不考虑液体的膨胀性。水在密闭系统(或容器)中受热升温后,会产生很大的温度应力,将系统部件胀坏。所以,采暖和热水供应系统,必须充分考虑水的膨胀性问题,如设置专门的膨胀罐等。

水的膨胀性有其特殊性。当水温在0 ~ 4 ℃时,水的体积随温度的升高而减小,密度和容重相应增大;水温大于4 ℃时,水的体积则随温度的升高而增大,密度和容重相应减小。

气体有很大的压缩性和热膨胀性。温度与压力的变化对气体密度和容重的影响很大。如在标准大气压、0 ℃时,空气的容重为12.7 N/m^3,而在标准大气压、20 ℃时容重减小为11.76 N/m^3。

三、流体的压力

流体单位面积上所承受的垂直作用力,称为流体的静压强,简称压强,习惯上称为压力,以符号p表示,而流体的压力F称为总压力。

$$p = \frac{F}{A} \tag{1-4}$$

式中　p——流体压力,N/m^2 或 Pa;

　　　F——垂直作用于面积A上的总压力,N;

　　　A——作用面的面积,m^2。

(一)绝对压力

绝对压力为流体的真实压力。

(二)表压

表压为流体绝对压力高于外界大气压的数值。当设备内流体绝对压力高于外界大气压时,安装在设备上的压力表的读数即为表压。

表压与绝对压力的关系为

表压 = 绝对压力 - 大气压力(当地)

(三)真空度

真空度为流体绝对压力低于外界大气压的数值。当设备内流体绝对压力低于外界大气压时,安装在设备上的真空表的读数即为真空度。

真空度与绝对压力的关系为

真空度 = 大气压力(当地) - 绝对压力

绝对压力、表压与真空度的关系如图1-1所示。

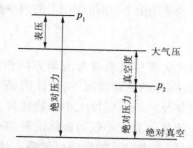

图1-1 绝对压力、表压与真空度的关系

四、流体的流动性和黏滞性

流体不同于固体的最基本特性就是具有流动性。流动性是指流体不能承受切向力,如果有切向力存在,即使切向力很微小,流体也会发生变形。因此,在建筑的水、暖、通风空调中,流体能在外力作用下通过管道连续地输送到指定的地点,供各种设备使用。固体有固定的形状,而流体没有固定的形状;固体有抗拉、抗剪、抗压的能力,而流体几乎不能抗拉,抗剪的能力也很小。可见,流体的流动性正是这种抗拉、抗剪能力极小的表现。但是,流体和固体一样,都能承受较大的压力。

流体在运动状态时,由于各流层的流速不同,就会在流层间产生阻碍相对运动和剪切变形的内摩擦力,称为流体的黏滞性。此内摩擦力也称为黏滞力。黏滞性(或黏性)是流动性的反面,流体的黏滞性越大,其流动性越小。

流体具有黏滞性可用平板拖曳实验加以证明。图1-2所示的装置为两块面积极大的平行平板,两板间的距离为y,中间充满液体,下面一块板固定不动,上面一块板则由力$F = \tau \cdot A$(A为平板与流体的接触面积,τ为板面的切应力)拖着沿正X轴以不太大的常速u向前运动。由于与板面接触的流体永远黏附在板面上,所以最上一层流体的流速与上板相同,最下层流体的流速则与下板相同,其值为0,各层流体的速度变化如图1-2所示。

实际流体在管内的速度分布如图1-3所示。

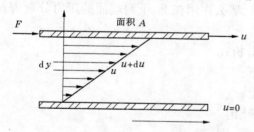

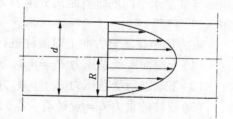

图1-2 平板间液体速度变化　　　　图1-3 实际流体在管内的速度分布

实验证明,对于一定的流体,内摩擦力F与两流体层的速度差du成正比,与两流体层之间的垂直距离dy成反比,与两流体层的接触面积A成正比,即

$$F = \mu A \frac{du}{dy} \tag{1-5}$$

式中　μ——流体的动力黏度(简称黏度),$Pa \cdot s$;

A——流层间的接触面积,m^2;

$\dfrac{du}{dy}$——流速梯度,表示流速沿垂直于流速方向的变化率。

通常情况下,单位面积上的内摩擦力称为剪应力,以 τ 表示,单位为 Pa,则式(1-5)变为

$$\tau = \mu \frac{\mathrm{d}u}{\mathrm{d}y} \tag{1-6}$$

即黏度为流体流动时与流动方向相垂直的方向上产生单位流速梯度所受的剪应力。显然,在同样的流动情况下,流体的黏度越大,流体流动时产生的内摩擦力越大。由此可见,黏度是反映流体黏性大小的物理量。

流体的黏度不仅与流体的种类有关,还与温度、压力有关。液体的黏度随温度的升高而降低,压力对其的影响可忽略不计;气体的黏度随温度的升高而增大,一般情况下也可忽略压力的影响,但在极高或极低的压力条件下需考虑其影响。

第二节　流体机械能的特性

一、流体静压力特性

静止流体内部压力具有如下特性:
(1)流体压力与作用面垂直,并指向该作用面;
(2)静压力与其作用面在空间的方位无关,只与该点位置有关,即作用在任意点处不同方向上的静压力在数值上均相同。

二、流体静力学基本方程

假如一容器内装有密度为 ρ 的液体,液体可认为是不可压缩流体,其密度不随压力变化。在静止的液体中取一段液柱,其截面积为 A,以容器底面为基准水平面,液柱的上、下端面与基准水平面的垂直距离分别为 Z_1 和 Z_2,那么作用在上、下两端面的压力分别为 p_1 和 p_2。

重力场中在垂直方向上对液柱进行受力分析:
(1)上端面所受总压力 $P_1 = p_1 A$,方向向下;
(2)下端面所受总压力 $P_2 = p_2 A$,方向向上;
(3)液柱的重力 $G = \rho g A (Z_1 - Z_2)$,方向向下。
液柱处于静止时,上述三项力的合力应为零,即

$$p_2 A - p_1 A - \rho g A (Z_1 - Z_2) = 0 \tag{1-7}$$

整理并消去 A,得

$$p_2 = p_1 + \rho g (Z_1 - Z_2) \tag{1-8}$$

变形得

$$Z_1 + p_1 / (\rho g) = Z_2 + p_2 / (\rho g) \tag{1-9}$$

若将液柱的上端面取在容器内的液面上,设液面上方的压力为 p_a,液柱高度为 h,则式(1-8)可改写为

$$p_2 = p_a + \rho g h \tag{1-10}$$

式(1-8)、式(1-9)及式(1-10)均称为静力学基本方程。由流体静力学基本方程可得出:

（1）当液面上方压力 p_a 一定时,静止液体内部任一点的压力 p 与其密度 ρ 和该点的深度 h 有关。因此,在静止的、连续的同种流体内,位于同一水平面上的各点的压力均相等。压力相等的面称为等压面。液面上方压力变化时,液体内部各点的压力也将发生相应的变化。

（2）在同一静止流体中,处在不同位置的流体位能和静压能各不相同,但二者总和保持不变。

（3）流体静力学方程也可表示为 $(p_2 - p_a)/(\rho g) = h$,即表明压力或压力差可用液柱高度表示,但需注明液柱种类。

三、流体流动的基本概念

（一）压力流、无压流和射流

（1）压力流。当流体运动时,流体的整个周界和固体壁(如管壁)相接触,这种流动称为压力流。它的特点是:①流体充满整个管道;②不能形成自由表面;③流体对管壁有一定的压力。如室内给水系统的水在管道中的流动,空调工程中的空气在风管道中的流动,供热工程中热水或高低压蒸汽在管道中的流动等,都是压力流。

（2）无压流。当液体流动时,液体的部分周界与气体相接触,这种流动称为无压流,又称为重力流。如室内排水系统中污水在管道中的流动,水渠中的水在水渠里的流动等,都是无压流。无压流有两个特点:①液体流体没有充满管道,所以在室内排水中引入了充满度的概念,即污水在管道中的深度 h 与管径 D 的比值称做管道的充满度,充满度的大小在排水系统设计中是很重要的参数。②液体流体在管道或水渠中能够形成自由表面。

压力流、无压流的图解如图 1-4 所示。

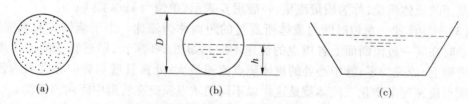

图 1-4　压力流、无压流图解

（3）射流。当流体流动时,流体的整个周界都被包围在液体或气体之中,这种流动称为射流。如果是液流被包围在气流之中或者是气流被包围在液流之中的射流,称为自由射流,如消防水枪喷射的水柱就是自由射流。如果是液流被包围在液体之中或者是气流被包围在气体之中的射流,称为淹没射流,空气调节系统中的送风口的气流就是淹没射流。

（二）恒定流与非恒定流

按液流或气流是否随时间变化来分,流体运动可分为恒定流与非恒定流。要定义恒定流和非恒定流的概念,我们以打开水龙头的过程为例:打开之前,水处于静止状态,称为静止平衡;打开后的短暂时间内,水从喷口流出,流速从零迅速增加到某一数值,在这个过程中,流速时刻在发生变化,称为运动的不平衡状态。当达到某一流速后,即维持不变,此时称为运动的平衡状态。处于运动平衡状态的流体,任一点的压强、流速和密度等运动要素不随时间发生变化的运动,称为恒定流,如图 1-5(a)所示。处于运动不平衡状态的流体,任一点的压强、流速和密度等运动要素随时间发生变化的运动,称为非恒定流,如图 1-5(b)所示。

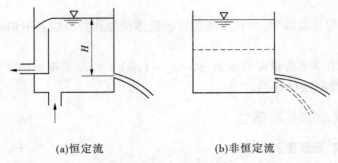

(a)恒定流   (b)非恒定流

图 1-5 恒定流与非恒定流

在实际工程中所接触的流体流动,都可以视做恒定流。在给水排水、供暖和通风工程中,流体的流动一般都按恒定流考虑。有些非恒定流,当压强、流速等运动要素随时间变化不明显或只在短时间内变化时,也按恒定流考虑。为分析方便,常假设在压力水头不变的情况下的流动为恒定流。如液位差保持不变,水泵或风机的转速保持不变。这样,运动流体的压强、流速等运动要素只与空间位置有关,而不随时间变化,使管道的计算得到简化。

(三)过流断面、流量和平均流速

(1)过流断面。流体流动时,与其方向垂直的断面称为过流断面,单位为 m²。

(2)流量。包括体积流量和质量流量。流体流动时,单位时间内通过过流断面的流体体积称为流体的体积流量,一般用 Q 表示,单位为 L/s 或 m³/s。单位时间内流经管道任意截面的流体质量,称为质量流量,一般用 G 表示,单位为 kg/s 或 kg/h。

(3)平均流速。单位时间内流体所通过的距离称为流速。由于流体具有黏滞性,流体流动时在同一过流断面上各质点的流速不同。如图 1-3 所示,贴近管壁的流体质点附着在管壁上,流速为零;管中心处的流体质点流速最大;处在管壁与管中心之间的各层流体的质点流速逐渐变化。流体就是这样以不同的质点流速在管道中间向前流动。

实际工程中,设想有一个流速,如果过流断面上各质点都按这个流速运动,所通过的流量等于各质点按实际流速流动通过的流量,这个流速称为断面平均流速,通常用 v 表示,单位为 m/s。

体积流量与平均流速的关系

$$v = \frac{Q}{A} \tag{1-11}$$

式中 A——管道截面积,m²。

质量流量与平均流速的关系

$$v = \frac{G}{A\rho} \tag{1-12}$$

式中 ρ——流体的密度,kg/m³。

一般液体的流速为 1 ~ 3 m/s,低压气体的流速为 8 ~ 12 m/s。

四、恒定流的质量守恒 – 连续性方程

在工程中常假设流体为不可压缩的介质。如图1-6所示的恒定流系统,流体连续地从1—1截面进入,从2—2截面流出,且充满全部管道。以1—1、2—2截面以及管内壁之间为计算范围,在管路中流体没有增加和漏失的情况下,单位时间进入截面1—1的流体质量与单位时间流出截面2—2的流体质量必然相等,即

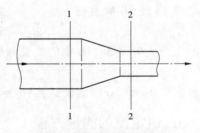

图1-6　连续性方程的推导

$$G_1 = G_2 \tag{1-13}$$

或

$$\rho_1 v_1 A_1 = \rho_2 v_2 A_2 \tag{1-14}$$

推广至任意截面,有

$$G = \rho_1 v_1 A_1 = \rho_2 v_2 A_2 = \cdots = \rho v A = 常数 \tag{1-15}$$

式(1-13)～式(1-15)均称为连续性方程,表明在恒定流系统中,流体流经各截面时的质量流量恒定。

以上所列连续性方程,不但只限于两断面之间,还可推广到任意空间。在管道的三通处,无论是分流还是合流,质量守恒定律仍然成立,即分流时,$Q = Q_1 + Q_2$;合流时,$Q_1 + Q_2 = Q$。

对不可压缩流体,$\rho =$ 常数,连续性方程可写为

$$Q = v_1 A_1 = v_2 A_2 = \cdots = v A = 常数 \tag{1-16}$$

对于圆形管道,式(1-16)可变形为

$$\frac{v_1}{v_2} = \frac{A_2}{A_1} = \left(\frac{d_2}{d_1}\right)^2 \tag{1-17}$$

【例1-1】　如图1-7所示,管路由一段 $\phi 89\ mm \times 4\ mm$ 的管1、一段 $\phi 108\ mm \times 4\ mm$ 的管2和两段 $\phi 57\ mm \times 3.5\ mm$ 的分支管3a及3b连接而成。若水以 $9 \times 10^{-3}\ m^3/s$ 的体积流量流动,且在两段分支管内的流量相等,试求水在各段管内的速度。

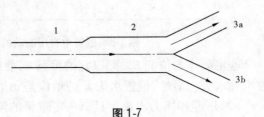

图1-7

解　管1的内径为

$$d_1 = 89 - 2 \times 4 = 81 (mm)$$

则水在管1中的流速为

$$v_1 = Q / \left(\pi \frac{d_1^2}{4}\right) = 1.75\ m/s$$

管2的内径为

$$d_2 = 108 - 2 \times 4 = 100 (mm)$$

由式(1-17),则水在管2中的流速为

$$v_2 = v_1 / (d_2/d_1)^2 = 1.15\ m/s$$

管 3a 及 3b 的内径为

$$d_3 = 57 - 2 \times 3.5 = 50(\text{mm})$$

因水在分支管路 3a、3b 中的流量相等,则有

$$v_2 A_2 = 2v_3 A_3$$

即水在管 3a 和 3b 中的流速为:$v_3 = 2.30$ m/s。

五、恒定流的能量方程

(一)流体的能量与水头

流动的流体机械能包括三种能量:位能、压能和动能。单位重量流体所具有的能量称为水头。

(1)位能和位置水头。具有一定重量的流体,因其位置高出某一基准面而具有的做功能力,称为位置势能,简称位能。流体的重量为 G,位置高出基准面 0—0 的高度为 Z(如图 1-8 所示 Z_1 和 Z_2),则它的位能为

$$E_{位} = GZ \qquad\qquad (1\text{-}18)$$

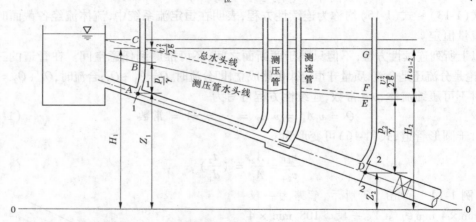

图 1-8 圆管中有压流动的总水头线与测压管水头线

若将流体的位能 $E_{位}$ 除以它的重量 G,便得到单位重量流体对基准面 0—0 的位能,称为位置水头。显然,位置水头 Z 的单位是 m。

(2)压能和压力水头。具有一定重量的流体,因其压力所具有的做功能力,称为压力势能,简称压能。重量为 G 的流体内部压力为 p(如图 1-8 所示 p_1 和 p_2),当在管道侧壁上钻一个小孔,焊接一个细短管,再连接一个开口的玻璃管(这种玻璃管称为测压管),我们会看到,液体会沿测压管上升一个高度 h,h 在数值上等于 p/γ(如图 1-8 所示 p_1/γ 和 p_2/γ)。由于压力 p 的作用,重量为 G 的液体上升到 p/γ 的高度,则它的压能为

$$E_{压} = Gp/\gamma \qquad\qquad (1\text{-}19)$$

若将流体的压能 $E_{压}$ 除以它的重量 G,便得到单位重量流体的压能 p/γ,称为压力水头。压力水头的单位也是 m。

(3)动能和流速水头。具有一定重量的流体,因其运动的速度而具有的做功能力,称为动能。重量为 G 的流体,质量为 m,运动速度(断面平均流速)为 v(如图 1-8 所示 v_1 和

v_2），则它的动能为

$$E_{动} = \frac{1}{2}mv^2 \tag{1-20}$$

若将流体的动能 $E_{动}$ 除以流体的重量 G（$G = mg$），便得到单位重量流体的动能 $v^2/2g$，称为流速水头。流速水头的单位也是 m。

从图 1-8 中可以看到，一根两端开口的玻璃管下端被弯成 90°，由管壁的侧孔伸入液流之中，玻璃管下端的开口对准流动方向，液体便沿着这根玻璃管上升到另一高度。这个高度与测压管内液面的高度差，就是由流体的速度造成的，它是动能转化为位能的结果，这个高度差就等于 $v^2/(2g)$。

综上所述，流动的流体具有位能、压能和动能三种能量，这三种能量之和就是流体的总机械能。单位重量流体的位能、压能和动能，分别称为（对某基准面的）位置水头、压力水头和流速水头。单位重量流体的总机械能，称为流体（对某基准面）的总水头，以符号 H 表示，单位为 m，即

$$H = Z + \frac{p}{\gamma} + \frac{v^2}{2g} \tag{1-21}$$

式中　H——流体的总水头，m；

　　　Z——流体对某基准面的位置水头，m；

　　　$\dfrac{p}{\gamma}$——流体的压力水头，m；

　　　$\dfrac{v^2}{2g}$——流体的流速水头，m。

（二）恒定流的能量方程

根据物理学知识我们知道：能量既不会创生，也不会消灭，它只能从一种形式转化为另一种形式，或者从一个物体转移到另一个物体，而总量保持不变。这个规律称为能量转化和守恒定律。

流体在流动过程中，其位能、压能和动能三者之间可以相互转化，如果没有能量损失，总机械能保持不变。

实际上，由于存在流动阻力，流体在流动过程中要消耗一定的能量，这部分能量转变为热能而损失。单位重量的流体由于克服阻力所损失的能量，称为水头损失，以符号 h_ω 表示，单位为 m。

如图 1-8 所示，流体由断面 1—1 流至断面 2—2，流程中由于克服阻力而产生的水头损失为 $h_{\omega1-2}$。从图中可以看出，断面 1—1 和断面 2—2 的总水头之间的关系为

$$H_1 = H_2 + h_{\omega1-2}$$

或

$$Z_1 + \frac{p_1}{\gamma} + \frac{v_1^2}{2g} = Z_2 + \frac{p_2}{\gamma} + \frac{v_2^2}{2g} + h_{\omega1-2} \tag{1-22}$$

式中各符号意义如前所述。

式（1-22）称为恒定流的能量方程，也称为伯努利方程。它的意义为：在恒定流的条件下，流体在流动过程中，单位重量流体的位能、压能和动能三者之间可以互相转化，其中有

一部分机械能由于克服阻力(转化为热能)而损失,但是能的总量保持不变。

能量方程在实际工程中应用很广。例如:利用水泵将蓄水池里的水抽送到车间去,需要选择一台合适的水泵。这台水泵的流量根据生产工艺的需要来确定,而水泵的扬程则必须利用能量方程式来进行计算。所谓水泵的扬程,是指水泵给单位重量的水增加的能量,也就是使水增加的水头,用 H_b 表示,单位是 m,也有用 kPa 或 MPa 的。

【例1-2】 如图1-9所示,要用水泵将水池中的水抽到用水设备,已知该设备的用水量为 60 m³/h,其出水管高出蓄水池液面20 m,水压为 200 kPa。如果用直径 d = 100 mm 的管道输送到用水设备,试确定该水泵的扬程需要多大才可以达到要求。

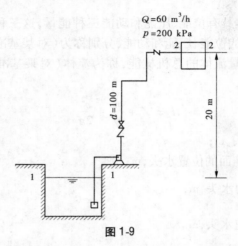

图 1-9

解 (1)取蓄水池的自由液面为1—1断面,取用水设备出口处为2—2断面。

(2)以1—1断面为基准液面,根据伯努利方程列出两个断面的能量方程

$$Z_1 + \frac{p_1}{\gamma} + \frac{v_1^2}{2g} + H_b = Z_2 + \frac{p_2}{\gamma} + \frac{v_2^2}{2g} + h_{\omega1-2}$$

式中,$Z_1 = 0, p_1 = 0, v_1 = 0, Z_2 = 20$ m,$p_2 = 200$ kPa,且 $v_2 = Q/A = 4Q/(\pi d^2) = 4 \times 60/$ $(3.14 \times 0.01 \times 3600) = 2.12(m/s)$,故水泵的扬程为

$$H_b = 40.64 + h_{\omega1-2}$$

由于管路中水头损失 $h_{\omega1-2}$ 的计算尚未介绍,因此水泵的扬程暂不能最后确定。水头损失的计算,将在下节内容中讲解。

第三节　流动阻力和水头损失

我们从上一节例题1-2中可以看出,在应用能量方程解决实际问题时,必须对能量方程中水头损失一项进行计算,以便确定水泵、风机等机械应提供的能量。水头损失是指流体流动过程中由于克服各种阻力,单位重量流体损失的能量。可见,水头损失是由流动阻力造成的,根据流动阻力的不同,水头损失分为沿程水头损失和局部水头损失,参见图1-10。

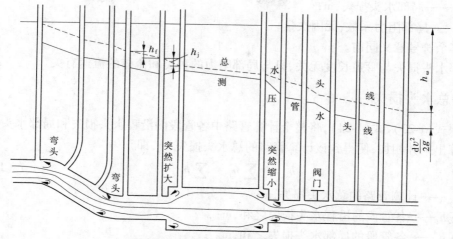

图 1-10　给水管道沿程水头损失和局部水头损失

一、沿程阻力与沿程水头损失

流体流动时,由于流体的黏滞性以及管壁具有一定的粗糙度,在整个流程中存在一种阻力,这种阻力称为沿程摩擦阻力,简称沿程阻力。流体因克服沿程阻力而造成的水头损失,称为沿程水头损失,以符号 h_f 表示,由下式求得

$$h_f = \lambda \frac{L}{d} \frac{v^2}{2g}$$
(1-23)

式中　h_f——沿程水头损失,m;

　　　λ——沿程阻力系数,无因次量;

　　　L——管段长度,m;

　　　d——管段直径,m;

　　　v——管段断面平均流速,m/s;

　　　g——重力加速度,一般取 $g = 9.8$ m/s^2。

由上式可以看出,沿程水头损失除与管段长度成正比外,还与管段直径 d 和断面平均流速有关。因此,在计算管路的沿程水头损失时,必须首先将整个计算管路划分成若干个直径相同、流速相等的计算管段,然后计算每一管段的沿程水头损失,最后将所有管段的沿程水头损失累加起来,就是整个计算管路的沿程水头损失。

二、局部阻力与局部水头损失

当流体流经弯头、突然扩大管、突然缩小管以及阀门等管道配件或附件时,由于这些局部障碍的影响,流体流动状况发生急剧变化,流体质点互相碰撞,形成涡流,因而产生另一种阻力,称为局部阻力。流体由于克服局部阻力而造成的水头损失,称为局部水头损失,以符号 h_j 表示,由下式求得

$$h_j = \frac{\zeta v^2}{2g}$$
(1-24)

式中　h_j——局部水头损失,m;

　　　　ζ——局部阻力系数,无因次量;

　　　　其余符号意义同前。

局部水头损失与管道长度无关,只与局部阻力的种类和流体的流速有关。

三、总水头损失

按照式(1-23)、式(1-24),将整个计算管路中各管段的沿程水头损失和局部水头损失分别计算出来并相加,便得到该计算管路的总水头损失 h_ω,即

$$h_\omega = \sum h_f + \sum h_j \tag{1-25}$$

式中　h_ω——计算管路的总水头损失,m;

　　　　$\sum h_f$——各管段的沿程水头损失之和,m;

　　　　$\sum h_j$——各管段的局部水头损失之和,m。

【例1-3】 如图1-9所示,若蓄水池至用水设备的输水管的总长度为30 m,输水管的直径均为100 mm,沿程阻力系数为 $\lambda = 0.05$,局部阻力有:水泵底阀一个,$\zeta = 7.0$;90°弯头四个,$\zeta = 1.5$;水泵进出口一个,$\zeta = 1.0$;止回阀一个,$\zeta = 2.0$;闸阀两个,$\zeta = 1.0$;用水设备处管道出口一个,$\zeta = 1.5$。试求:

(1)输水管路的局部水头损失;

(2)输水管路的沿程水头损失;

(3)输水管路的总水头损失;

(4)水泵扬程的大小。

解　由于从蓄水池到用水设备的管道的管径不变,均为100 mm,因此总的局部水头损失为:$\sum h_j = \sum \zeta v^2/(2g) = 4.47$ m;

整个管路的沿程水头损失为:$\sum h_f = \lambda \dfrac{L}{d} \dfrac{v^2}{2g} = 3.44$ m;

输水管路的总水头损失为:$h_\omega = \sum h_f + \sum h_j = 3.44 + 4.47 = 7.91 (\text{m})$;

水泵的总扬程为:$H_b = 40.64 + h_\omega = 40.64 + 7.91 = 48.55 (\text{m})$。

思考题与习题

1. 什么是比容?

2. 液体和气体的压缩性与膨胀性有何不同?

3. 什么是表压? 什么是真空度?

4. 什么是流体的黏度?

5. 什么是压力流和无压流? 举几个例子。

6. 写出恒定流的连续性方程。

7. 写出恒定流的能量方程并说明其含义。

8. 流体的水头损失包括哪些?

第二章　建筑给水工程

第一节　建筑给水系统

建筑给水系统是供应建筑物内部生活、生产和消防用水的一系列工程设施的组合。建筑给水系统的任务是通过室外给水系统将水引入建筑物内,并在满足用户对水质、水量、水压等要求的情况下,经济合理地把水送到各个配水点,如配水嘴、生产用水设备、消防设备等。

一、建筑给水系统的分类和组成

(一)建筑给水系统的分类

建筑给水系统按供水对象及其用途可以分成三类。

1. 生活给水系统

生活给水系统即供人们在不同场合饮用、烹饪、盥洗、洗涤、沐浴等日常用水的给水系统。其水质必须符合国家规定的生活饮用水卫生标准。

2. 生产给水系统

生产给水系统即供给各类产品生产过程中所需的用水、生产设备的冷却、原料和产品的洗涤及锅炉用水等的给水系统。生产用水对水质、水量、水压的要求随工艺要求的不同而有较大的差异。

3. 消防给水系统

消防给水系统即供给各类消防设备扑灭火灾用水的给水系统。消防用水对水质的要求不高,但必须按照《建筑设计防火规范》的规定,保证供应足够的水量和水压。

上述三类基本给水系统可以独立设置,也可根据各类用水对水质、水量、水压、水温的不同要求,结合室外给水系统的实际情况,经技术经济比较,或兼顾社会、经济、技术、环境等因素综合考虑,组成不同的共用给水系统。如生活、生产、消防共用给水系统,生活、生产共用给水系统,生活、消防共用给水系统,生产、消防共用给水系统等。还可按供水用途不同、系统功能不同,设置成饮用水给水系统、杂用水(中水)给水系统、消火栓给水系统、自动喷水灭火给水系统、水幕消防给水系统,以及循环或重复使用的生产给水系统等。

(二)建筑给水系统的组成

一般情况下,建筑给水系统由下列各部分组成,如图2-1所示:

(1)水源。指室外给水管网供水或自备水源。

(2)引入管。对于单体建筑,引入管是穿过建筑物承重墙或基础,自室外给水管网将水引入建筑内管网的管段,也称进户管。对于一个工厂、一个建筑群体、一个学校区,引入管是指总进水管。

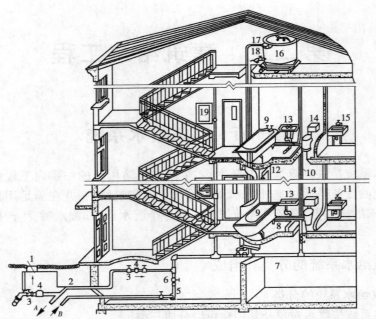

1—阀门井；2—引入管；3—闸阀；4—水表；5—水泵；6—止回阀；7—干管；8—支管；9—浴盆；10—立管；
11—水龙头；12—淋浴器；13—洗脸盆；14—大便器；15—洗涤盆；16—水箱；17—进水管；
18—出水管；19—消火栓；A—入储水池；B—来自储水池

图 2-1　建筑给水系统的组成

（3）水表节点。是安装在引入管上的水表及其前后设置的阀门和泄水装置的总称。水表用以计量该幢建筑的总用水量，水表前后的阀门用于水表检修、拆换时关闭管路，泄水装置主要用于系统检修时放空管网、检测水表精度及测定进户点压力值。水表节点一般设在水表井中。

（4）给水管网。是指由建筑内水平干管、立管、横管和连接卫生器具的支管组成的管道系统，其作用是将引入管引入的水输送到各种卫生器具。

（5）给水附件。是指给水管网中的各种配水龙头、消火栓、喷头与各类阀门（控制阀、减压阀、止回阀等）等辅助配件。

（6）升压和储水设备。当室外给水管网的水量、水压不能满足建筑用水要求，或建筑内用户对供水可靠性、水压稳定性有较高要求时，需要设置升压和储水设备，如水泵、气压给水装置、储水池、高位水箱等。

（7）给水局部处理设备。当用户对给水水质的要求超出我国现行生活饮用水卫生标准或其他原因造成建筑物所在地点的水质不能满足要求时，就需要设置一些设备、构筑物进行给水深度处理。

二、建筑给水系统所需压力

（一）计算表达式

建筑给水系统的压力，必须能将需要的水量输送到建筑物内最不利点（通常位于系统的最高、最远点）的用水设备处，并保证有足够的流出水头。流出水头是指各种配水龙头和用水设备,为获得规定的出水量(额定流量)而必需的最小压力。

给水系统所需水压 H,参见图 2-2,其计算公式如下:

$$H = H_1 + H_2 + H_3 + H_4 \qquad (2\text{-}1)$$

式中　H——给水系统所需的水压,kPa;

　　　H_1——引入管起点至配水最不利点所要求的静水压,kPa;

　　　H_2——引入管起点至配水最不利点的给水管路即计算管路的沿程与局部水头损失之和,kPa;

　　　H_3——水表的水头损失,kPa;

　　　H_4——配水最不利点所需的流出水头,kPa。

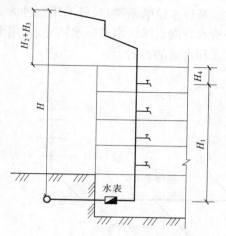

图 2-2　建筑内部给水系统所需压力

在初步确定给水方式时,对于一般层高不超过 3.5 m 的多层民用建筑,所需的给水压力可按其层数根据经验法进行估算:即 1 层为 100 kPa;2 层为 120 kPa;3 层及 3 层以上每增加 1 层,水压增加 40 kPa。

(二)计算结果比较

将计算出的建筑给水系统所需压力 H 与室外给水管网压力(也称资用压力)H_0 进行比较。当室外给水管网压力 H_0 略大于建筑给水系统所需压力 H 时,说明设计方案可行。当室外给水管网压力 H_0 略小于建筑给水系统所需压力 H 时,可适当放大部分管段的管径,减小管道系统的压力损失,以使室外给水管网压力满足室内给水系统所需压力。

当 H_0 大于 H 许多时,可将管网中部分管段的管径调小一些,以节约能源和投资。当 H 大于 H_0 许多时,应在给水系统中设置增压装置。

三、建筑给水方式

(一)低层建筑给水方式

建筑给水方式的选择必须依据用户对水质、水压和水量的要求,室外管网所能提供的水质、水压和水量的情况,卫生器具及消防设备在建筑物内的分布,用户对供水安全可靠性的要求等条件确定。一般建筑工程中常见的给水方式有如下几种。

1. 直接给水方式

当室外给水管网提供的水压、水量和水质都能满足建筑要求时,可直接把室内给水管网与室外给水管网相连,利用室外管网压力供水,称为直接给水方式,如图 2-3 所示。该方式要求室外管网在最低压力时也能满足室内用水要求。一般单层和层数少的建筑采用这种供水方式。

这种方式的优点是:可充分利用室外管网水压,节约能源,且供水系统简单,投资少,水质受污染的可能性较小;缺点是:室外管网一旦停水,室内立即断水。

2. 单设水箱的给水方式

当室外给水管网供水压力大部分时间满足要求,仅在用水高峰时段由于水量增加,室外管网中水压降低而不能保证建筑上层用水;或者建筑内要求水压稳定,并且该建筑具备设置高位水箱的条件时,可采用这种方式,如图2-4所示。该方式在用水低峰时,利用室外给水管网直接供水并向水箱充水;用水高峰时,水箱出水供给给水系统,从而达到调节水压和水量的目的。

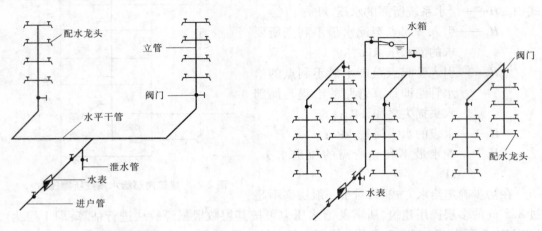

图2-3 直接给水方式　　　　　　　　　　　图2-4 单设水箱的给水方式

这种给水方式的优点是:系统比较简单,投资较省,充分利用了室外管网压力供水,节省电耗,系统具有一定的储备水量,供水的安全可靠性较好;缺点是:系统设置了高位水箱,增加了水质受污染的可能性,增加了建筑物结构荷载,并给建筑物的立面处理带来一定困难。

3. 单设水泵的给水方式

这种给水方式适用于室外管网水压经常性不足的生产车间、住宅楼或者居住小区集中加压供水系统。当室外管网压力不能满足室内管网所需压力时,利用水泵进行加压后向室内给水系统供水。当建筑物内用水较均匀时,可采用恒速水泵供水;当建筑物内用水不均匀时,宜采用自动变频调速水泵供水,以提高水泵的运行效率,达到节能的目的(见图2-5)。

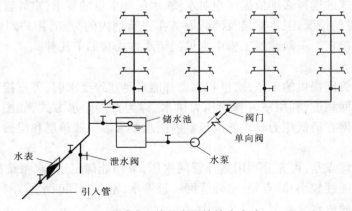

图2-5 单设水泵的给水方式

这种给水方式避免了设水箱的缺点。市政给水管理部门大多明确规定不允许生活用水水泵直接从室外管网吸水,而必须设置断流水池,断流水池可以兼作储水池使用,从而增加了供水的安全性。

4. 设储水池、水泵和水箱的给水方式

这种给水方式适用于室外给水管网水压经常性或周期性不足,又不允许水泵直接从室外管网吸水且室内用水不均匀的情况。利用水泵从储水池吸水,经加压后送到高位水箱或直接送给系统用户使用。当水泵供水量大于系统用水量时,多余的水充入水箱储存;当水泵供水量小于系统用水量时,则由水箱出水,向系统补充供水,以满足室内用水要求(见图2-6)。

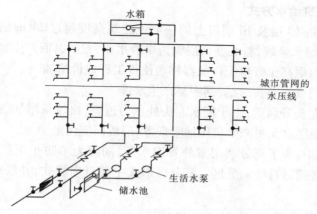

图 2-6 设储水池、水泵和水箱的给水方式

这种给水方式由水泵和水箱联合工作,水泵及时向水箱充水,可以减小水箱容积。同时在水箱的调节下,水泵的工作稳定,能经常处在高效率下工作,节省电耗。停水、停电时可延时供水,供水可靠,供水压力较稳定。缺点是系统投资较大,且水泵工作时会带来一定的噪声干扰。

5. 设气压给水装置的给水方式

这种给水方式适用于室外管网水压经常不足,不宜设置高位水箱或水塔的建筑(如隐蔽的国防工程、地震区建筑、艺术性要求较高的建筑等),但对于压力要求稳定的用户不适宜。

气压给水装置是利用密闭储罐内空气的压缩或膨胀使水压上升或下降的特点来储存、调节和压送水量的给水装置,其作用相当于高位水箱和水塔,但其位置可根据需要较灵活地设在高处或低处。水泵从储水池吸水,经加压后送至给水系统和气压水罐内;停泵时,再由气压水罐向室内给水系统供水,由气压水罐调节储存水量及控制水泵运行(见图2-7)。

这种给水方式的优点是:设备可设在建筑物的任何高度上,安装方便,具有较大的灵活性,水质不易受污染,投资省,建设周期短,便于实现自动化等;缺点是:给水压力波动较大,管理及运行费用较高,且调节能力小。

以上是几种常用的基本供水方式,书中所绘的各种图式,只是给水系统的主要组成示

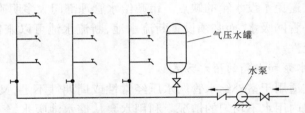

图 2-7　设气压给水装置的给水方式

意图,实际系统中的引入管、水池、水泵、水箱等可能由多个组成,管网的布置形式也多种多样。设计时,可以根据具体情况,采用其中某种或综合几种组成适用的给水方式。

(二)高层建筑给水方式

高层建筑是指 10 层及 10 层以上的住宅或建筑高度超过 24 m 的其他建筑。高层建筑如果采用同一给水系统,势必使低层管道中静水压力过大,而产生如下不利现象:

(1)需要采用耐高压管材配件及器件而使得工程造价增加。

(2)开启阀门或水龙头时,管网中易产生水锤。

(3)低层水龙头开启后,由于配水龙头处压力过高,出流量增加,造成水流喷溅,影响使用,并可能使顶层水龙头产生负压抽吸现象,形成回流污染。

在高层建筑中,为了充分利用室外管网水压,同时为了防止下层管道中静水压力过大,其给水系统必须进行竖向分区。其分区形式主要有串联式、并联式、减压式和无水箱式。

1. 分区串联给水方式

如图 2-8(a)所示,各区设置水箱和水泵,各区水泵均设在技术层内,自下区水箱抽水供上区用水。

这种给水方式的优点是:设备与管道较简单,各分区水泵扬程可按本区需要设计,水泵效率高;缺点是:水泵设于技术层,对防振、防噪声和防漏水等施工技术要求高,水泵分散设置,占用设备层面积大,管理维修不便,供水可靠性不高,若下区发生事故,其上部各区供水都会受到影响。

2. 分区并联给水方式

如图 2-8(b)所示,每一分区分别设置一套独立的水泵和高位水箱,向各区供水。其水泵一般集中设置在建筑的地下室或底层水泵房内。

这种给水方式的优点是:各区自成一体,互不影响;水泵集中,管理维护方便;运行动力费用较低。缺点是:水泵型号较多,管材耗用较多,设备费用偏高;分区水箱占用建筑使用面积。

3. 减压水箱减压给水方式

如图 2-8(c)所示为减压水箱减压给水方式,是由设置在底层(或地下室)的水泵将整幢建筑的用水量提升至屋顶水箱,然后分送至各分区减压水箱减压后再供下区使用。

这种给水方式的优点是:水泵数量少,设备布置集中,管理维护简单;各分区减压水箱只起释放静水压力的作用,因此容积较小。其缺点是:屋顶水箱容积大,不利于结构抗振;建筑物高度大、分区较多时,下区减压水箱中浮球阀承压过大,易造成关闭不严的现象;上

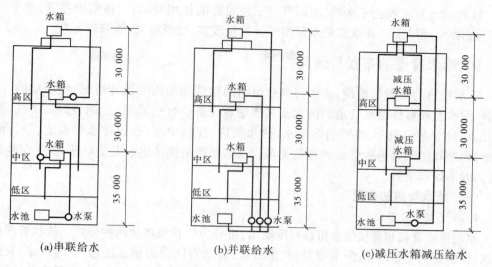

(a)串联给水　　　　　　(b)并联给水　　　　　(c)减压水箱减压给水

图 2-8　高层建筑给水方式

部某些管道部位发生故障时,将影响下部的供水。

4.减压阀减压给水方式

如图 2-9 所示为减压阀减压给水方式,是由设置在底层(或地下室)的水泵将整幢建筑的用水量提升至屋顶水箱,然后经各分区减压阀减压后供各区使用。

这种给水方式的优点是:水泵数量少,设备布置集中,管理维护简单;各分区减压水箱被减压阀代替,不占建筑使用面积,安装方便,投资省。其缺点是:屋顶水箱容积大,不利于结构抗振;上部某些管道部位发生故障时,将影响下部的供水。

5.分区无水箱给水方式

如图 2-10 所示为分区无水箱给水方式,各分区设置单独的变速水泵供水,未设置水箱,水泵集中设置在建筑物底层的水泵房内,分别向各区管网供水。

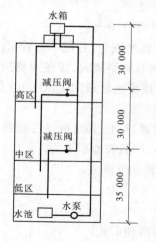

图 2-9　减压阀减压给水

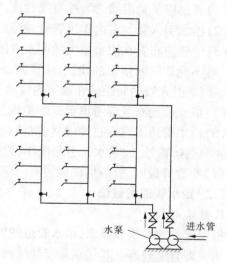

图 2-10　无水箱给水

这种给水方式省去了水箱,因而节省了建筑物的使用面积;设备集中布置,便于维护管理;能源消耗较少。其缺点是水泵型号及数量较多,投资较大,维修较复杂。

四、给水管道的布置与敷设

给水管道的布置与敷设,必须与该建筑物的建筑和结构的设计情况、使用功能、用水要求、配水点和室外给水管道的位置及其他建筑设备(电气、采暖、空调、通风、燃气、通信等)的设计方案相配合,兼顾消防给水、热水供应、建筑中水、建筑排水等系统,进行综合考虑,处理和协调好各种管线的相关关系。总的要求是保证供水安全可靠,便于安装和维修,同时不妨碍美观。

(一)给水管道的布置

1. 布置形式

室内给水管道布置按供水可靠程度要求,可分为枝状和环状两种形式。枝状管网单向供水,供水安全可靠性差,但节省管材,造价低;环状管网管道相互连通,双向供水,安全可靠,但管线长,造价高。一般建筑室内给水管网宜采用枝状布置,高层建筑宜采用环状布置。

按水平干管的布置位置,室内给水管道的布置有上行下给、下行上给和中分式三种形式。干管设在顶层天花板下、吊顶内或技术夹层中,由上向下供水的为上行下给式,适用于设置高位水箱的居住与公共建筑和地下管线较多的工业厂房;干管埋地、设在底层或地下室中,由下向上供水的为下行上给式,适用于利用室外给水管网直接供水的工业与民用建筑;水平干管设在中间技术层内或中间某层吊顶内,由中间向上、下两个方向供水的为中分式,适用于屋顶用做露天茶座、舞厅或设有中间技术层的高层建筑。

2. 布置要求

给水管道的布置不仅受到建筑布局的影响,而且用户用水要求、配水点的分布、室外给水管网的位置及供热、通风空调等管线均是应考虑的因素。在进行给水管道布置时应协调好上述因素的关系,注意专业间的配合,还应满足下列要求:

(1)管道应尽量沿墙、梁、柱直线敷设,管道长度尽可能短。

(2)给水引入管与室内排出管管外壁的水平距离不宜小于 1.0 m。

(3)干管应布置在用水量大的配水点附近,这样有利于供水安全,并能节省管材。

(4)不允许间断供水的建筑,应设两条引入管在建筑物不同侧接入,如在同侧接入则需保证两条引入管的间距。在建筑内应将管道布置成环形或贯通状双向供水。

(5)横支管的布置应考虑建筑的美观及卫生器具的安装高度。

(6)给水管道不宜穿过伸缩缝、沉降缝,不能从配电间通过,也不能布置在妨碍生产操作和交通运输处,或遇水易引起损坏、燃烧或爆炸的设备、产品和原料上方。

(7)布置管道时,管道周围应留有一定的空间,便于安装和维修。

(二)给水管道的敷设

1. 敷设形式

根据建筑的性质和要求,给水管道的敷设有明装、暗装两种形式。

明装即管道外露。其优点是安装维修方便,造价低;缺点是外露的管道影响美观,表面易结露、积尘。明装一般用于对卫生、美观没有特殊要求的建筑。

暗装即管道隐蔽,如敷设在管道井、技术层、管沟、墙槽、顶棚或夹壁墙中,直接埋地或埋在楼板的垫层里。其优点是管道不影响室内的美观、整洁;缺点是施工复杂,维修困难,造价高。暗装适用于对卫生、美观要求较高的建筑,如宾馆、高级公寓等。

2.敷设要求

引入管进入建筑内有两种情形,一种是从建筑物的浅基础下通过,另一种是穿越承重墙或基础,如图2-11所示。在地下水位高的地区,引入管穿越地下室外墙或基础时,应采取防水措施,如设防水套管等。室外埋地引入管要注意地面动荷载和冰冻的影响,其管顶覆土厚度不宜小于0.7 m,并且管顶埋深应在冻土线0.2 m以下。建筑内埋地管在无动荷载和冰冻影响时,其管顶埋深不宜小于0.3 m。

给水横管穿越承重墙或基础、立管穿越楼板时均应预留孔洞。暗装管道在墙中敷设时,也应预留墙槽,以免临时打洞、凿槽影响建筑结构的强度。孔洞尺寸一般宜较通过的管径大50~100 mm。横管穿过预留洞时,管顶上部净空不得小于建筑物的沉降量,以保护管道不致因建筑沉降而损坏,其净空一般不小于0.15 m。

给水横干管宜敷设在地下室、技术层、吊顶或管沟内,宜有0.2%~0.5%的纵坡坡向泄水装置;立管可敷设在管道井内;给水管道与其他管道同沟或共架敷设时,宜敷设在排水管、冷冻管的上面或热水管、蒸汽管的下面;给水管不宜与输送易燃、可燃或有害的液体或气体的管道同沟敷设;通过铁路或在地下构筑物下面的给水管道,必须有保护套管。

管道在空间敷设时,必须采取固定措施,保证施工方便与安全供水。固定管道常用的支托架如图2-12所示。给水钢质立管一般每层须安装1个管卡,当层高大于5.0 m时,每层须安装2个。

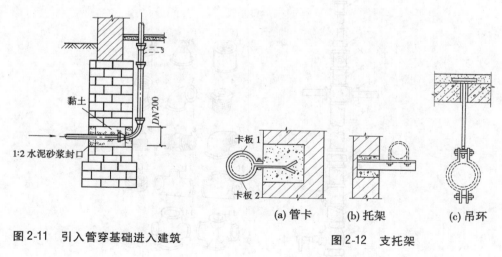

图2-11 引入管穿基础进入建筑

(a) 管卡　　(b) 托架　　(c) 吊环

图2-12 支托架

第二节 建筑给水管材、附件及设备

一、给水管道的常用管材及连接方式

建筑内常用的给水管材有钢管、铸铁管、铜管、不锈钢管、塑料管、复合管等。

（一）钢管

钢管强度高,承受流体的压力大,抗震性能好,长度大,接头少,加工安装方便,但造价较铸铁管高,抗腐蚀性差,易影响水质。钢管分为焊接钢管和无缝钢管两种。焊接钢管又分为镀锌钢管和非镀锌钢管。钢管镀锌的目的是防锈、防腐,不使水质变坏,延长使用年限。生活用水管采用镀锌钢管($DN < 150$ mm),自动喷水灭火系统的消防给水管采用镀锌钢管或镀锌无缝钢管,并且要求采用热浸镀锌工艺生产的产品。水质没有特殊要求的生产用水或独立的消防系统,才允许采用非镀锌钢管。无缝钢管承压能力较高,在普通焊接钢管不能满足水压要求时选用。普通焊接钢管一般用于工作压力不超过1.0 MPa的管路中,加厚焊接钢管一般用于工作压力介于$1.0 \sim 1.6$ MPa范围内的管路中,在工作压力超过1.6 MPa的高层和超高层建筑给水工程中,应采用无缝钢管。

钢管的连接方法有螺纹连接、焊接、法兰连接和沟槽式(卡箍)连接。螺纹连接是利用配件连接,连接配件及连接方法如图2-13所示。焊接接头紧密,不需配件,施工迅速,但不能拆卸。法兰连接一般用于闸门、水泵、水表等给水设备与管道连接处,以及需要经常拆卸检修的管道上。沟槽式连接是用滚槽机或开槽机在管材上开(滚)出沟槽,套上密封圈,再用卡箍固定。与螺纹连接相比,沟槽式连接可以将连接口径范围扩大,能承受较高的压力;与法兰连接相比,沟槽式连接不破坏镀锌层,不需要二次镀锌,操作方便,拆卸灵活。

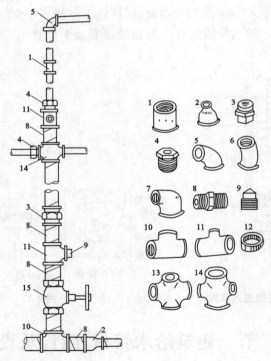

1—管箍;2—异径管箍;3—活接头;4—补心;5—90°弯头;6—45°弯头;7—异径弯头;8—内管箍;
9—管塞;10—等径三通;11—异径三通;12—螺母;13—等径四通;14—异径四通;15—阀门

图2-13　钢管螺纹连接配件及连接方法

（二）铸铁管

铸铁管按材质分为球墨铸铁管和普通灰口铸铁管。铸铁管具有抗腐蚀性好、经久耐用、价格便宜的特点，适宜埋地敷设，但性脆、质量重，施工比钢管困难。球墨铸铁管具有铸铁管的耐腐蚀性及钢管的韧性和强度，耐冲击、耐振动、管壁薄，在给水管材中有较好的应用前景。铸铁管接口形式有承插接口和法兰接口两种。泵房内或经常拆卸检修的管道，多使用法兰接口。承插接口就是将填料填充在承口和插口间的缝隙内将其连接起来，填料分为石棉水泥、膨胀水泥、青铅及柔性橡胶圈等。

（三）铜管

铜管耐压强度高、韧性好，具有良好的延展性、抗震性和抗冲击性等机械性能；化学性能稳定，耐腐蚀，耐热；内壁光滑，流动阻力小，有利于节约能耗。铜管卫生性能好，可以抑制某些细菌生长。由于给水系统用铜管材造价偏高，因此建筑给水所用铜管为薄壁纯铜管，其口径为 15～200 mm。铜管的连接可采用钎焊连接、沟槽连接、卡套连接、卡压连接等方式。

（四）薄壁不锈钢管

薄壁不锈钢管具有耐腐蚀性强，漏水率低，能保持水质好、无异味的特点。其适用于 $DN \leqslant 150$ mm，工作压力不大于 1.6 MPa，可输送直饮水、生活饮用水、热水和温度不高于 135 ℃的高温水。薄壁不锈钢管可采用卡压连接、焊接、沟槽连接等连接方式。

（五）塑料管

目前，塑料给水管在民用建筑给水领域的应用越来越广泛。塑料管的种类较多，常用的有聚乙烯（PE）管、硬聚氯乙烯（PVC－U）管、聚丙烯（PP－R）管、聚丁烯（PB）管、高密度聚乙烯（HDPE）管等。与金属管材相比，塑料管具有内外壁光滑、流体阻力小、色彩柔和、造型美观、质量轻、安装方便、防锈、耐腐蚀、使用寿命长、综合造价低等优点，因此得以广泛应用。塑料管的连接方法一般有螺纹连接、热熔焊接、法兰连接、胶粘连接等。塑料管件有三通、四通、弯头等，用途与钢管配件相同。

（1）聚丙烯（PP－R）管管材与管件的分类。PP－R 用公称外径 DN（范围为 12～160 mm）和公称壁厚 e_n 表示，公称压力最高为 2.0 MPa（冷水）和 1.0 MPa（热水），管材一般为灰色。管材按尺寸分为 S5、S4、S3、S2.5 和 S2 五个系列。管件按熔接方式分为热熔承插连接件和电熔连接件。管件按管系列 S 分类与管材相同。常用 PP－R 管管件见图 2-14。

（2）特点。PP－R 管产品无毒、卫生，其耐热、保温性能好，长期（50 年）使用温度为 70 ℃，导热系数只有钢管的 1/200，有良好的保温和节能性能。该管材安装方便，原料可回收。

（3）适用范围。塑料管适用于冷、热水输送管道系统，热水系统长期工作水温应不大于 70 ℃。

（六）复合管

复合管是金属与塑料混合型管材，它综合了金属管材和塑料管材的优势，有铝塑复合管和钢塑复合管两类。铝塑复合管是中间以铝合金为骨架，内外壁均为聚乙烯等塑料的管道，卫生、无毒，由于中间夹了铝层，故线性膨胀系数小，具有与金属管材相当的强度，韧

截止阀	内螺纹三通	90°弯头	挂墙弯头	短脚管卡
外螺纹三通	活接头	管帽	四通	内螺纹弯头
外螺纹活接	45°弯头	异径套管	外螺纹接头	正三通
同径直通	异径直通	内螺纹直接	外螺纹弯头	

图 2-14　PP–R 管管件

性好、耐冲击、耐腐蚀、不结垢、质量轻,外形美观、安装方便可靠,管道系统在正常使用下寿命可达 50 年以上。钢塑复合管以钢管或钢骨架为基体,与各种类型的塑料(如聚丙烯、聚乙烯、聚氯乙烯等)复合而成。按塑料与基体结合的工艺又可分为衬塑复合钢管和涂塑复合钢管两种。衬塑镀锌钢管是在外层镀锌焊接钢管的内壁复衬塑料,内衬塑料层均为聚乙烯,不仅可做建筑室内给水管,而且可做室外埋地管。其强度高,内壁较光滑,不生垢,耐腐蚀,卫生性能好,可输送净水,不易产生老化现象,不易产生氧化腐蚀,使用寿命超过 50 年。铝塑复合管一般采用螺纹卡套压接,其配件一般是铜制品。钢塑复合管一般用螺纹连接,其配件一般也是钢塑制品。

二、给水附件

给水附件是安装在管道及设备上的具有启闭或调节功能的装置,分为配水附件和控制附件两大类。

(一)配水附件

配水附件诸如装在卫生器具及用水点的各式水龙头,用以调节和分配水流,如图 2-15 所示。

(1)配水龙头。球形阀式、瓷片式配水龙头,装设在洗涤盆、污水盆、盥洗槽上的水龙头均属此类,如图 2-15(a)所示。水流经过此种龙头时流向改变,故压力损失较大。旋塞式配水龙头的旋塞旋转 90°时,即完全开启,短时间可获得较大的流量,如图 2-15(b)所示。由于水流呈直线通过,其阻力较小,缺点是启闭迅速时易产生水锤,一般用于浴室、洗衣房、开水间等配水点处。

(2)盥洗龙头。装设在洗脸盆上专门供给冷、热水,有连蓬头式、角式、鸭嘴式、长脖式等多种形式,如图 2-15(c)所示。

(3)混合配水龙头。用以调节冷、热水的温度,如盥洗、洗涤、浴用等,式样很多,如图 2-15(d)、(e)所示。

此外,还有小便器角形水龙头、皮带水龙头、消防水龙头、电子自控水龙头等。

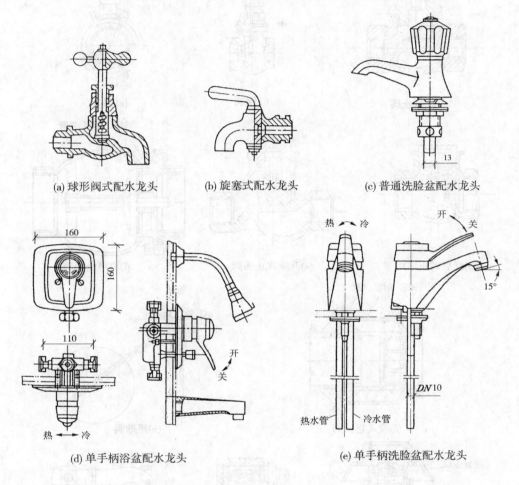

(a) 球形阀式配水龙头　　(b) 旋塞式配水龙头　　(c) 普通洗脸盆配水龙头

(d) 单手柄浴盆配水龙头　　　(e) 单手柄洗脸盆配水龙头

图 2-15　各类配水龙头

(二)控制附件

控制附件用来调节水量和水压,关断水流等,如截止阀、闸阀、止回阀、浮球阀和安全阀等。常用控制附件见图 2-16。

(1)截止阀。截止阀结构简单,密封性能好,维修方便,但水流在通过阀门时要改变方向,阻力较大,一般适用于管径不大于 50 mm 的管道或经常启闭的管道上。

(2)闸阀。闸阀全开时,水流呈直线通过,压力损失小,但水中有杂质落入阀座后,会使阀门关闭不严,易产生磨损和漏水。一般管道大于 50 mm 或需要双向流动的管段上采用闸阀。

(3)蝶阀。阀板在 90°翻转范围内可起调节流量和关闭水流的作用,操作扭矩小,启

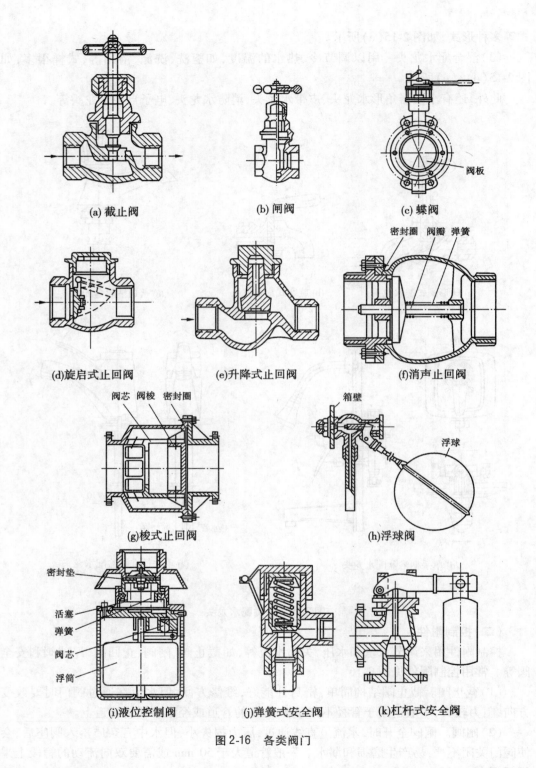

(a) 截止阀　　　　　　(b) 闸阀　　　　　　(c) 蝶阀

阀板

(d)旋启式止回阀　　　(e)升降式止回阀　　　(f) 消声止回阀

密封圈　阀瓣　弹簧

阀芯　阀梭　密封圈

箱壁

浮球

(g)梭式止回阀　　　　　　　　　(h)浮球阀

密封垫

活塞

弹簧

阀芯

浮筒

(i)液位控制阀　　　　(j)弹簧式安全阀　　　(k)杠杆式安全阀

图 2-16　各类阀门

闭方便,体积较小,关闭严密,适用于室外管径较大的给水管或室外消火栓给水系统的主干管上。

（4）止回阀。止回阀用以阻止水流反向流动，一般用于引入管、水泵出水管、密闭用水设备的进水管和进出水管合用一条管道的水箱或水塔的出水管上。安装时要注意方向，必须使水流的方向与阀体上的箭头方向一致，不得装反。常用的有四种类型：①旋启式止回阀，如图 2-16（d）所示。此阀在水平、垂直管道上均可设置，启闭迅速，易引起水锤，不宜在压力大的管道系统中采用。②升降式止回阀，如图 2-16（e）所示。此阀是靠上下游压力差使阀盘自动启闭的，水流阻力较大，宜用于小管径的水平管道上。③消声止回阀，如图 2-16（f）所示。当水流向前流动时，推动阀瓣压缩弹簧，阀门打开。水流停止流动时，阀瓣在弹簧作用下在水锤到来前即关闭，可消除阀门关闭时的水锤冲击和噪声。④梭式止回阀，如图 2-16（g）所示。此阀是利用压差梭动原理制造的止回阀，不但水流阻力小，而且密闭性能好。

（5）浮球阀。浮球阀是一种利用液位变化自动控制水箱、水池水位的阀门，多装在水箱或水池内。其缺点是体积较大，阀芯易卡住引起关闭不严而溢水。

（6）液位控制阀。液位控制阀是一种依靠水位升降而自动控制的阀门，可代替浮球阀用于水箱、水池或水塔的进水管上，通常是立式安装。

（7）倒流防止器。生活饮用水管道上接出的非生活饮用水管道中，不论其中的水是否已被污染，只要倒流入生活饮用水管道，均称为倒流污染。倒流防止器在正常工作时不会泄水，当止回阀有渗漏时能自动泄水，当进水管失压时，阀腔内的水会自动泄空，形成空气间隙，从而防止倒流污染。

（8）安全阀。安全阀是一种保安器材。管网中安装此阀可以避免管网、用具或密闭水箱超压遭到破坏。一般有弹簧式和杠杆式两种。

（9）减压阀。减压阀的作用是降低水流压力。在高层建筑中使用它，可以简化给水系统，减少水泵或减压水箱数量，同时可增加建筑的使用面积，降低投资，防止水质的二次污染。在消火栓给水系统中可用它防止消火栓栓口处超压现象。减压阀常用的有两种类型，即弹簧式减压阀和活塞式减压阀。

三、建筑给水系统的设备

（一）水表

水表是用来计量用户累积用水量的仪表。

1. 流速式水表

在建筑内部给水系统中广泛采用流速式水表。这种水表是根据管径一定时，水流速度与流量成正比的原理来测量的。它主要由外壳、叶轮和传动指示机构等部分组成。当水流通过水表时，推动叶轮旋转，叶轮转轴传动一系列联动齿轮，指示针显示到度盘刻度上，便可读出流量的累计值。此外，还有计数器为字轮直读的形式。

流速式水表按叶轮构造不同分为旋翼式和螺翼式。旋翼式的叶轮转轴与水流方向垂直，如图 2-17（a）所示。它的阻力较大，多为小口径水表，宜用于测量小的流量。螺翼式的叶轮转轴与水流方向平行，如图 2-17（b）所示。它的阻力较小，多为大口径水表，宜用于测量较大的流量。复式水表是旋翼式和螺翼式的组合形式，在流量变化很大时采用。

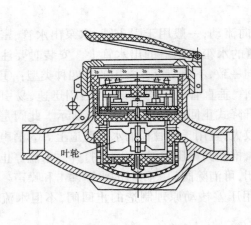

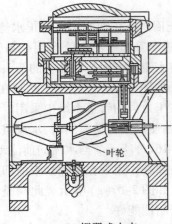

(a) 旋翼式水表   (b) 螺翼式水表

图 2-17　流速式水表

　　流速式水表按计数机件浸在水中或与水隔离,可分为干式和湿式两种。干式水表构造复杂,精度不高。湿式水表构造简单,计量精确,但若水中含有杂质,将会降低水表精度,产生磨损而缩短水表使用寿命。

　　2. 电子水表

　　电子水表是以机械表为基础,将原有的机械计数器用电子计数器替换,用性能可靠的传感器从叶轮上采集信号,按理论转速对应水量计算,显示累计流进管道的水的总量,具有功耗低、体积小、灵敏度高的优点。

　　3. IC 卡水表

　　IC 卡水表是一种新型的预付费水表,它将用水计量管理水平提高到一个新的台阶。目前市场上的 IC 卡水表均有预收费、报警检查、加密等功能,使用它不仅可以及时合理地收取水费,而且可以减少因查表带来的人力、财力、物力的巨大浪费。IC 卡水表结构紧凑、体积小,具有抗外界磁场干扰的功能,各项参数采用液晶显示,读数方便、清晰,且机械计数器外露,可用于校验读数。

　　4. 远程水表

　　远程水表是一种具有远传发信功能的自来水计量仪表,经配置二次仪表后,即可在一定距离内抄读水表读数。同时,也可在现场直接抄读。其特别适用于小区、居民用水量的远距离集中或分散抄读。

　　(二)增压和储水设备

　　城市有各种不同高度、不同类型的建筑,对给水水量、水压要求不同,城市给水管网不能按最高水压设计,而是以满足大多数低层建筑的用水要求为度。当室外给水管网的水量、水压不能满足建筑用水要求,或建筑内用户对供水可靠性、水压稳定性有较高要求时,需要设置各种附属设备,如水泵、水池、水箱、气压给水装置、变频调速给水装置等增压和储水设备。

1. 水泵

水泵是给水系统中的主要升压设备。在建筑给水系统中,较多采用离心式水泵,简称离心泵,它具有结构简单、体积小、效率高等优点。

1)离心泵的工作原理

离心泵的工作原理是:叶轮在泵壳内旋转,使水靠离心力甩出,从而得到压力,将水送到需要的地方。其安装方式有吸入式和灌入式两种。吸入式是指泵轴高于吸水面,灌入式是指吸水池水面高于泵轴。一般来说,设水泵的室内给水系统多与高位水箱联合工作,为减小水泵的容积,多采用灌入式,这种方式也比较容易实现水泵的开停自动控制。

2)离心泵的基本工作参数

(1)流量。反映水泵出水水量大小的物理量,是指在单位时间内通过水泵的水的体积,以符号 Q 表示,单位常用 L/s 或 m³/h。

(2)扬程。流经泵的出口断面与进口断面的单位流体所具有的总能量之差称为水泵的扬程,用符号 H_b 表示,单位一般用高度单位 m,也有用 kPa 或 MPa 的。

(3)轴功率、有效功率和效率。轴功率是指电机输给水泵的总功率,以符号 N 表示,单位常用 kW。有效功率是指水泵提升水做的有效功的功率,以符号 N_u 表示,$N_u = \eta QH$,单位用 kW 表示。效率是指水泵有效功率与轴功率的比值,用符号 η 表示。

(4)转速。水泵叶轮转动的速度,以符号 n 表示,单位为 r/min。

3)离心泵的选择

水泵的选择原则,应是既满足给水系统所需的总水压与水量的要求,又能在最佳工况点(水泵特性曲线效率最高段)工作,同时还能满足输送介质的特性、温度等要求。水泵选择的主要依据是给水系统所需要的水量和水压。一般应使所选水泵的流量大于等于给水系统最大设计流量,使水泵的扬程大于等于给水系统所需的水压。一般按给水系统所需要的水量和水压附加 10% ~15% 作为选择水泵流量和扬程的参考。

水泵扬程可按以下不同公式计算。

(1)当水泵直接从储水池或吸水井抽水时

$$H_b \geq H_1 + H_2 + H_4 \tag{2-2}$$

式中 H_b——水泵扬程,kPa;

      H_1——贮水池或吸水井最低水位至配水最不利点或水箱进水口所要求的静水压,kPa;

      H_2——水泵吸水管端至配水最不利点或水箱进水口的总水头损失,kPa;

      H_4——配水最不利点或水箱进水口所需的流出水头,kPa。

(2)当水泵直接从室外给水管网抽水时

$$H_b \geq H_1 + H_2 + H_3 + H_4 - H_0 \tag{2-3}$$

式中 H_1——引入管至配水最不利点或水箱进水口所要求的静水压,kPa;

      H_3——水流通过水表时的水头损失,kPa;

      H_0——室外给水管网所能提供的最小压力,kPa;

      其余符号意义同前。

生活给水系统的水泵,宜设一台备用机组。备用泵的供水能力不应小于最大一台运行水泵的供水能力,且水泵宜自动切换交替运行。

4）变频调速水泵

当室内用水量不均匀时,可采用变频调速水泵。这种水泵的构造与恒速水泵一样也是离心式,不同的是配有变速配电装置,整个系统由电动机、水泵、传感器、控制器及变频调速器等组成,其转速可以随时调节。其工作原理如图2-18所示。

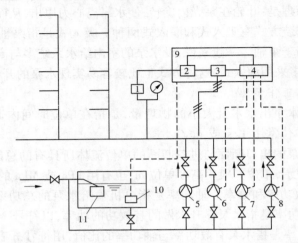

1—压力传感器;2—微机控制器;3—变频调速器;4—恒速泵控制器;5—变频调速泵;
6、7、8—恒速泵;9—电控柜;10—水位传感器;11—液位自动控制阀

图2-18　变频调速水泵工作原理

水泵启动后向管网供水,由于用水量的增加,压力降低,这时由传感器测量的数据变为电信号输入控制器,经控制器处理后传给变频调速器增高电源频率,使电动机转速增加,提高水泵的流量和压力,满足当时的供水需要。随着用水量的不断增大,水泵转速也不断加大,直到最大用水量。在高峰用水过后,水量逐渐减小,亦通过传感器、控制器及变频调速器的作用,降低电源频率,减小电动机转速,使水泵的出水量、水压逐渐减小。变频调速泵根据用水量变化的需要,使水泵在有效范围内运行,达到节省电能的目的。

5）水泵房中水泵的设置

为保证安全供水,生活和消防水泵应设备用泵,生产用水泵可根据生产工艺要求设置备用泵。水泵机组一般设置在水泵房内,泵房应远离有防振要求或需要保持安静的房间,泵房内有良好的通风、采光、防冻和排水的条件;泵房的条件和水泵的布置要便于起吊设备的操作,其间距要保证检修时能拆卸、放置泵体和电机,并能进行维修操作。与水泵连接的管道力求短、直,水泵机组的基础应高出地面不少于0.1 m。

每台水泵一般应设独立的吸水管,如必须设置成几台水泵共用吸水管,吸水管应采用管顶平接的方式;水泵装置宜设计成自动控制运行方式,间歇抽水的水泵应尽可能设计成自灌式(特别是消防泵),自灌式水泵的吸水管上应装设阀门。水泵直接从室外给水管网吸水时,应绕水泵设旁通管,并应在旁通管上装设阀门和止回阀。每台水泵的出水管上应装设阀门、止回阀和压力表,并宜有防水锤措施,如采用缓闭止回阀、气囊式水锤消除器等。消防水泵的出水管应不少于两条,与环状管网相连,并应装设供试验和检查用的放水阀门。

为减小水泵运行时振动产生的噪声,在水泵基座下安装橡胶、弹簧减振器或橡胶隔振器(垫),在吸水管、出水管上装设可曲挠橡胶接头,以及采取其他新型的隔振技术措施等。

2.储水池

储水池是建筑给水系统常用的调节和储存水量的构筑物,采用不锈钢、钢筋混凝土、砖石等材料制作,形状多为圆形和矩形。

储水池宜布置在地下室或室外泵房附近,不宜毗邻电气用房和居住用房,生活储水池应远离化粪池、厕所、厨房等卫生环境不良的地方。

储水池外壁与建筑主体结构墙面或其他池壁之间的净距,无管道的侧面不宜小于0.7 m;安装有管道的侧面不宜小于1.0 m,且管道外壁与建筑本体墙面之间的通道宽度不宜小于0.6 m;设有人孔的池顶,顶板面与上面建筑本体板底的净空不应小于0.8 m。

生活或生产用水与消防用水合用水池时,应设有消防用水不被挪用的措施,如图2-19所示。

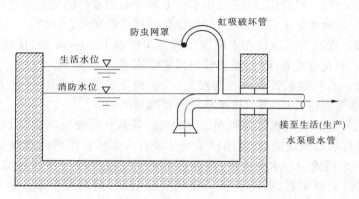

图2-19 储水池中消防用水平时不被挪用的措施

(三)水箱

水箱种类较多,有高位水箱、减压水箱、断流水箱等。水箱形状通常为圆形和矩形。制作材料有钢板(包括普通、搪瓷、镀锌、复合与不锈钢板等)、钢筋混凝土、玻璃钢和塑料等。下面主要介绍在建筑给水系统中广泛采用的矩形高位水箱。

1.水箱的配管

水箱的配管主要有进水管、出水管、溢流管、泄水管、水位信号管和通气管等,如图2-20所示。

(1)进水管。当水箱直接由室外给水管网进水时,为防止溢流,进水管出口应装设液压水位控制阀或浮球阀,并在进水管上装设检修用的阀门。当采用浮球阀时,一般不少于2个,浮球阀直径与进水管管径相同。当水箱由水泵供水,并利用水位升降自动控制水泵运行时,可不设水位控制阀。从侧壁进入的进水管,其中心距箱顶应有150～200 mm的距离。

(2)出水管。为检修方便,出水管上应设阀门。出水管内底或管口至水箱内底的距离应大于50 mm,以防沉淀物进入配水管网。为防止短流,出水管不宜与进水管在同一侧

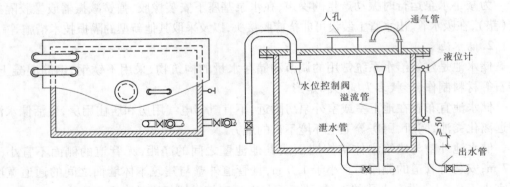

图 2-20　水箱的平、剖面及接管示意图

面;若进水、出水合用一根管道,则应在出水管上装设阻力较小的旋启式止回阀,止回阀的标高应低于水箱最低水位 1.0 m 以上,以保证止回阀开启所需的压力。

(3)溢流管。溢流管口应设在水箱设计最高水位以上 50 mm 处,管径应比进水管大一级。溢流管上不允许设置阀门,溢流管出口应设网罩。

(4)泄水管。水箱泄水管应自底部接出,用于检修或清洗时泄水,管上应装设闸阀,其出口可与溢水管相接,但不得与排水系统直接相连。

(5)水位信号管。反映水位控制阀失灵的报警装置。可在溢流管口下 10 mm 处设水位信号管,一般自水箱侧壁接出,其出口接至经常有人值班房间内的洗涤盆上,其管径为 15 ~ 20 mm。若水箱液位与水泵连锁,则应在水箱侧壁或顶盖上安装液位继电器或信号器,采用自动水位报警装置,并应保持一定的安全容积:最高电控水位应低于溢流水位 100 mm,最低电控水位应高于最低设计水位 200 mm 以上。

(6)通气管。供生活饮用水的水箱,当储量较大时,宜在箱盖上设通气管,以使箱内空气流通。其管径一般不小于 50 mm,管口应朝下并设网罩。

2. 水箱的布置与安装

水箱一般设置在净高不低于 2.2 m,有良好的通风、采光和防蚊蝇条件的水箱间内,其安装间距见表 2-1,室内最低气温不得低于 5 ℃,水箱间的承重结构应为非燃烧材料。水箱应设人孔密封盖,并应设保护其不受污染的防护措施。水箱出水为生活饮用水时,应加设二次消毒(如设置臭氧消毒、加氯消毒、加次氯酸钠发生器消毒、二氧化氯发生器消毒、紫外线消毒等)措施,并应在水箱间留有该设备放置和检修的位置。

表 2-1　水箱的安装间距　　　　　　　　　　　　　　　　(单位:m)

水箱形式	水箱外壁至墙面的距离		水箱之间的距离	水箱顶至建筑结构最低点的距离
	有阀一侧	无阀一侧		
圆形	0.8	0.5	0.7	0.6
矩形	1.0	0.7	0.7	0.6

注:1. 当水箱按表中规定布置有困难时,允许水箱之间或水箱与墙壁之间的一面不留检修通道。

　　2. 表中"有阀"或"无阀"指有无液压水位控制阀或浮球阀。

对于大型公共建筑和高层建筑,为避免水箱清洗、检修时停水,宜将水箱分成两格或设置两个水箱。水箱有结冰、结露可能时,要采取保温措施。水箱用槽钢(工字钢)梁或钢筋混凝土支墩支承,金属箱底与支墩接触面之间垫以橡胶板或塑料板等绝缘材料,以防腐蚀。水箱底距地面宜有不小于800 mm的净空,以便于安装管道和进行检修。

3.水箱的设置高度

水箱的设置高度,应使其最低水位的标高满足最不利配水点(包括消火栓或自动喷水喷头)的流出水压要求,即

$$Z_x \geqslant Z_b + H_c + H_s \tag{2-4}$$

式中　Z_x——高位水箱最低水位标高,m;

Z_b——最不利配水点(包括消火栓或自动喷水喷头)的标高,m;

H_c——最不利配水点(包括消火栓或自动喷水喷头)需要的流出压力,m;

H_s——水箱出口至最不利配水点(包括消火栓或自动喷水喷头)的管道总压力损失,m。

对于储备消防用水的水箱,在满足消防流出压力确有困难时,应采取增压、稳压措施,以达到防火设计规范的要求。

(四)气压给水设备

气压给水设备是利用密闭储罐内空气的可压缩性,储存、调节水量和保持水压的装置,其作用相当于高位水箱或水塔,在给水系统中主要起增压和水量调节作用,适用于工业、民用给水,居住小区、高层建筑、施工现场等需要加压供水的场所。

1.分类与组成

(1)按气压给水设备输水压力稳定性不同,可分为变压式和定压式两类。

变压式气压给水设备在向给水系统输水的过程中,水压处于变化状态。水泵向室内给水系统加压供水时,水泵出水除供用户外,多余部分进入气压水罐,罐内水位上升,空气被压缩,压力上升。当压力升至最大工作压力时,压力控制器动作,水泵停止工作,用户所需的水全部由气压水罐提供。随着罐内水量的减少,空气体积膨胀,压力逐渐降低。当压力降至设计最低工作压力时,压力控制器动作,水泵再次启动。这种方式适用于用户允许水压有一定波动的场合。

定压式气压给水设备在向给水系统输水的过程中,水压相对稳定。目前常见的做法是在上述变压式供水管道上安装压力调节阀,将调节阀出口水压控制在要求范围内,使供水压力稳定。当用户要求供水压力稳定时,宜采用这种方式。

(2)按气压给水设备罐内气、水接触方式不同,可分为补气式和隔膜式两类。

补气式气压给水设备气压水罐中气、水直接接触,在运行过程中,部分气体会溶于水中,气体将逐渐减少,罐内压力随之下降,时间稍长,就不能满足设计要求。为保证系统正常工作,需设补气装置。

隔膜式气压给水设备在气压水罐中设置帽形或胆囊形(胆囊形优于帽形)弹性隔膜,两类隔膜均固定在罐体法兰盘上,如图2-21所示。隔膜将气、水分离,既使气体不会溶于水中,还使水质不易被污染,补气装置也就不需设置。

2.气压给水设备的特点

气压给水设备与高位水箱或水塔相比,有如下优点:

(1)灵活性大。安装位置不受限制,便于扩建、改建和拆建。给水压力可在一定范围内进行调节,给水装置可设置在地震区、临时性、有隐蔽要求等建筑内。

(2)水质不易被污染。隔膜式气压给水装置为密闭系统,故水质不会受外界污染。补气式气压给水装置可能受补充空气和压缩机润滑油的污染,然而与高位水箱和水塔相比,被污染的机会较少。

(3)投资省、工期短。气压给水装置可在工厂加工或成套购置,且施工安装简便、施工周期短、土建费用低。

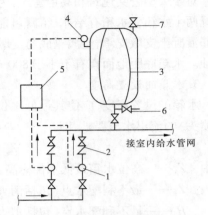

1—水泵;2—止回阀;3—隔膜式气压水罐;
4—压力信号器;5—控制器;
6—泄水阀;7—安全阀

图2-21　隔膜式气压给水设备

(4)可实现自动化控制,便于集中管理。气压给水装置可利用简单的压力和液位继电器等实现水泵的自动化控制;气压水罐可设在水泵房内,且设备紧凑、占地较小,便于与水泵等集中管理。

气压给水设备也存在以下明显的缺点:

(1)给水压力不稳。供水压力变化大,影响给水配件的使用寿命,因此对压力要求稳定的用户不适用。

(2)调节容积小。一般调节水量仅占总容积的20%~30%,一旦因故停电或自控失灵,断水的概率较大。与其容积相对照,钢材耗量较大。

(3)运行费用高。耗电较多,水泵启动频繁,启动电流大;水泵不是都在高效率区工作,平均效率低;水泵要额外增加电耗,这部分是无用功但又是必需的,一般增加15%~25%的电耗。

第三节　建筑消防给水系统

火灾统计资料表明,设有室内消防设备的建筑物内,初期火灾主要是用室内消防设备扑灭的。但为了节约投资,并考虑到消防队赶到火灾现场扑救民用建筑物初期火灾的可能性,并不要求任何建筑物都设置消防设备。消防给水系统室外设置范围应符合现行《建筑设计防火规范》及《高层民用建筑设计防火规范》中的规定。

建筑消防系统根据使用灭火剂的种类和灭火方式可分为下列三种灭火系统:

(1)消火栓灭火系统;

(2)自动喷水灭火系统;

(3)其他使用非水灭火剂的固定灭火系统,如二氧化碳灭火系统、干粉灭火系统、卤代烷灭火系统、泡沫灭火系统等。

消火栓灭火系统与自动喷水灭火系统的灭火原理主要为冷却,可用于多种火灾;二氧化碳灭火系统的灭火原理主要是窒息作用,并有少量的冷却降温作用,适用于图书馆的珍藏库、图书楼、档案楼、大型计算机房、电信广播的重要设备机房、贵重设备室和自备发电机房等;干粉灭火系统的灭火原理主要是化学抑制作用,并有少量的冷却降温作用,可扑救可燃气体、易燃与可燃液体和电气设备火灾,具有良好的灭火效果;卤代烷灭火系统的主要灭火原理是化学抑制作用,灭火后不留残渍,不污染,不损坏设备,可用于贵重仪表处、档案室、总控制室等的火灾;泡沫灭火系统的主要灭火原理是隔离作用,能有效地扑灭烃类液体火焰与油类火灾。

一、消火栓灭火系统

建筑消火栓灭火系统是把室外给水系统提供的水量,经过加压(外网压力不满足需要时),输送到用于扑灭建筑物内的火灾而设置的固定灭火设备中,是建筑物中最基本的灭火设施。

(一)室内消火栓给水方式

按照室外给水管网可提供室内消防所需水量和水压情况,室内消火栓给水方式有以下四种方式:

(1)室外管网直接供水的消火栓给水方式,如图 2-22 所示。当室外给水管网所提供的水量、水压,在任何时候均能满足室内消火栓给水系统所需水量、水压时,可以优先采用这种方式。当选用这种方式且与室内生活(或生产)给水系统合用管网时,进水管上如设有水表,则所选水表应考虑通过消防水量的能力。

(2)设水箱的消火栓给水方式,如图 2-23 所示。这种方式适用于室外给水管网一天之内压力变化较大,但水量能满足室内消防、生活和生产用水的场合。采用这种方式时管网应独立设置,水箱可以和生产、生活给水系统合用,但其生活或生产用水不能动用消防用水 10 min 储备的水量。

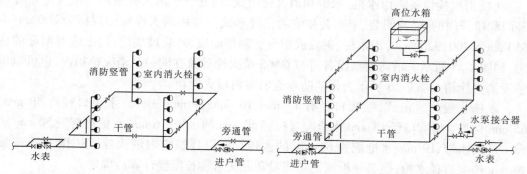

图 2-22　直接供水的消火栓给水方式　　　　图 2-23　设水箱的消火栓给水方式

(3)设消防水泵、消防水箱的消火栓给水方式,如图 2-24 所示。室外管网压力经常不能满足室内消火栓给水系统的水量和水压要求时,宜设水泵和水箱。为保证初期使用消火栓灭火时有足够的消防水量,水箱应储存 10 min 的消防水量。消防水箱的补水由生活或生产泵供给,消防水泵的扬程按室内最不利点消火栓灭火设备的水压计算,并保证在火灾初期 5 min 之内能启动水泵供水。

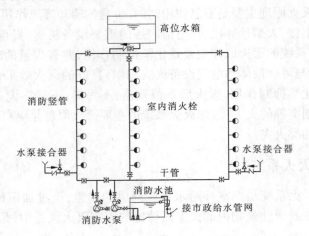

图 2-24 设水泵、水箱的消火栓给水方式

(4)高层建筑分区供水的消火栓给水方式。当建筑高度超过 50 m 或消火栓栓口处的静水压力超过 0.8 MPa 时,考虑麻织水龙带和普压钢管的耐压强度,应采用分区供水的室内消火栓给水系统,即各区组成各自的消防给水系统。分区方式有并联分区和串联分区两种。并联分区的消防水泵集中于底层,管理方便,系统独立设置,互相不干扰,但在高区的消防水泵扬程较大,其管网的承压也较高。串联分区消防水泵设置于各区,水泵的压力相近,无需高压泵及耐高压管,但管理分散,上区供水受下区限制,高区发生火灾时,各区水泵联动逐区向上供水,供水安全性差。

(二)消火栓灭火系统的组成

建筑消火栓灭火系统一般由水枪、水带、消火栓、消防管道、消防水池、高位水箱、水泵接合器及增压水泵等组成。

(1)消火栓设备。由水枪、水带和消火栓组成,均安装于消火栓箱内。消火栓箱有双开门和单开门的,又有明装、半明装和暗装三种形式。常用消火栓箱的规格为 800 mm × 650 mm×200(320)mm,用木材、钢板或铝合金制作而成,外装玻璃门,门上应有明显的标志,如图 2-25 所示。消防卷盘设备可与 *DN*65 消火栓放置在同一个消火栓箱内,也可以单独设消火栓箱。图 2-26 所示为带消防卷盘的室内消火栓箱。

水枪一般为直流式,喷嘴口径有 13 mm、16 mm、19 mm 三种。水带口径有 50 mm、65 mm 两种。喷嘴口径 13 mm 水枪配置口径 50 mm 的水带,16 mm 水枪可配置 50 mm 或 65 mm 的水枪配置 65 mm 的水带。低层建筑室内消火栓可选用 13 mm 或 16 mm 喷嘴口径水枪,但必须根据消防流量和充实水柱长度经计算后确定。

水带长度一般为 10 m、15 m、20 m、25 m,水带材质有棉织、麻织和化纤等,有衬橡胶与不衬橡胶之分,衬胶水带阻力较小。水带的长度应根据水力计算选定。

消火栓是具有内扣式接口的球形阀式龙头,有单出口和双出口之分。双出口消火栓直径为 65 mm。单出口消火栓直径有 50 mm 和 65 mm 两种。当每支水枪最小流量小于 5

· 36 ·

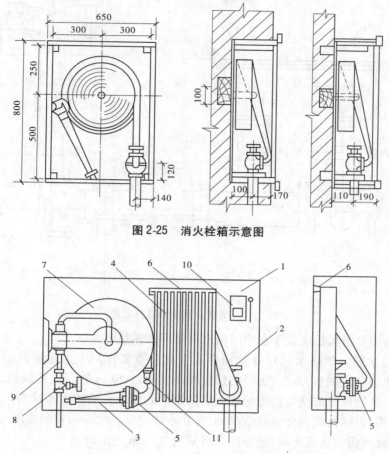

图 2-25　消火栓箱示意图

1—消火栓箱;2—消火栓;3—水枪;4—水带;5—水带接扣;6—挂架;
7—消防卷盘;8—闸阀;9—钢管;10—消防按钮;11—消防卷盘喷嘴

图 2-26　带消防卷盘的室内消火栓箱

L/s 时,选用直径 50 mm 消火栓;最小流量大于等于 5 L/s 时,选用直径 65 mm 消火栓。室内消火栓、水带和水枪之间的连接,一般采用内扣式快速接头。在同一建筑物内应选用同一规格的水枪、水带和消火栓,以利于维护、管理和串用。

(2)水泵接合器。在建筑消防给水系统中均应设置水泵接合器(见图 2-27)。水泵接合器是连接消防车向室内消防给水系统加压的装置,一端由消防给水管网水平干管引出,另一端设于消防车易于接近的地方。水泵接合器有地上式、地下式和墙壁式三种。水泵接合器应设在消防车易于到达的地点,同时还应考虑在其附近 15～40 m 内应设室外消火栓或消防水池。水泵接合器的接口为双接口,每个接口直径有 65 mm 及 80 mm 两种。它与室内管网的连接管直径不应小于 100 mm,并应设有阀门、单向阀和安全阀。水泵接合器的数量应按室内消防用水量计算确定,每个水泵接合器的流量按 10～15 L/s 计算。

(3)屋顶消火栓。为了检查消火栓给水系统是否能正常运行及保护本建筑物免受邻近建筑火灾的波及,在室内设有消火栓给水系统的建筑屋顶应另设一个消火栓。有可能

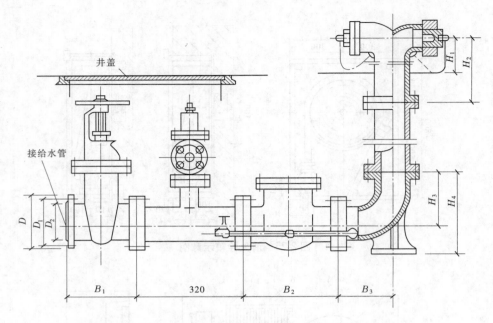

图 2-27　消防水泵接合器外形图

结冻的地区,屋顶消火栓应设于水箱间内或有防冻技术措施。

（4）消防水箱。消防水箱对扑救初期火灾起着重要作用。为确保自动供水的可靠性,应采用重力自流供水方式。重要的建筑和高度超过 50 m 的高层建筑物,宜设置两个并联水箱,以备检修或清洗时仍能保证火灾初期消防用水。消防水箱常与生活（或生产）高位水箱合用,以保持箱内储水经常流动,防止水质变坏。水箱的安装高度应满足室内最不利点消火栓所需的水压要求,且应储存有室内 10 min 的消防水量。

（5）消防水泵。消防水泵宜与其他用途的水泵一起布置在同一水泵房内,水泵房应有直通安全出口或直通室外的通道,与消防控制室应有直接的通信联络设备。为了在起火后很快提供所需的水量和水压,在每个消火栓处应设远距离启动消防水泵的按钮,以便在使用消火栓灭火的同时,启动消防水泵。建筑物内的消防控制室均应设置远距离启动或停止消防水泵运转的设备。

（6）消防水池。消防水池用于无室外消防水源的情况下,储存火灾持续时间内的室内消防用水量。消防水池可设于室外地下或地面上,也可设在室内地下室,或与室内游泳池、水景水池兼用。

（三）消火栓灭火系统的布置

1. 室内消火栓的布置

设置消火栓灭火系统的建筑各层均应设消火栓,并保证有两支水枪的充实水柱同时到达室内任何部位。只有建筑高度小于等于 24 m,且体积小于等于 5 000 m³ 的库房,可采用一支水枪的充实水柱到达任何部位。消火栓应设在明显易取用的地点,如耐火的楼梯间、走廊、大厅和车库出入口等。消防电梯前室应设消火栓,以便消防人员救火打开通道和淋水降温减少辐射热的影响。室内消火栓栓口距楼层面安装高度为 1.1 m,栓口方向宜向下或与墙面垂直。

2. 室内消防管道的布置

（1）建筑物内的消火栓给水系统是否与生产、生活给水系统合用或单独设置，应根据建筑物的性质和使用要求经技术经济比较后确定。与生活、生产给水系统合用时，给水管一般采用热浸镀锌钢管或给水铸铁管。单独消防系统的给水管可采用非镀锌钢管或给水铸铁管。

（2）室内消火栓超过 10 个，且室外消防用水量大于 15 L/s 时，室内消防给水管道应布置成环状，其进水管至少应布置两条。当环状管网的一条进水管发生事故时，其余的进水管应仍能供应全部用水量。对于 7~9 层的单元式住宅，进水管可采用一条。

（3）超过 6 层的塔式和通廊式住宅，超过 5 层或体积超过 10 000 m³ 的其他民用建筑，超过 4 层的厂房和库房，如室内消防立管为两条或两条以上，应至少每两条立管相连组成环状管网。对于 7~9 层的单元式住宅，消防立管允许布置成枝状管网。

（4）阀门的设置应便于管网维修和使用安全，检修关闭阀门后，停止使用的消火栓在一层中不应超过五个，关闭的竖管不超过一条；当竖管为四条及以上时，可关闭不相邻的两条竖管。消防阀门平时应开启，并有明显的启闭标志。

二、自动喷水灭火系统

自动喷水灭火系统是一种在发生火灾时，能自动喷水灭火并同时发出火警信号的消防灭火系统。这种灭火系统具有很高的灵敏度和灭火成功率，据资料统计，自动喷水灭火系统成功扑救初期火灾的概率在 95% 以上，因此在发生火灾频率高、火灾危险等级高的建筑物中应设置自动喷水灭火系统。

目前，我国使用的自动喷水灭火系统有湿式自动喷水灭火系统、干式自动喷水灭火系统、干湿式自动喷水灭火系统、预作用自动喷水灭火系统、雨淋自动喷水灭火系统、水幕自动喷水灭火系统、水喷雾自动喷水灭火系统等类型。其中，前四种均属于闭式自动喷水灭火系统，后三种属于开式自动喷水灭火系统。

（一）自动喷水灭火系统的种类

1. 闭式自动喷水灭火系统

闭式自动喷水灭火系统是指在自动喷水灭火系统中采用闭式喷头，平时系统为封闭系统，火灾发生时，建筑物内温度上升，当室温升高到足以打开闭式喷头上的闭锁装置时，喷头即自动喷水灭火。

闭式自动喷水灭火系统一般由水源、加压储水设备、喷头、管网、报警装置等组成。

（1）湿式自动喷水灭火系统。如图 2-28 所示，管网中充满有压水，当建筑物发生火灾，温度上升到足以使闭式喷头感温元件爆破或熔化脱落时，喷头出水灭火。此时管网中有压水流动，水流指示器被感应送出电信号，在报警控制器上指示，某一区域已在喷水。持续喷水造成报警阀的上部水压低于下部水压，其压力差值达到一定值时，原来处于关闭状态的湿式报警阀就会自动开启。此时，消防水流通过湿式报警阀，流向自动喷洒管网供水灭火。同时，另一部分水进入延迟器、压力开关及水力警铃等设施，发出火警信号。另外，根据水流指示器和压力开关的信号或消防水箱的水位信号，控制箱内控制器能自动开启消防泵,以达到持续供水的目的。

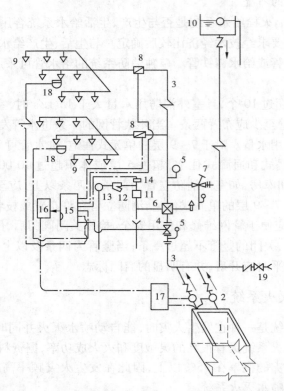

1—消防水池;2—消防泵;3—管网;4—控制蝶阀;5—压力表;6—湿式报警阀;7—泄放试验阀;
8—水流指示器;9—喷头;10—高位水箱、稳压泵或气压给水设备;11—延时器;12—过滤器;13—水力警铃;
14—压力开关;15—报警控制器;16—非标控制箱;17—水泵启动箱;18—探测器;19—水泵接合器

图 2-28　湿式自动喷水灭火系统示意图

该系统具有结构简单、使用方便可靠、便于施工、容易管理、灭火速度快、扑救效率高的优点,适用范围广,适合安装在环境温度为 4 ~ 70 ℃ 的建筑物、构筑物内。但由于管网中充有有压水,渗漏时会损坏建筑装饰和影响建筑的使用。

(2)干式自动喷水灭火系统。与湿式自动配水灭火系统原理类似,只是控制信号阀的结构和作用原理不同。管网中平时不充水,充有有压空气(或氮气)。当建筑物发生火灾,火点温度达到足以开闭式喷头时,喷头开启、排气、充水、灭火。该系统灭火时,需先排除管网中的空气,故喷头出水不如湿式系统及时。但管网中平时不充水,对建筑装饰无影响,对环境温度也无要求,适用于采暖期长而建筑物内无采暖的场所。为减少排气时间,一般要求管网的容积不大于 3 000 L。

(3)干湿式自动喷水灭火系统。在环境温度满足湿式自动喷水灭火系统设置条件(4 ℃ < T < 70 ℃)时,报警阀后的管段充以有压水,系统形成湿式自动喷水灭火系统;当环境温度不满足湿式自动喷水灭火系统设置条件(T < 4 ℃ 或 T > 70 ℃)时,报警阀后的管段充以有压空气(或氮气),系统形成干式自动喷水灭火系统。该系统适合于环境温度周期变化较大的地区。

（4）预作用自动喷水灭火系统。管网中平时不充水（无压）。发生火灾时，火灾探测器报警后，自动控制系统控制阀门排气、充水，由干式变为湿式系统。只有当着火点温度达到足以开启闭式喷头时，才开始喷水灭火。该系统弥补了上述两种系统的缺点，适用于对建筑装饰要求高、灭火及时的建筑物。

2. 开式自动喷水灭火系统

开式自动喷水灭火系统是指在自动喷水灭火系统中采用开式喷头，平时系统为敞开状，报警阀处于关闭状态，管网中无水，火灾发生时报警阀开启，管网充水，喷头喷水灭火。

开式自动喷水灭火系统由开式喷头、管道系统、雨淋阀、火灾探测器、报警控制装置、控制组件和供水设备等组成。

（1）雨淋自动喷水灭火系统。当建筑物发生火灾时，由自动控制装置打开集中控制阀门，使整个保护区域所有喷头喷水灭火。该系统具有出水量大、灭火及时的优点，适用于火灾蔓延快、危险性大的建筑或部位。平时雨淋阀后的管网无水，雨淋阀由于传动系统中的水压作用而紧紧关闭着。火灾发生时，火灾探测器感受到火灾因素，便立即向控制器送出火灾信号，控制器将信号作声光显示并相应输出控制信号，打开传动管网上的传动阀门，自动地释放掉传动管网中的有压水，使雨淋阀上传动水压骤然降低，雨淋阀启动，消防水便立即充满管网，经过开式喷头同时喷水。该系统提供了一种整体保护作用，可实现对保护区的整体灭火或控火。同时，压力开关和水力警铃以声光报警，作反馈指示，消防人员在控制中心便可确认系统是否及时开启。

（2）水幕自动喷水灭火系统。该系统工作原理与雨淋系统不同的是：雨淋系统中使用开式喷头，将水喷洒成锥体状扩散射流，而水幕系统中使用开式水幕喷头，将水喷洒成水帘幕状。因此，它不能直接用来扑灭火灾，而是与防火卷帘、防火幕配合使用，对它们进行冷却和提高它们的耐火性能，阻止火势扩大和蔓延。它也可单独使用，用来保护建筑物的门、窗、洞口或在大空间造成防火水帘起防火分隔作用。

（3）水喷雾自动喷水灭火系统。该系统用喷雾喷头把水粉碎成细小的水雾滴之后喷射到正在燃烧的物质表面，通过表面冷却、窒息以及乳化的同时作用实现灭火。由于水喷雾具有多种灭火机理，其具有适用范围广的优点，不仅可以提高扑灭固体火灾的灭火效率，同时由于水雾具有不会造成液体火飞溅、电气绝缘性好的特点，在扑灭可燃液体火灾、电气火灾中均得到了广泛的应用，如用于飞机发动机实验台、各类电气设备、石油加工场所等。

（二）自动喷水灭火系统主要组件

1. 喷头

闭式喷头的喷口用热敏元件组成的释放机构封闭，当达到一定温度时能自动开启，如玻璃球爆炸、易熔合金脱离。其构造按溅水盘的形式和安装位置有直立型、下垂型、边墙型、普通型、吊顶型和干式下垂型等喷头之分，如图2-29所示。

开式喷头与闭式喷头的区别仅在于缺少由热敏感元件组成的释放机构。它是由本体、支架、溅水盘等组成。按安装形式分为双臂下垂型、单臂下垂型、双臂直立型和双臂边墙型四种，见图2-30。

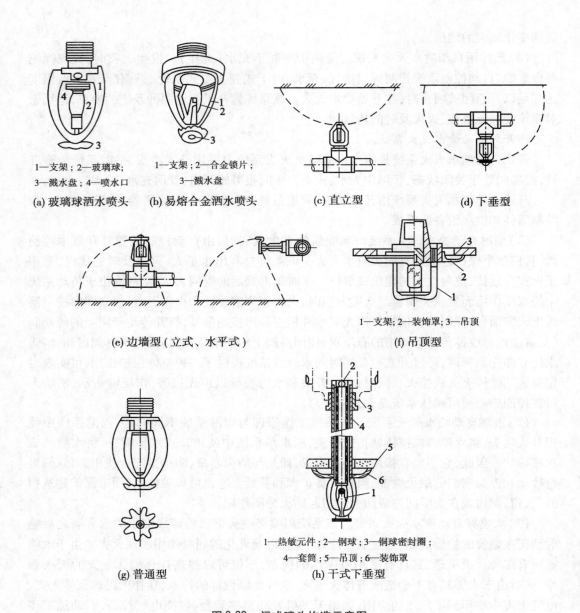

1—支架；2—玻璃球；　　　1—支架；2—合金锁片；
3—溅水盘；4—喷水口　　　　　3—溅水盘
(a) 玻璃球洒水喷头　(b) 易熔合金洒水喷头　(c) 直立型　　　　(d) 下垂型

(e) 边墙型（立式、水平式）　　　　　　1—支架；2—装饰罩；3—吊顶
　　　　　　　　　　　　　　　　　　　(f) 吊顶型

1—热敏元件；2—钢球；3—铜球密封圈；
4—套筒；5—吊顶；6—装饰罩
(g) 普通型　　　　　　　　　　(h) 干式下垂型

图 2-29　闭式喷头构造示意图

应严格按照环境温度来选用喷头温度。为了正确有效地使喷头发挥喷水作用,在不同环境温度场所内设置喷头时,喷头的公称动作温度要比环境温度高 30 ℃ 左右。

2. 报警阀

报警阀的作用是开启和关闭管网中的水流,传递控制信号至控制系统并启动水力警铃直接报警。报警阀又分为湿式报警阀、干式报警阀、干湿式报警阀和雨淋阀 4 种类型,如图 2-31 所示。湿式报警阀用于湿式自动喷水灭火系统;干式报警阀用于干式自动喷水灭火系统;干湿式报警阀用于干湿式自动喷水灭火系统,它是由湿式报警阀与干式报警阀依次连接而成的,在温暖季节用湿式装置,在寒冷季节则用干式装置;雨淋阀用于雨淋、预

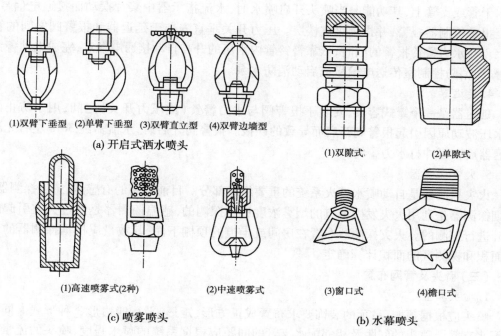

(1)双臂下垂型　(2)单臂下垂型　(3)双臂直立型　(4)双臂边墙型

(a) 开启式洒水喷头

(1)双隙式　　　　(2)单隙式

(1)高速喷雾式(2种)　　(2)中速喷雾式　　(3)窗口式　　(4)檐口式

(c) 喷雾喷头　　　　　　　　　　**(b) 水幕喷头**

图 2-30　开式喷头构造示意图

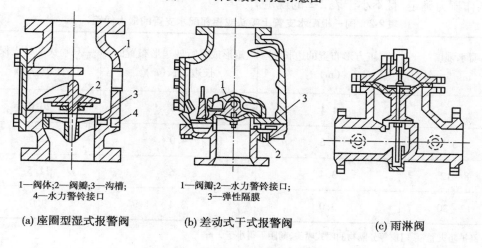

1—阀体;2—阀瓣;3—沟槽;　　　1—阀瓣;2—水力警铃接口;
4—水力警铃接口　　　　　　　3—弹性隔膜

(a) 座圈型湿式报警阀　　**(b) 差动式干式报警阀**　　　　**(c) 雨淋阀**

图 2-31　报警阀构造示意图

作用、水幕、水喷雾自动喷水灭火系统。报警阀宜设在明显地点,且便于操作,距地面高度宜为 1.2 m。

3. 水流报警装置

水流报警装置主要有水力警铃、水流指示器和压力开关。

水力警铃主要用于湿式自动喷水灭火系统,宜装在报警阀附近(其连接管不宜超过 6 m)。当报警阀打开消防水源后,具有一定压力的水流冲动叶轮打铃报警。水力警铃不得由电动报警装置取代。水流指示器用于湿式自动喷水灭火系统中。通常安装在各楼层配水干管或支管上,其功能是当喷头开启喷水时,水流指示器中桨片摆动而接通电信号,送至报警控制器报警,并指示火灾楼层。压力开关垂直安装于延迟器和报警阀之间的管道上。在水力警铃报警的同时,依靠警铃管内水压的升高自动接通电触点,完成电动警铃报警,向消防控制室传送电信号或启动消防水泵。

4. 延迟器

延迟器是一个罐式容器,安装于报警阀与水力警铃(或压力开关)之间,用于防止由于水压波动原因引起报警阀开启而导致的误报。报警阀开启后,水流需经 30 s 左右充满延迟器后方可冲打水力警铃。

5. 火灾探测器

火灾探测器是自动喷水灭火系统的重要组成部分。目前常用的有感烟、感温探测器。感烟探测器是利用火灾发生地点的烟雾浓度进行探测的,感温探测器是通过火灾引起的温升进行探测的。火灾探测器布置在房间或走道的顶棚下面,其数量应根据探测器的保护面积和探测区的面积计算确定。

(三)喷头及管网布置

1. 喷头布置

喷头应根据顶棚、吊顶的装饰要求布置成正方形、矩形、平行四边形 3 种形式。同一根配水支管上喷头的间距及相邻配水支管的间距应根据系统的喷水强度,喷头的流量系数、工作压力确定,且不小于表 2-2 的规定。

表2-2　同一根配水支管上喷头或相邻配水支管的最大间距

喷水强度 (L/(min·m²))	正方形布置的边长 (m)	矩形或平行四边形布置的 长边边长(m)	一只喷头的最大保护 面积(m²)
4	4.4	4.6	20.0
6	3.6	4.0	12.5
8~12	3.4	3.6	11.5
12~20	3.0	3.4	9.0

注:保护防火卷帘、门窗等分隔物的闭式喷头,间距不得小于 2 m。

2. 管网布置

自动喷水灭火管网应根据建筑平面的具体情况布置成侧边式和中央式两种形式,如图 2-32 所示。一般情况下,轻危险级和中危险级系统每根支管上设置的喷头不宜多于 8 个,严重危险级系统每根支管上设置的喷头不宜多于 6 个,以控制配水支管管径不要过大,支管不要过长,喷头出水量不均衡和系统中压力过高。由于管道锈蚀等因素可引起过流面缩小,要求配水支管最小管径不小于 25 mm。一个报警阀所控制的喷头数不宜超过表 2-3 中规定的数量。

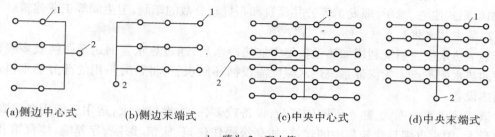

| (a)侧边中心式 | (b)侧边末端式 | (c)中央中心式 | (d)中央末端式 |

1—喷头;2—配水管

图 2-32　管网布置形式

表 2-3　一个报警阀控制的最多喷头数

系统类型		危险级别		
		轻危险级	中危险级	严重危险级
		喷头数(个)		
充水式喷水灭火系统		500	800	1 000
充气式喷水 灭火系统	有排气装置	250	500	500
	无排气装置	125	250	—

三、其他灭火系统

因建筑使用功能不同,其可燃物性质各异,仅使用水作为消防手段不能完全达到扑救火灾的目的,甚至还会带来更大的损失。因此,根据可燃物的物理、化学性质,采用不同的灭火方法和手段,才能达到预期的目的。目前,我国使用的固定灭火系统还有泡沫灭火系统、二氧化碳灭火系统、干粉灭火系统、蒸汽灭火系统、卤代烷灭火系统、烟雾灭火系统和氮气灭火系统等。

第四节　建筑热水供应系统

一、热水供应系统的分类

(一)按热水供应系统供应范围分类

热水供应系统按热水供应范围的大小可分为局部热水供应系统、集中热水供应系统和区域热水供应系统。

1.局部热水供应系统

局部热水供应系统是采用小型加热设备在用水场所就地加热,供局部范围内的一个或几个用水点使用的热水系统。

这种热水供应系统热水管路短,热损失小,使用灵活,维护管理容易,但热水成本较高。由于该系统供水范围小,热水制备分散,因此适用于热水用水量较小且较分散的建筑,如单元式住宅、诊所、理发馆等公共建筑和布置较分散的车间、卫生间等工业建筑。

2. 集中热水供应系统

集中热水供应系统利用加热设备集中加热冷水后,通过热水管网送至一幢或多幢建筑中的热水配水点。为保证系统热水温度需设循环回水管,将暂时不用的部分热水再送回加热设备。

该系统供水范围大,热水管网较复杂,设备较多,一次性投资大,适用于使用要求高、耗热量大、用水点多且比较集中的建筑,如高级居住建筑、旅馆、医院、疗养院、体育馆、游泳池等公共建筑和布置较集中的工业建筑等。

3. 区域热水供应系统

区域热水供应系统的热水在热电厂、区域锅炉房或热交换站集中制备,通过市政热水管网送至整个建筑群、居民区或整个工业企业使用。在城市或工业企业热力网的热水水质符合用水要求且热力网工况容许时,也可直接从热水管网取水。

该系统供水范围大,自动化控制技术先进,便于集中统一维护管理,有利于热能的综合利用,但热水管网复杂,热损失大,设备、附件多,管理水平要求高,一次性投资大。因此,其适用于建筑布置较集中、热水用量较大的城市和大型工业企业。

(二)按热水管网的循环方式分类

为保证热水管网中的水随时保持一定的温度,热水管网除配水管道外,还应根据具体情况和使用要求设置不同形式的回水管道,以便当配水管道停止配水时,管网中仍能维持一定的循环流量,以补偿管网热损失,防止温度降低过多。常用的循环方式有全循环热水供应方式、半循环热水供应方式和无循环热水供应方式三种,如图2-33所示。

1. 全循环热水供应方式

全循环热水供应方式是指热水供应系统中热水配水管网的水平干管、立管及支管均设有相应回水管道,随时打开各配水嘴均能提供符合设计水温要求的热水。该系统设有循环水泵,用水时不存在使用前放水和等待时间,适用于高级宾馆、饭店、高级住宅等高标准建筑。

2. 半循环热水供应方式

该管网系统分为立管循环和干管循环两种。其一般适用于对水温要求不高、不甚严格,且支管、分支管较短,用水较集中或一次用水量较大的建筑。

3. 无循环热水供应方式

无循环热水供应方式是指热水供应系统中热水配水管网的水平干管、立管、配水支管都不设任何回水管道。其一般适用于热水供应系统较小、使用要求不高的定时供应系统,如公共浴室、洗衣房等。

(三)按热水管网循环动力分类

热水供应系统根据循环动力的不同可分为自然循环热水供应方式和机械循环热水供应方式两种。

1. 自然循环热水供应方式

自然循环热水供应方式利用配水管和回水管中水的温差所形成的压力差,使管网内

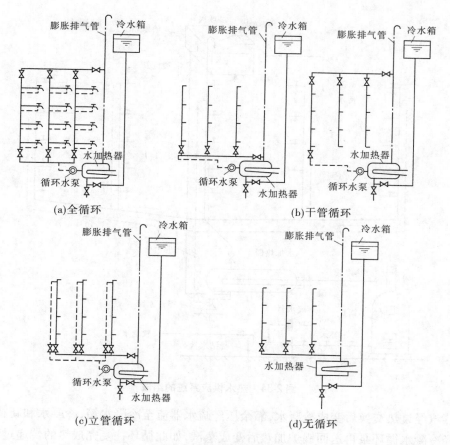

图 2-33　热水循环方式

维持一定的循环流量,以补偿配水管道的热损失,满足用户对热水温度的要求。这种方式
适用于热水供应系统小,用户对水温要求不严格的系统。

2. 机械循环热水供应方式

机械循环热水供应方式在回水干管上设循环水泵强制一定量的水在管网中循环,以
补偿配水管道的热损失,满足用户对热水温度的要求。这种方式适用于用户对热水温度
要求严格的大、中型热水供应系统。

二、热水供应系统的组成

对于不同的热水供应系统,其组成不尽相同。建筑内热水供应系统中以集中热水供
应系统的使用较为普遍。集中热水供应系统一般由热水制备系统、热水供水系统和附件
组成,如图 2-34 所示。

(一)热水制备系统(第一循环系统)

热水制备系统是指蒸汽锅炉与水加热器或热水锅炉(机组)与热水储水器之间的热
媒循环系统。当以蒸汽为热媒时,锅炉产生的蒸汽(或过热水)通过热媒管网输送到水加
热器加热冷水。

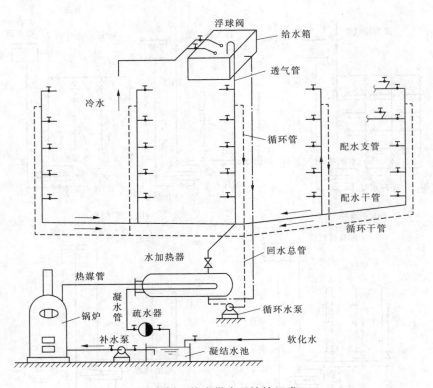

图 2-34 热水供应系统的组成

蒸汽经过热交换后变成冷凝水,靠余压经疏水器流至冷凝水箱,冷凝水和新补充的软化水经冷凝水循环泵再送回锅炉加热后变成蒸汽,如此循环往复完成热的传递过程。

(二)热水供水系统(第二循环系统)

热水供水系统由热水配水管网和回水管网组成。被加热到设计要求温度的热水,从水加热器出口经配水管网送至各个热水配水点,而水加热器所需冷水则由高位水箱或给水管网补给。为满足各热水配水点随时都有设计要求温度的热水,在立管和水平干管甚至配水支管上设置回水管,使一定量的热水在配水管网和回水管网中流动,以补偿配水管网所散失的热量,避免热水温度降低。

(三)附件

由于热媒循环系统和热水供水系统中控制、连接的需要,同时也为了解决由于温度变化而引起的水的体积膨胀、超压、气体离析、排除等问题,热水供应系统常使用的附件有自动温度调节装置、疏水器、减压阀、安全阀、膨胀罐(箱)、管道自动补偿器、闸阀、水嘴、自动排气器等。

三、水的加热方式

水的加热方式有很多,选用时应根据热源种类、热能成本、热水用量、设备造价和维护管理费用等进行经济比较后确定。

（一）集中热水供应加热方式

集中热水供应加热方式如图 2-35 所示。

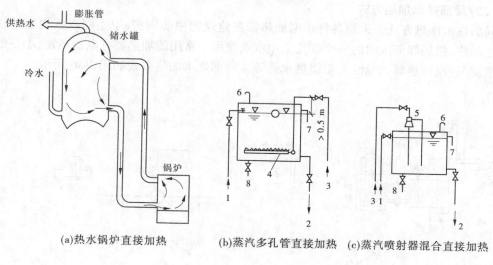

(a)热水锅炉直接加热　(b)蒸汽多孔管直接加热　(c)蒸汽喷射器混合直接加热

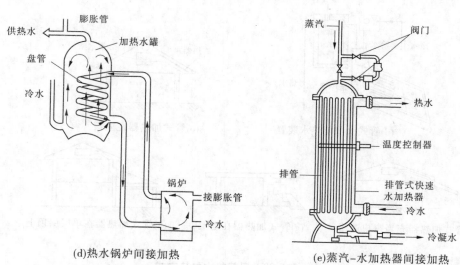

(d)热水锅炉间接加热　　　　(e)蒸汽-水加热器间接加热

1—给水；2—热水；3—蒸汽；4—多孔管；5—喷射器；6—通气管；7—溢水管；8—泄水管

图2-35　集中热水供应加热方式

1. 直接加热

直接加热方式也称一次换热方式，是利用燃气、燃油、燃煤热水锅炉，把冷水直接加热到所需的热水温度，或者是将蒸汽（或高温水）通过穿孔管或喷射器直接与冷水接触混合制备热水。这种方式设备简单、热效率高、节能，但噪声大，对热媒质量要求高，不允许造成水质污染，适用于有高质量的热媒、对噪声要求不严格的公共浴室、洗衣房、工矿企业等用户。

2. 间接加热

间接加热就是以锅炉产生的蒸汽或高温水作热媒，通过热交换器将水加热。热媒放出热量后又返回锅炉中,如此反复循环。这种系统的热水不易被污染,热媒不必大量补充,无噪声,热媒和热水在压力上无联系,适用于较大的热水供应系统,如医院、饭店、旅馆等。

(二)局部热水加热方式

局部热水加热方式是采用各种小型加热器在建筑物中的厨房、卫生间或其他辅助用房就地加热,供局部范围内的一个或几个用水点使用。常用的加热器有电加热器、小型燃气热水器、蒸汽加热器、炉灶、太阳能热水器等。局部热水加热方式如图 2-36 所示。

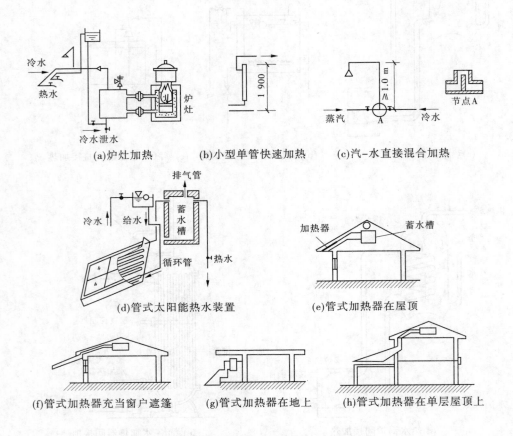

(a)炉灶加热   (b)小型单管快速加热   (c)汽–水直接混合加热

(d)管式太阳能热水装置   (e)管式加热器在屋顶

(f)管式加热器充当窗户遮篷   (g)管式加热器在地上   (h)管式加热器在单层屋顶上

图 2-36　局部热水加热方式

四、热水管网的布置和敷设

(一)热水管网的布置

热水管网的布置方式分为下行上给式和上行下给式两种形式。

下行上给式热水系统布置时水平干管可布置在地沟内或地下室的顶部,但不允许埋地。

上行下给式热水系统水平干管可布置在建筑最高层吊顶内或专用技术设备层内,水平干管应有大于等于 3‰的坡度,其坡向与水流的方向相反,并在系统的最高点处设自动排气阀进行排气。

高层建筑热水供应系统与冷水供应系统一样,应采用竖向分区,以保证系统冷、热水的压力平衡,便于调节冷、热水混合龙头的出水温度,并要求各区的水加热器和储水器的进水均由同区的给水系统供应;当不能满足要求时,应采取保证系统冷、热水压力平衡的措施。

(二)热水管网的敷设

根据建筑物的使用要求,热水管网的敷设可分为明装和暗装两种形式。

明装管道应尽可能地敷设在卫生间和厨房内,并沿墙、梁或柱敷设,一般与冷水管道平行。

暗装管道可敷设在管道竖井或预留沟槽内。

热水给水立管与横管连接时,为了避免管道因伸缩应力变形而破坏管网,应采用如图 2-37 所示的乙字形弯管。

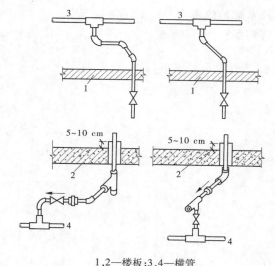

1,2—楼板;3,4—横管

图 2-37　热水立管与水平横管的连接方式

管道穿过墙、基础和楼板时应设套管,穿过卫生间楼板的套管应高出室内地面 5～10 cm,以避免地面积水从套管渗入下层。

热水管网的配水立管始端、回水立管末端和装设多于五个配水龙头的支管始端均应设置阀门,以便于调节和检修。为了防止热水倒流或串流,水加热器或热水储罐的进水管、机械循环的回水管、直接加热混合器的冷热水供水管,都应装设止回阀,如图 2-38 所示。

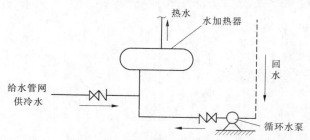

图 2-38　热水管道上止回阀的位置

思考题与习题

1. 建筑给水系统按用途可分为哪几类?
2. 建筑给水系统由哪几部分组成?
3. 如何计算建筑给水系统所需水压?
4. 低层建筑给水方式如何选用?
5. 高层建筑内部给水系统为什么要进行竖向分区?
6. 常用高层建筑内部给水方式有哪几种? 其主要特点是什么?
7. 简述消火栓灭火系统和自动喷水灭火系统的组成。
8. 简述集中热水供应系统的组成。
9. 热水的加热方式有哪些?

第三章 建筑排水工程

第一节 排水系统的分类与组成

一、排水系统的分类

建筑排水根据来源可分为生活污水、工业废水和降水。生活污水又可划分为粪便污水和生活废水,而工业废水可分为生产污水和生产废水,降水是指雨水和冰雪融化水。

排水系统是收集、输送、处理、再生和处置污水和雨水的设施以一定方式组合成的总体。建筑排水系统的任务是将建筑内的卫生器具或生产设备收集的生活污水、工业废水和屋面的雨雪水,有组织地、及时地、迅速地排至室外排水管网、室外污水处理构筑物或水体。

由于水被污染的情况不同,建筑内部排水系统根据污水、废水的类型不同,一般分为以下三类。

(一)生活污水排水系统

生活污水是居民在日常生活中排出的粪便污水和生活废水的总称。生活污水排水系统排除民用建筑、公共建筑以及工业企业生活中产生的污水、废水。这类污水的特点是有机物和细菌的含量较高,进行局部处理后才允许排入城市排水管道。

生活废水指的是居民日常生活中排泄的洗涤水,包括洗涤设备、淋浴设备、盥洗设备及厨房等废水。

因此,根据污、废水水质的不同以及污水处理、杂用水的需要等情况的不同,生活污水排水系统又可以分为粪便污水排水系统和生活废水排水系统。经过处理后,生活污水可作为杂用水,也称中水,可用来冲洗厕所、浇洒绿地和道路、冲洗汽车等。医院污水由于含有大量病菌,在排入城市排水管道之前,除进行局部处理外,还应进行消毒处理。

(二)工业废水排水系统

工业废水可分为两类:生产废水和生产污水。

生产废水系指在生产过程中形成,但未直接参与生产工艺,未被生产原料、半成品或成品污染,仅受到轻度污染的水或温度稍有上升的水,如循环冷却水等,经简单处理后可回用或排入水体。

生产污水系指在生产过程中所形成,并被生产原料、半成品或成品等废料所污染且污染比较严重的水。生产污水比较复杂,如纺织漂洗印染污水、焦化厂的炼焦污水、电镀厂的电镀污水等。按照我国环保法规,这些生产污水必须在厂内经过处理,达到国家的排放标准以后,才能排入室外排水管道。

（三）屋面雨水排水系统

屋面雨水排水系统是指排除降落在屋面的雨雪水的管道系统。随着环境污染的日益加重，初期雨雪水经地面径流，含有大量的污染物质，也应进行集中处理。

二、排水体制及其选择

（一）排水体制

按照污水和废水的关系，建筑内部排水体制可分为分流制和合流制两种，分别称为建筑分流排水和建筑合流排水。

分流制即建筑物内的污水和废水分别设置管道系统，排出建筑物或排入处理构筑物。

合流制即建筑物内的污水和废水合流后排出建筑物或排入处理构筑物。

建筑物内宜设置独立的屋面雨水排水系统，迅速、及时地将雨水排至室外雨水管渠或地面。

（二）排水体制的选择

建筑内部排水系统是选择分流制还是合流制，应综合考虑污废水性质、污染程度、水量大小，并结合室外排水体制、污废水处理设施的完善程度、污废水处理要求以及综合利用与处理的要求等情况，通过经济技术比较确定。

小区排水系统应采用生活污水与雨水分流制排水。

建筑物内在下列情况下宜采用粪便污水与生活废水分流的排水系统：

（1）建筑物使用性质对卫生标准要求较高时；

（2）生活废水量较大，且环卫部门要求生活污水经化粪池处理后才能排入城镇排水管道时；

（3）生活废水需回收利用时。

下列建筑排水应单独排水至水处理或回收构筑物：

（1）职工食堂、营业餐厅含有大量油脂的洗涤废水；

（2）机械自动洗车台冲洗水；

（3）含有大量致病菌，放射性元素超过排放标准的医院污水；

（4）水温超过 40 ℃的锅炉、水加热器等加热设备排水；

（5）用做回用水水源的生活排水；

（6）实验室有害有毒废水。

建筑物雨水管道应单独设置，在缺水或严重缺水地区，宜设置雨水储存池。

当城市（镇）设有污水处理厂，生活废水不需回用时，生活废水和粪便污水宜合流排除；生产污水与生活污水性质相似时，宜合流排除。

三、排水系统的组成

污水能顺利、迅速地排出去，能有效地防止污水管中的有毒气体进入室内等，是建筑内部排水系统的基本要求。建筑内部排水系统的组成应能满足以下三个基本要求：首先，系统能迅速畅通地将污水、废水排到室外；其次，排水管道系统气压稳定，有毒有害气体不能进入室内，保持室内环境卫生；最后，管线布置合理，简短顺直，工程造价低。

为满足上述要求,建筑内部排水系统的基本组成部分为:卫生器具和生产设备受水器、排水管道、清通设备和通气管道(见图3-1)。在有些排水系统中,根据需要还设有污废水提升设备和污水局部处理构筑物。

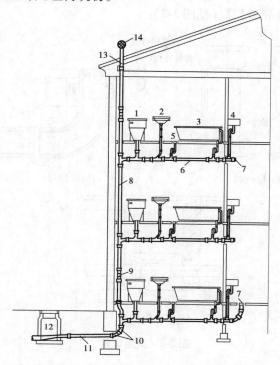

1—大便器;2—洗脸盆;3—浴盆;4—洗涤盆;5—地漏;6—横支管;7—清扫口;
8—立管;9—检查口;10—45°弯头;11—排出管;12—检查井;13—通气管;14—通气帽

图 3-1　建筑内部排水系统

(一)卫生器具和生产设备受水器

卫生器具和生产设备受水器是建筑内部排水系统的起点,是用来满足日常生活和生产过程中各种卫生和工艺要求、收集和排除污废水的设备。其中,卫生器具又称卫生设备或卫生洁具,是供水并接受、排出人们在日常生活中产生的污废水或污物的容器或装置;生产设备受水器是接受、排出工业企业在生产过程中产生的污废水或污物的容器或装置。

(二)排水管道

排水管道由器具排水管、排水横支管、排水立管、埋地干管和排出管等组成。

(1)器具排水管。连接卫生器具和排水横支管的短管,除坐式大便器等自带水封装置的卫生器具外,均应设水封装置。

(2)排水横支管。将器具排水管送来的污水转输到立管中去。

(3)排水立管。用来收集其上所接的各横支管排来的污水,然后把这些污水送入排出管。

(4)埋地干管。用来连接各排水立管。

(5)排出管。用来收集一根或几根立管排来的污水,并将其排至室外排水管网中去。

(三)清通设备

污废水中含有固体杂物和油脂,其容易在管内沉积、黏附,降低通水能力甚至堵塞管道。为了疏通排水管道,保障排水畅通,需要设置清通设备。排水系统中的清通设备一般有三种:检查口、检查井和清扫口(见图3-2)。

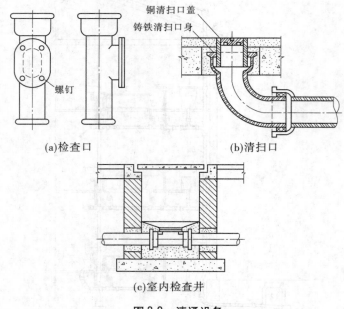

(a)检查口   (b)清扫口

(c)室内检查井

图 3-2　清通设备

(四)通气管道

由于建筑内排水管道中是气水两相流,当排水系统中突然、大量排水时,可能导致气压波动,造成水封破坏,使有毒、有害气体进入室内。为了防止以上现象发生,须向排水管道内补给空气,以减小气压变化,防止水封破坏,使水流通畅,同时也需将排水管道内的有毒、有害气体排放到一定空间的大气中去,补充新鲜空气,减缓金属管道的腐蚀。由此,需要在建筑排水系统中设置通气管道。

1. 通气管道分类

根据建筑物层数、卫生器具数量、卫生标准等情况的不同,通气管道可分为如下几种类型(见图3-3)。

1)伸顶通气管

伸顶通气管是排水立管与最上层排水横支管连接处向上垂直延伸至室外作通气用的管道。对于层数不高、卫生器具不多的建筑物,一般将排水立管上端延伸出屋面,用来通气及排除排水管内的臭气。

2)专用通气立管

专用通气立管指仅与排水立管连接,为排水立管内空气流通而设置的垂直通气管道。当生活污水排水立管所承担的卫生器具排水流量超过仅设伸顶通气管的排水立管最大排水能力时,应设置专用通气立管。

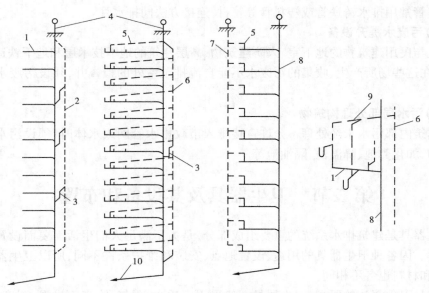

1—排水横支管;2—专用通气立管;3—结合通气管;4—伸顶通气管;5—环形通气管;
6—主通气立管;7—副通气立管;8—排水立管;9—器具通气管;10—排出管

图3-3　几种典型通气形式

3）主通气立管

主通气立管指用来连接环形通气管和排水立管,为使排水支管和排水立管内空气流通而设置的垂直管道。

4）副通气立管

副通气立管指仅与环形通气管连接,为使排水横支管内空气流通而设置的通气管道。其作用同专用通气立管,设在污水立管对侧。

5）环形通气管

环形通气管指在多个卫生器具的排水横支管上,从最始端卫生器具的下游端接至主通气立管或副通气立管的通气管段。

6）器具通气管

器具通气管指卫生器具存水弯出口端,在高于卫生器具一定高度处与主通气立管连接的通气管段,可以防止卫生器具产生自虹吸现象和噪声。器具通气管适用于对卫生标准和控制噪声要求较高的排水系统。

7）结合通气管

结合通气管指排水立管与通气立管的连接管段。当上部横支管排水,水流沿立管向下流动时,水流前方空气被压缩,通过结合通气管可释放被压缩的空气至通气立管。

8）汇合通气管

汇合通气管指连接数根通气立管或排水立管顶端通气部分,并延伸至室外与大气相通的通气管段。伸顶通气管不允许或不可能单独伸出屋面时,可设置汇合通气管。

2.通气管管径的确定

通气管管径应根据污水管排水能力及管道长度确定,不宜小于排水管管径的1/2。

通气管常用排水铸铁管或塑料管等管材,连接方法同排水管。

(五)污废水提升设备

工业与民用建筑物的地下室、人防建筑物、高层建筑的地下技术层和地下铁道等处标高较低,在这些场所产生、收集的污废水不能自流排至室外的检查井,须设污废水提升设备。

(六)污水局部处理构筑物

当建筑内部污水未经处理不允许直接排入市政排水管网或水体时,须设污水局部处理构筑物,如化粪池、降温池、隔油池等。

第二节 卫生器具及其设备和布置

卫生器具是建筑排水系统的重要组成部分,是为了满足人们生活需要而设置的各种卫生洁具。因各种卫生器具的用途、设置地点、安装和维护条件不同,所以卫生器具的结构、型式和材料也各不相同。

为满足卫生清洁的要求,卫生器具一般采用不透水、无气孔、表面光滑、耐磨损、耐冷热、便于清扫、有一定强度的材料制造,如陶瓷、搪瓷生铁、塑料、不锈钢、水磨石、复合材料等。随着人们生活水平和卫生标准的不断提高,对卫生器具的功能和质量也提出了越来越高的要求,它正朝着材质优良、功能完善、造型美观、消声节水、色彩丰富、使用舒适的方向发展,已成为评判建筑物级别的重要标准。为防止粗大污物进入管道,发生堵塞,除大便器外,所有卫生器具均应在放水口处设截留杂物的栅栏。

一、卫生器具的种类

卫生器具按使用功能可分为便溺用、盥洗用、沐浴用和洗涤用四类。

(一)便溺用卫生器具

便溺用卫生器具是用来收集和排除粪便、尿液用的卫生器具,设置在卫生间和公共厕所内,包括便器和冲洗设备两部分。便器有大便器、大便槽、小便器、小便槽和倒便器五种类型,除了倒便器用于医院病房内,其他四种为常用卫生器具。

1.大便器

大便器是排除粪便的便溺用卫生器具,其作用是把粪便和便纸快速完全地排入下水管道,同时要防臭。常用的大便器有坐式和蹲式两类,见图3-4。

坐式大便器简称坐便器,有多种类型。按安装方式分为落地式和悬挂式,按与冲洗水箱的关系有分体式和连体式,按排出口位置有下出口(或称底排水)式和后出口(或称横排水)式,按用水量分节水型和普通型,按冲洗的水力原理分为冲洗式和虹吸式两类。

冲洗式坐便器又称冲落式坐便器,坐便器的上口环绕着一圈开有很多小孔口的冲水槽。冲洗开始时,水进入冲洗槽,经小孔沿便器内表面冲下,便器内水面涌高,利用水的冲力将粪便等污物冲出存水弯边缘,排入污水管道。冲洗式坐便器的缺点是受污面积大,水面面积小,污物易附着在器壁上,每次冲洗不一定能保证将污物冲洗干净,易散发臭气,冲洗水量和冲洗时噪声较大。

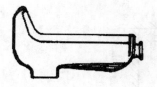 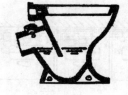 

(a) 蹲式大便器　　　　　　　(b) 冲洗式坐便器　　　　　(c) 虹吸式坐便器

图 3-4　大便器

虹吸式坐便器的积水面积和水封高度均较大,冲洗时便器内存水弯被充满形成虹吸作用,把粪便等污物全部吸出。在冲水槽进水口处有一个冲水缺口,部分水从这里冲射下来,加快虹吸作用。因为水向下的冲射力大,流速很快,所以会产生较大的噪声。

后排式坐便器与其他坐式大便器的不同之处在于排水口设在背后,便于排水横支管敷设在本层楼板上时选用,如图 3-5。

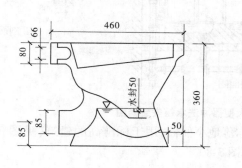 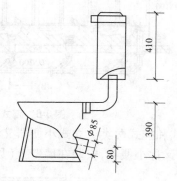

图 3-5　后排式坐便器

自动坐便器是一种不需操作的现代化坐便器。其水箱进水、冲洗污物、冲洗下身、热风吹干、便器坐圈电热等全部功能与过程均由机械装置和电子装置自动完成,使用方便、舒适且卫生。

蹲式大便器按形状有盘式和斗式两种,按污水排出口的位置分为前出口式和后出口式。蹲式大便器使用时不与人身体接触,防止疾病传染,但污物冲洗不彻底,会散发臭气。蹲式大便器采用高位水箱或延时自闭式冲洗阀冲洗,一般用于集体宿舍和公共建筑物的公用厕所及防止接触传染的医院厕所内(见图 3-6)。

2. 大便槽

大便槽是可供多人同时使用的长条形沟槽,用隔板隔成若干小间,多用于学校、火车站、汽车站、码头、游乐场等人员较多的场所,代替成排的蹲式大便器。大便槽一般采用混凝土或钢筋混凝土浇筑而成,槽底有坡度,坡向排出口。为及时冲洗,防止污物黏附,散发臭气,大便槽采用集中自动冲洗水箱或红外线数控冲洗设置。

3. 小便器

小便器是设置在公共建筑男厕所内,收集和排除小便的便溺用卫生器具,多为陶瓷制

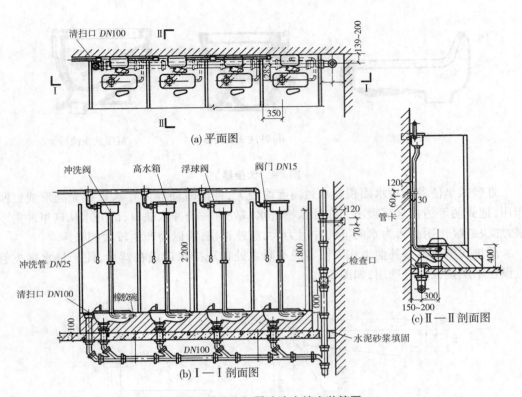

图 3-6　蹲式大便器冲洗水箱安装简图

品,有立式和挂式两类。立式小便器又称落地小便器,用于标准高的建筑(见图 3-7)。挂式小便器又称小便斗,安装在墙壁上(见图 3-8)。

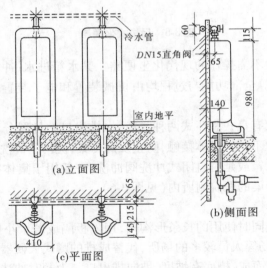

图 3-7　立式小便器

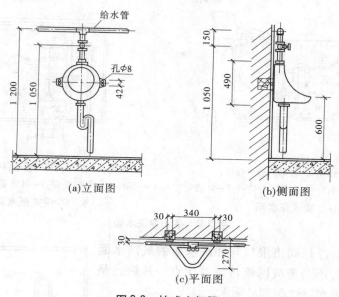

(a)立面图   (b)侧面图

(c)平面图

图3-8　挂式小便器

4.小便槽

小便槽是可供多人同时使用的长条形沟槽,由水槽、冲洗水管、排水地漏或存水弯等组成。小便槽一般采用混凝土结构,表面贴瓷砖,用于工业企业、公共建筑和集体宿舍的公共卫生间内。

除上述常用的便溺用卫生器具外,还有用于特殊场所的不用水或少用水的新型大便器,如用于船舶、车辆、飞机上的真空排水坐便器;以压缩空气作动力的压缩空气排水坐便器;自带燃烧室和排风系统,利用瓶装燃气和电热器焚烧粪便,由排风机和风道排除燃烧废气的焚烧式大便器;带有可以封闭并低温冷冻粪便储存器的冷冻式大便器;利用化学药剂分解粪便,装有伸顶通气管的化学药剂大便器;在无条件用水冲洗的特殊场所下通过空气循环作用消除臭味,并将粪便脱水的干式大便器等。

5.冲洗设备

冲洗设备是便溺用卫生器具的配套设备,有冲洗水箱和冲洗阀两种。冲洗水箱是冲洗便溺用卫生器具的专用水箱,箱体材料多为陶瓷、塑料、玻璃钢、铸铁等。其作用是储存足够的冲洗用水,保证一定冲洗强度,并起流量调节和空气隔断作用,防止给水系统污染。按冲洗原理分为冲洗式和虹吸式(见图3-9),按操作方式有手动和自动两种,按安装高度有高水箱和低水箱两类。高水箱又称高位冲洗水箱,多用于蹲式大便器、大便槽和小便槽;低水箱也叫低位冲洗水箱,用于坐式大便器,一般为手动式。

公共厕所的大便槽、小便槽和成组的小便器常用自动冲洗水箱(见图3-10)。它不需人工操作,依靠流入水箱的水量自动作用,当水箱内水位达到一定高度时,形成虹吸造成压差,使自动冲洗阀开启,将水箱内存水迅速排出进行冲洗。因在无人使用或极少人使用时自动冲洗水箱也定时用整箱存水冲洗,所以耗水量大。

冲洗水箱具有流出水头小,进水管管径小,有足够一次冲洗便器所需的储水容量,补

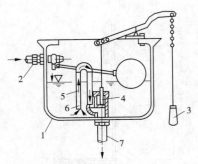
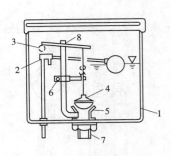

1—水箱;2—浮球阀;3—拉链;
4—橡胶球阀;5—虹吸管;6—管口;7—冲洗管

(a)虹吸式高水箱

1—水箱;2—浮球阀;3—扳手;4—橡胶球阀;
5—阀座;6—导向装置;7—冲洗管;8—溢流管

(b)水力冲洗式低水箱

图 3-9　手动冲洗水箱

水时间不受限制,浮球阀出水口与冲洗水箱的最高水面之间有空气隔断,不会造成回流污染等优点。其缺点是冲洗时噪声大,进水浮球阀容易漏水。

冲洗阀直接安装在大、小便器冲洗管上,多用于公共建筑、工业企业生活间及火车上的厕所内(见图 3-11)。由使用者控制冲洗时间(5～10 s)和冲洗用水量(1～2 L)的冲洗阀叫延时自闭式冲洗阀,可以用手、脚或光控开启冲洗阀。延时自闭式冲洗阀具有体积小,占空间少,外观洁净美观,使用方便,节约水量,流出水头较小,可保证冲洗设备与大、小便器之间的空气隔断的特点。

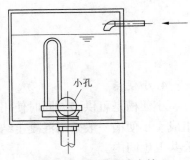

图 3-10　自动冲洗水箱

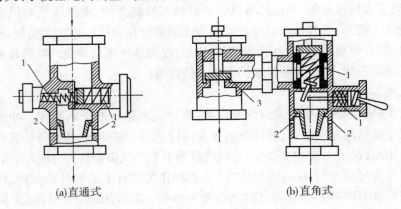

(a)直通式　　　　(b)直角式

1—弹簧;2—气孔;3—活塞

图 3-11　专用冲洗阀

(二)盥洗用卫生器具

1.洗脸盆

洗脸盆一般用于洗脸、洗手和洗头,设置在卫生间、盥洗室、浴室及理发室内。洗脸盆的高度及深度适宜,盥洗不用弯腰较省力,使用不溅水,用流动水盥洗比较卫生。洗脸盆有长方形、椭圆形、马蹄形和三角形,安装方式有墙架式(见图3-12)、立柱式(见图3-13)和台式。

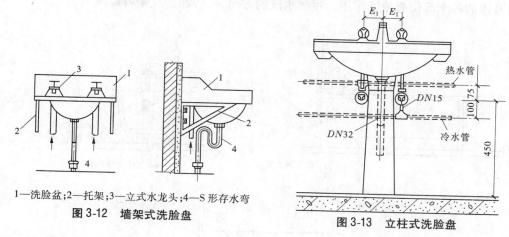

1—洗脸盆;2—托架;3—立式水龙头;4—S形存水弯
图 3-12 墙架式洗脸盆

图 3-13 立柱式洗脸盆

2. 盥洗槽

盥洗槽设在集体宿舍、车站候车室、工厂生活间等公共卫生间内,可供多人同时使用(见图3-14)。盥洗槽多为长方形布置,有单面、双面两种,一般为钢筋混凝土现场浇筑,水磨石或瓷砖贴面,也有用不锈钢、搪瓷、玻璃钢等材料制作的。

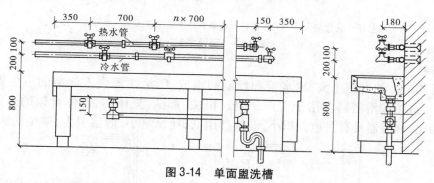

图 3-14 单面盥洗槽

(三)沐浴用卫生器具

沐浴用卫生器具即供人们清洗身体用的洗浴卫生器具。按照洗浴方式,沐浴用卫生器具有浴盆、淋浴器、淋浴盆和净身盆等。

1. 浴盆

浴盆设在住宅、宾馆、医院住院部等卫生间或公共浴室内,多为搪瓷制品,也有陶瓷、玻璃钢、人造大理石、亚克力(有机玻璃)、塑料等制品。按使用功能有普通浴盆(见图3-15)、坐浴盆和按摩浴盆三种,按形状有方形、圆形、三角形和人体形,按有无裙边分为无裙边和有裙边两类。

坐浴盆的尺寸小于普通浴盆,沐浴者只能坐在其中洗澡。按摩浴盆又称旋涡浴盆、沸腾浴盆,尺寸大于普通浴盆,兼有沐浴和水力按摩双重功能,水力按摩具有加强血液循环、松弛肌肉、促进新陈代谢、迅速消除疲劳的作用。按使用的人数,按摩浴盆有单人用、双人用和多人用三类。水力按摩系统由盆壁上的喷头、装在浴盆下面的循环水泵和过滤器等组成。循环水泵从盆内抽水进过滤器后，从喷头喷出水气混合水流，不断接触人体，对沐浴者身体的各个部位起按摩作用。喷射水流的方向、强弱和空气量可以调节。

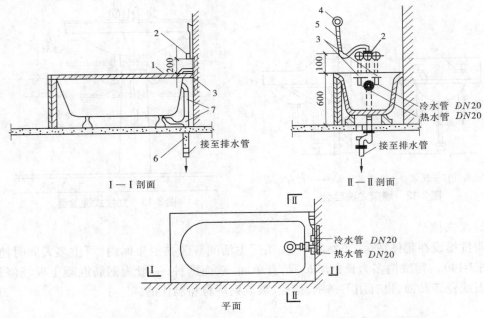

1—浴盆;2—混合龙头;3—给水管;4—莲蓬头;5—蛇皮管;6—存水弯;7—排水管

图 3-15 普通浴盆

2. 淋浴器

淋浴器是一种由莲蓬头、出水管和控制阀组成,喷洒水流供人沐浴的卫生器具(见图 3-16)。成组的淋浴器多用于工厂、学校、机关、部队、集体宿舍、体育馆的公共浴室。与浴盆相比,淋浴器具有占地面积小,设备费用低,耗水量小,清洁卫生,避免疾病传染的

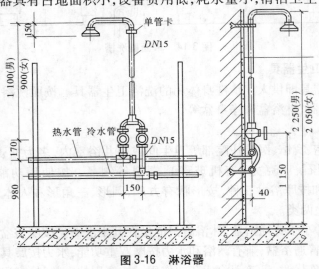

图 3-16 淋浴器

优点。按供水方式,淋浴器有单管式和双管式两类;按出水管的型式,有固定式和软管式;按控制阀的控制方式,可分为手动式、脚踏式和自动式。莲蓬头有分流式、充气式和按摩式等几种。淋浴器有成品的,也有现场安装的。

(四)洗涤用卫生器具

洗涤用卫生器具即用来洗涤食物、衣物、器皿等物品的卫生器具。常用的洗涤用卫生器具有洗涤盆(池)、化验盆、污水盆(池)等几种。

1.洗涤盆(池)

洗涤盆(池)是装设在厨房或公共食堂内,用来洗涤碗碟、蔬菜的洗涤用卫生器具。其多为陶瓷、搪瓷、不锈钢和玻璃钢制品,有单格、双格和三格之分,有的还带隔板和背衬。双格洗涤盆的一格用来洗涤,另一格泄水。大型公共食堂内也有现场建造的洗涤池,如洗菜池、洗碗池、洗米池等。洗涤盆见图3-17。

2.化验盆

化验盆是洗涤化验器皿、供给化验用水、倾倒化验排水用的洗涤用卫生器具。设置在工厂、科研机关和学校的化验室或实验室内,盆体本身常带有存水弯。材质为陶瓷,也有玻璃钢、搪瓷制品。根据需要,可装置单联、双联、三联鹅颈龙头。

3.污水盆(池)

污水盆(池)是设置在公共建筑的厕所、盥洗室内,供洗涤清扫用具、倾倒污废水的洗涤用卫生器具。污水盆多为陶瓷、不锈钢或玻璃钢制品,污水池以水磨石现场建造。按设置高度,污水盆(池)有挂墙式和落地式两类(见图3-18)。

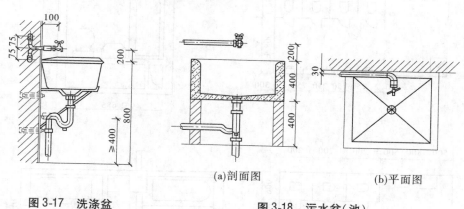

(a)剖面图　　　　(b)平面图

图3-17　洗涤盆　　　　　　　　图3-18　污水盆(池)

二、卫生器具的设置、布置

住宅和不同功能的公共建筑中,卫生器具的设置数量和质量将直接体现出建筑物的质量标准。卫生器具除应满足使用功能要求外,其材质、造型、色彩须与所在房间协调,力求做到舒适、方便、实用。卫生器具的布置,应根据厨房、卫生间和公共厕所的平面位置,房间面积大小,建筑质量标准,有无管道竖井或管槽,卫生器具数量及单件尺寸等进行,既要满足使用方便、容易清洁、占房间面积小等要求,为排水系统管道布置留有余地,还要充分考虑为管道布置提供良好的水力条件,尽量做到管道少转弯、管线短、排水通畅,即卫生器具应顺着一面墙布置。如卫生间、厨房相邻,应在共用墙两侧设置卫生器具;有管道竖井时,卫生器具应紧靠管道竖井的墙面布置。这样会减少排水横管的转弯或减少管道的接入根数。

根据《住宅设计规范》的规定,每套住宅应设卫生间。第四类住宅宜设两个或两个以上卫生间,每套住宅至少应配置三件卫生器具。不同卫生器具组合时应保证设置和卫生活动的最小使用面积,避免蹲不下或坐不下、靠不拢等问题。

卫生器具的布置应在厨房、卫生间、公共厕所等的建筑平面图(大样图)上用定位尺寸加以明确。图 3-19 为卫生器具的几种布置形式示例。

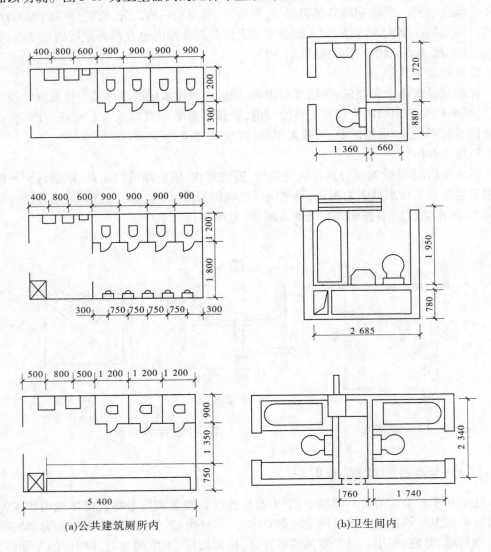

(a)公共建筑厕所内   (b)卫生间内

图 3-19　卫生器具平面布置图

第三节　排水管材与附件

一、常用排水管材

对敷设在建筑内部的排水管道的要求是:有足够的机械强度,抗污水侵蚀性能好,不渗漏。排水管材选择应符合下列要求:

(1)建筑物内部排水管道应采用建筑排水塑料管及相应管件,或柔性接口排水铸铁管及相应管件;

(2)当排水温度大于40 ℃时,应采用金属排水管或耐热塑料排水管。

下面重点介绍几种常用管材的性能及特点。

(一)金属管材及管件

1.铸铁管

(1)排水铸铁管。有排水铸铁承插口直管、排水铸铁双承直管,管径在50~200 mm。其管件有弯管、管箍、弯头、三通、四通、存水弯等,见图3-20。

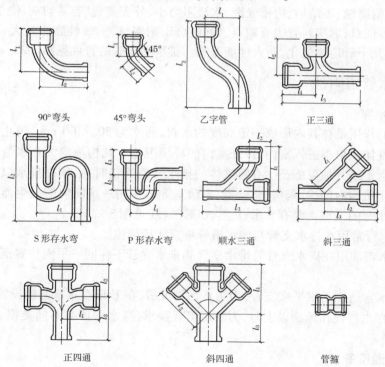

90°弯头　　45°弯头　　乙字管　　正三通

S形存水弯　　P形存水弯　　顺水三通　　斜三通

正四通　　斜四通　　管箍

图3-20　排水铸铁管管件

(2)柔性抗震排水铸铁管。随着高层和超高层建筑的迅速兴起,一般以石棉水泥或青铅为填料的刚性接头排水铸铁管,已不能适应高层建筑各种因素引起的变形,尤其是有抗震设防要求的地区,对重力排水管道的抗震设防成为最应重视的问题。高耸构筑物和高度超过100 m的建筑物,排水立管应采用柔性接口;排水立管在50 m以上,或在抗震设防 8 度地区的高层建筑,应在立管上每隔两层设置柔性接口;在抗震设防 9 度的地区,立管和横管均应设置柔性接口。其他建筑在条件许可时,也可采用柔性接口。

我国当前采用较为广泛的一种柔性抗震排水铸铁管是 GP – 1 型(见图 3-21)。它采用橡胶圈密封,螺栓紧固,具有较好的曲挠性、伸缩性、密封性及抗震性能,且便于施工。

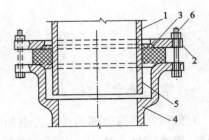

1—直管、管件直部;2—法兰压盖;3—橡胶密封圈;
4—承口端头;5—插口端头;6—定位螺栓
图 3-21　柔性抗震排水铸铁管管件接口

2. 钢管

当排水管道管径小于 50 mm 时,宜采用钢管,主要用于洗脸盆、小便器、浴盆等卫生器具与排水横支管间的连接,管径一般为 32 mm、40 mm、50 mm。工厂车间内振动较大的地点也可采用钢管代替铸铁管,但应注意分清其排出的工业废水是否对金属管道有腐蚀性。

(二)排水塑料管

目前,排水塑料管在建筑内被广泛使用,主要是硬聚氯乙烯塑料管(PVC – U 管)。其具有质量轻、耐腐蚀、不结垢、内壁光滑、水流阻力小、外表美观、容易切割、便于安装、节省投资和节能等优点;但塑料管也有缺点,如强度低、耐温性差、线性膨胀量大、立管产生噪声、暴露于阳光下管道易老化、防火性能差等。排水塑料管的管件见图 3-22。

二、排水管道附件

(一)存水弯

存水弯的作用是在其内形成一定高度的水封,通常为 50 ~ 100 mm,阻止排水系统中的有毒有害气体或虫类进入室内,保证室内的环境卫生。凡构造内无存水弯的卫生器具与生活污水管道或其他可能产生有害气体的排水管道连接时,必须在排水口以下设存水弯。医疗卫生机构内门诊、病房、化验室、实验室等不在同一房间内的卫生器具不得共用存水弯。存水弯的类型主要有 S 形、P 形、U 形三种(见图 3-23)。

S 形存水弯常用在排水支管与排水横管垂直连接部位。

P 形存水弯常用在排水支管与排水横管和排水立管不在同一平面位置而需连接的部位。

U 形存水弯适用于水平横支管,为防止污物沉积,在 U 形存水弯两侧设置清扫口。

需要把存水弯设在地面以上时,为满足美观要求,存水弯还有不同类型,如瓶式存水弯、存水盒等。

(二)清通设备

检查口、清扫口、检查(口)井、检查井属于清通设备,为了保障室内排水管道排水通畅,一旦堵塞可以方便疏通,因此在排水立管和横管上都应设清通设备。

(1)检查口。即带有螺栓盖板的短管,清通时将盖板打开。检查口一般设在立管及较长的水平管段上,供立管或立管与横支管连接处有异物堵塞时清掏用。铸铁排水立管上检查口之间的距离不宜大于 10 m,用机械清通时不宜大于 15 m,但在建筑物最低层和

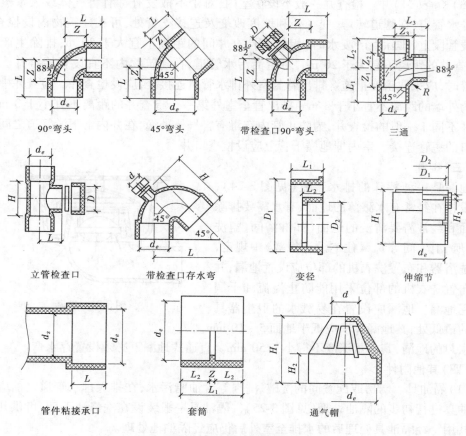

图 3-22　常用排水塑料管管件

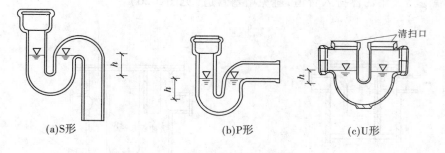

图 3-23　存水弯及水封

设有卫生器具的二层以上坡顶建筑物的最高层,必须设置检查口,平顶建筑物可用通气管顶口代替检查口。

(2)清扫口。一般设置在横管上,横管上连接的卫生器具较多时,起点应设清扫口(有时可用清掏的地漏代替)。在连接2个及2个以上的大便器或3个及3个以上的卫生器具的污水横管、水流转角小于135°的铸铁排水横管上,均应设置清扫口。

（3）检查（口）井。检查井一般不设在室内,对于不散发有毒有害气体或大量蒸汽的工业排水管道,在管道转弯、变径处和坡度改变及连接支管处,可在建筑物内设检查井。在直线管段上,排除生产废水时,相邻两检查井间的距离不宜大于 30 m;排除生产污水时,检查井的距离不宜大于 20 m。对生活污水管道,在建筑物内不宜设置检查井。当必须设置时,应采取密封措施。排出管与室外排水管道连接处,应设检查井。检查井中心至建筑物外墙的距离不宜小于 3 m。排出管至室外第一个检查井的距离不宜小于 3 m。检查口井不同于一般的检查井,为防止管内有毒有害气体外逸,在井内上下游管道之间由带检查口的短管连接。室内埋地横干管上应设检查口井。

（三）地漏

地漏是一种特殊的排水装置（见图 3-24）,一般设置在经常有水溅落的地面、有水需要排除的地面和经常需要清洗的地面（如淋浴间、盥洗室、厕所、卫生间等）。《住宅设计规范》中规定,布置洗浴器和布置洗衣机的部位应设置地漏,并要求布置洗衣机的部位采用能防止溢流和干涸的专用地漏。地漏应设置在易溅水的卫生器具附近的最低处,其地漏箅子应低于地面 5 ~ 10 mm。

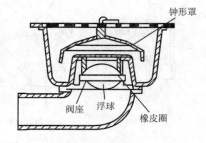

图 3-24　地漏

带有水封的地漏,其水封深度不得小于 50 mm。直通式地漏下必须设置存水弯。

（四）其他附件

（1）隔油具。厨房或配餐间的洗碗、洗肉等含油脂污水,在排入排水管道之前应先通过隔油具进行初步的隔油处理（见图 3-25）。隔油具一般装设在洗涤池下面,可供几个洗涤池共用。经隔油具处理后的水排至室外后仍应经隔油池处理。

（2）滤毛器和集污器。常设在理发室、游泳池和浴室内,挟带着毛发或絮状物的污水先通过滤毛器或集污器排入管道,避免堵塞管道（见图 3-26）。

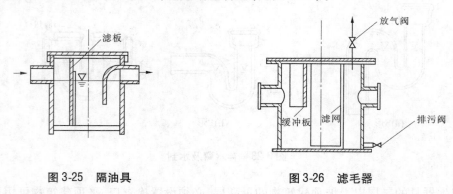

图 3-25　隔油具　　　　　　　图 3-26　滤毛器

（3）吸气阀。在使用 PVC – U 管材的排水系统中,当无法设通气管时,为保持排水管道系统内压力平衡,可在排水横支管上装设吸气阀。吸气阀分 I 型和 II 型两种,其设置的位置、数量和安装详见《给水排水标准图集》合订本 S$_3$（上）。

第四节 污废水提升和局部处理

一、污废水提升

民用和公共建筑的地下室,人防建筑、消防电梯底部集水坑内以及工业建筑内部标高低于室外地坪的车间和其他用水设备房间排放的污废水,若不能自流排至室外检查井,必须提升排出,以保持室内良好的环境卫生。建筑内部污废水提升包括污水泵的选择、污水集水池容积确定和排水泵房设计。

(一)排水泵房

排水泵房应设在靠近集水池、通风良好的地下室或底层单独的房间内,以控制和减少对环境的污染。对卫生环境有特殊要求的生产厂房和公共建筑内,有安静和防震要求房间的邻近和下面不得设置排水泵房。排水泵房的设置应使室内排水管道和水泵出水管尽量简洁,并考虑维修检测的方便。

(二)排水泵

建筑物内使用的排水泵有潜水排污泵、液下排水泵、立式污水泵和卧式污水泵等。因潜水排污泵和液下排水泵在水面以下运行,无噪声和振动,水泵在集水池内,不占场地,自灌问题也自然解决,所以应优先选用,其中液下排水泵一般在重要场所使用;当潜水排污泵电机功率大于等于 7.5 kW 或出水口管径大于等于 100 mm 时,可采用固定式;当潜水排污泵电机功率小于 7.5 kW 或出水口管径小于 100 mm 时,可采用软管移动式。立式和卧式污水泵因占用场地,要设隔振装置,必须设计成自灌式,所以使用较少。

公共建筑内应以每个生活排水集水池为单元设置一台备用泵,平时宜交替运行。设有两台及两台以上排水泵排除地下室、设备用房、车库冲洗地面的排水时可不设备用泵。

排水泵应能自动启闭或现场手动启闭。多台水泵可并联交替运行,也可分段投入运行。

(三)集水池

在地下室底层卫生间和淋浴间的底板下或邻近地下室水泵房和地下车库内、地下厨房和消防电梯井附近应设集水池,消防电梯集水池池底应低于电梯井底不小于 0.7 m。为防止生活饮用水受到污染,集水池与生活给水储水池的距离应在 10 m 以上。

集水池的有效水深一般取 1~1.5 m,保护高度取 0.3~0.5 m。因生活污水中有机物分解呈酸性,腐蚀性大,所以生活污水集水池内壁应采取防腐防渗漏措施。

二、污废水局部处理

污废水的局部处理设备有化粪池、沉淀池、隔油池、降温池、中和池等,这里仅介绍化粪池和新型的生活污水局部处理设施。

化粪池是一种利用沉淀和厌氧发酵原理,去除生活污水中悬浮性有机物的处理设施,属于初级的过渡性生活污水处理构筑物。生活污水中含有大量粪便、纸屑、病原虫,悬浮物固体浓度为 100~350 mg/L,生化需氧量 BOD_5 在 100~400 mg/L,其中悬浮性有机物的 BOD$_5$ 为 50～200 mg/L。污水进入化粪池经过 12～24 h 的沉淀,可去除 50%～60% 的悬浮物。沉淀下来的污泥经过 3 个月以上的厌氧消化,其中的有机物分解成稳定的无机物,易腐败的生污泥转化为稳定的熟污泥,改变了污泥的结构,降低了污泥的含水率。定期将污泥清掏外运,填埋或用做肥料。

污泥清掏周期是指污泥在化粪池内的平均停留时间,一般为 3～12 个月。清掏污泥后应保留 20% 的污泥量,以便为新鲜污泥提供厌氧菌种,保证污泥腐化分解效果。

化粪池多设于建筑物背向大街一侧、靠近卫生间的地方。应尽量隐蔽,不宜设在人们经常活动之处。化粪池距建筑物的净距不小于 5 m。因化粪池出水处理不彻底,含有大量细菌,为防止污染水源,化粪池距地下取水构筑物不得小于 30 m。

化粪池有矩形和圆形两种。矩形化粪池的构造简图见图 3-27。当日处理污水量小于等于 10 m^3 时,采用双格化粪池,其中第一格容积占总容积的 75%;当日处理污水量大于 10 m^3 时,采用三格化粪池,第一格容积占总容积的 60%,其余两格各占 20%。化粪池的长度与深度、宽度的比例应按污水中悬浮物的沉降条件和积存数量,经水力计算确定,但深度(水面至池底)不得小于 1.3 m,宽度不得小于 0.75 m,长度不得小于 1.0 m;圆形化粪池直径不得小于 1.0 m。

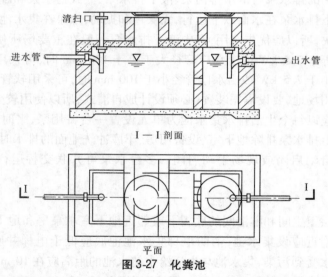

图 3-27 化粪池

化粪池具有结构简单、便于管理、不消耗动力和造价低的优点,在我国已推广使用多年。但是,实践中发现化粪池有许多致命的缺点,如有机物去除率低,仅为 20% 左右;沉淀和厌氧消化在一个池内进行,污水与污泥接触,使化粪池出水呈酸性,有恶臭。另外,化粪池距建筑物较近,清掏污泥时臭气扩散,影响环境卫生。

对于没有污水处理厂的城镇,居住小区内的生活污水是否采用化粪池作为分散或过渡性处理设施,应按当地有关规定执行;而新建居住小区若远离城镇,或因其他原因污水无法排入城镇污水管道,污水处理达标后才能向水体排放时,是否选用化粪池作为生活污水处理设施,应根据各地区具体情况进行技术经济比较后确定。为克服化粪池存在的缺点,出现了一些新型的生活污水局部处理设施,图 3-28 所示是一种小型无动力生活污水局部处理构筑物。其处理工艺为:经过沉淀池去除大的悬浮物后,污水进入厌氧消化池,经水解和酸化作用,将复杂的大分子有机物水解成小分子溶解性有机物,提高污水的可生化性。然后污水进入兼性厌氧生物滤池,溶解氧保持在 0.3 ~ 0.5 mg/L,阻止了污水中甲烷细菌的产生。生成的气体主要是 CO_2 和 H_2。出水经氧化沟进一步的好氧生物处理,由单独设立或与建筑物内雨水管连接的拔风管供氧,溶解氧浓度在 1.5 ~ 2.8 mg/L。实际运行结果表明,这种局部生活污水处理构筑物具有不耗能,水头损失小(0.5 m),处理效果好(去除率可达 90%),产泥量少,造价低,无噪声,不占地表面积,不需常规操作的特点。

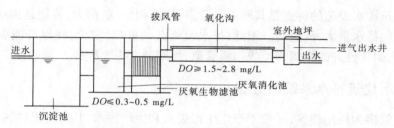

图 3-28 小型无动力生活污水处理工艺

图 3-29 为小型一体化地埋式污水处理装置示意图。这类装置由水解调节池、接触氧化池、二沉池、消毒池和好氧池组成,其优点是占地少、噪声低、剩余污泥量小、处理效率高和运行费用低。处理后出水水质可达到污水排放标准,可用于无污水处理厂的风景区、保护区,或对排放水质要求较高的新建住宅区。

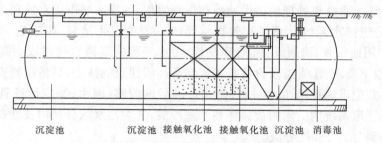

图 3-29 小型一体化地埋式污水处理装置

第五节 高层建筑排水系统

一、高层建筑排水系统的特点

随着经济的发展和科技的进步,人们对高层建筑的需求也越来越多。我国《建筑设计防火规范》中将 10 层与 10 层以上的居住建筑及高度超过 24 m 的公共建筑列入高层建筑的范围,因此建筑、结构、建筑设备等专业就以此作为高层建筑的起始高度。

高层建筑的特点是:楼层数多,建筑物总高度大,每栋建筑的建筑面积大,使用功能多,在建筑内工作、生活的人数多。由于用房远离地面,要求提供比一般低层建筑更完善的工作和生活保障设施,创造卫生、舒适和安全的人造环境。因此,高层建筑中设备多、标准高、管线多,且建筑、结构、设备在布置中的矛盾也多,设计时必须密切配合,协调工作。为使众多的管道整齐有序敷设,建筑和结构设计布置除满足正常使用空间要求外,还必须根据结构、设备需要合理安排建筑设备、管道布置所需空间。

一般在高层建筑内的用水房间旁设置管道井,供垂直走向管道穿行。每隔一定的楼层设置设备层,可在设备层中布置设备和水平方向的管道。当然,也可以不在管道井中敷设排水管道。对不在管道井中穿行的管道,如果在装饰要求较高的建筑内,可以在管道外加包装。

高层建筑排水设施的特点是其服务人数多、使用频繁、负荷大,特别是排水管道,每一条立管负担的排水量大,流速高。因此,排水设施必须可靠、安全,并尽可能少占空间,如采用强度高、耐久性好的金属管道或塑料管道,相配的弯头等配件。

二、高层建筑排水系统的分类

高层建筑多为民用建筑,一般不产生生产废水和生产污水,其所排出的污水按其来源和性质可分为粪便污水、生活废水、屋面雨雪水、冷却废水以及特殊排水等,具体分类见表3-1。其中生活废水按其性质可分为:冲厕污水和盥洗、洗涤污水。按排水体制来区分,污水的排除可分为分流排水和合流排水。近年来由于水源日趋紧张,在一些缺水城市,规定建筑面积大于等于 20 000 m² 的建筑或建筑群,需建立中水系统。这样,建筑排水就需要采用分流排水系统,即建筑中的冲厕污水与盥洗、洗涤污水分流排放,将分流排放的盥洗、洗涤污水收集处理后再供冲厕和浇洒使用,以提高城市用水的利用率。高层建筑一般采用分流排水系统。高层建筑排水系统一般由卫生洁具、横支管、立管、排出管(出户管)、专用通气管、清通设备、抽升设备、污水局部处理构筑物组成。高层建筑排水系统应满足以下要求:①管道及设备布置应结合高层建筑的特点,尽量做到安全、合理,便于施工安装,并能迅速排出污(废)水,防止震动后的位移、漏水;②应保证管道系统内气压稳定,防止管道系统内的水封被破坏和水塞形成;③为污水综合利用及处理提供有利条件,尽可能做到"清"、"污"分流。

表3-1　高层民用建筑排水分类

污废水种类	污废水来源及水质情况	排水系统
粪便污水	从大小便器具排出的污水,其中含有便纸和粪便杂质	粪便污水系统
生活废水	从脸盆、浴盆、洗涤盆、淋浴器、洗衣机等器具排出的废水,其中含有洗涤剂及一些洗涤下来的细小悬浮杂质。相对来说,比粪便污水干净一些	生活废水系统
冷却废水	从空调机、冷冻机等排出的冷却废水,水质一般不受污染,仅水温升高,可冷却循环使用,但长期运转后,其 pH 值改变,需经水质稳定处理	冷却水系统
屋面雨雪水	水中含有屋面冲刷下来的灰尘,一般比较干净	雨水系统
特殊排水	如公共厨房排出的含油脂的废水、冲洗汽车的废水,一般需单独收集,局部处理后回用或排放	特殊排水系统

三、新型排水系统

高层建筑楼层较多,高度较大,多根横管同时向立管排水的概率较大,排水落差高,更容易造成管道中压力的波动。因此,高层建筑为了保证排水的通畅和通气良好,一般采用设置专用通气管的排水系统。有通气管的排水系统造价高,占地面积大,管道安装复杂,如能省去通气管,对宾馆、写字间、住宅在美观和经济方面都是非常有益的。采用单立管放大管径的设计方法在技术和经济上亦不合理,因此人们在不断地研究新的排水系统。

如前所述,影响排水立管通水能力的主要因素如下:

(1)从横支管流入立管的水流形成的水塞阻隔气流,使空气难以进入下部管道而造成负压;

(2)立管中形成水塞流阻隔空气流通;

(3)水流到达立管底部进入横干管时产生水跃阻塞横管。

因此,人们从减缓立管流速、保证有足够大的空气芯、防止横管排水产生水塞和避免在横干管中产生水跃等方面进行研究探索,发明了一些新型单立管排水系统。这种排水系统,仅须设置伸顶通气管即可改善排水能力。

(一)苏维脱排水系统

1961 年瑞士人索摩(Fritz Sommer)研究发明了一种新型排水立管配件,各层排水横支管与立管采用气水混合器连接,排水立管底部与排出管采用气水分离器连接,达到取消通气立管的目的。这种系统称为苏维脱排水系统(Sovent System),见图 3-30。

1.气水混合器

气水混合器由乙字弯、隔板、隔板上部小孔、混合室、上流入口、横支管流入口和排出口等构成。从立管上部流来的废水经乙字弯时,流速减小,动能转化为压能,既起减速作用,又改善了立管内常处负压的状态;同时水流形成紊流状态,部分破碎成小水滴与周围空气混合,在下降过程中通过隔板上的小孔抽吸横支管和混合室内的空气,变成密度轻、呈水沫状的气水混合物,使下流的速度降低,减少了空气的吸入量,避免造成过大的抽吸负压,只需伸顶通气管就能满足要求。

从横支管进入立管的水流,由于受到隔板的阻挡只能从隔板的右侧向下排入,不会形成水塞隔断立管上下通气而造成负压。同时,水流下落时可通过隔板上的小孔抽吸立管的空气补气。

2.气水分离器

气水分离器由流入口、顶部跑气口、突块和空气分离室等构成。沿立管流下的气水混合物,遇到分离室内突块时被溅散,从而分离出气体(70% 以上),减小了气水混合物的体积,降低了流速。分离出的空气用跑气管接至下游 1 ~ 1.5 m 处的排出管上,使气流不致在转弯处被阻,达到防止在立管底部产生过大正压的目的。

国外对 10 层建筑采用苏维脱排水系统和普通单立管排水系统进行对比实验,从中了解到苏维脱排水系统的通水能力。一根 $d = 100$ mm 立管的苏维脱排水系统,当流量约为 6.7 L/s 时,管中最大负压不超过 40 mmH_2O;而 $d = 100$ mm 普通单立管排水系统,在相同流量时最大负压达 160 mmH_2O。

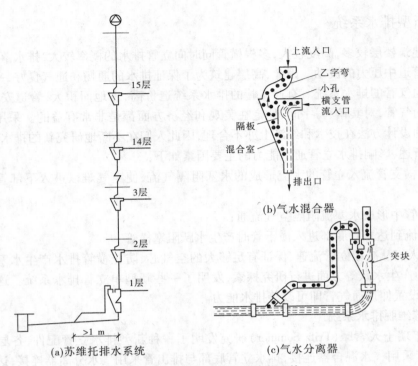

图 3-30　苏维托排水系统及配件

苏维脱排水系统除可降低管道中的压力波动外,还可节省管材,节省投资 11% ~ 35%,有利于提高设计质量和施工的工业化。

(二)旋流排水系统

旋流排水系统(Sextia System)是法国人勒格(Roger Legg)、理查(Georges Richard)和鲁夫(M. Louve)于 1967 年共同研究发明的。这种排水系统每层的横支管和立管采用旋流接头配件连接,立管底部采用旋流排水弯头连接,见图 3-31。

1. 旋流接头配件

旋流接头配件由壳体和盖板两部分组成,通过盖板将横支管的排水沿切线方向引入立管,并使其沿管壁旋流而下,在立管中始终形成一个空气芯,此空气芯占管道断面的 80% 左右,保持立管内空气畅通,使压力变化很小,从而防止水封被破坏,提高排水立管的通水能力。

旋流接头配件中的旋流叶片,可使立管上部下落水流所减弱的旋流能力及时得到增强,同时也可破坏已形成的水塞,并使其变成旋流以保持空气芯。

2. 旋流排水弯头

旋流排水弯头与普通铸铁弯头形状相同,但在内部设置有 45°旋转导叶片,使立管内在凸岸流下的水膜被旋转导叶片旋向对壁,沿弯头底部流下,避免了在横干管内形成水跃,封闭气流而造成过大的正压。

(三)简易单立管排水系统

为了减少排水管道中的压力波动,提高单立管排水系统的通水能力,而又不使管道配

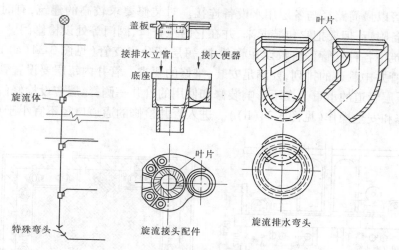

图 3-31　旋流排水配件

件复杂化,近年来国内外不断开发了多种型式的简易单立管排水系统。韩国开发的有螺旋导流线的 PVC – U 单立管排水系统,在硬聚氯乙烯管内有 6 条间距 50 mm 的螺旋线导流突起片(见图 3-32),排水在管内旋转下落,管中形成一个畅通的空气芯,提高了排水能力,降低了管道中的压力波动。另外,设计有专用的 DRF/X 型三通(见图 3-33),这种三通与排水立管的相接不对中,DN100 的管子错位 54 mm,从横支管流出的污水沿圆周的切线方向进入立管,可以起到削弱支管进水水舌的作用并避免形成水塞,同时由于减少了水流的碰撞,PVC – U 管减少噪声的效果良好。

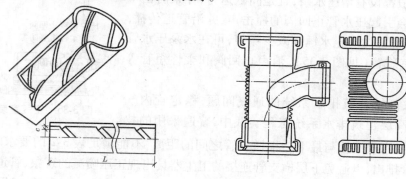

图 3-32　有突起螺旋线的
PVC – U 单立管

图 3-33　DRF/X 型三通

四、高层建筑的管道敷设

高层建筑中由于管道、设备数量多,管线长,相互之间关系复杂,装饰标准要求高,因此管道敷设除应满足一般建筑的基本要求外,还应适应高层建筑的特点,便于施工和日后使用中的管理、维修。

高层建筑中常将立管管道设于管井中。管井上下贯穿各层,其面积要保证管道的安装间距和检修时所需的空间,并要求管井中设有工作平台和有门通向各层走道。管井设置应便于立管以最简路径与各层用水设备连接。对装修要求较高的建筑,有时立管也可装在用水设备附近,但要把它包装起来,并在它的检查口、阀门等处设检修门。

高层建筑中各种立管普遍敷设在管井中,每层还分出支管(见图3-34(a))。管井的平面尺寸和管井中管道的排列,要满足安装、维修的要求。管井内每层要设置管道支承支架,以减轻低层管道的承重。在不影响装修和使用的管井一侧,每层应设检修门和检修平台,以便维修和安全操作(见图3-34(b))。进入管井检修的通道口径不宜小于0.6 m。

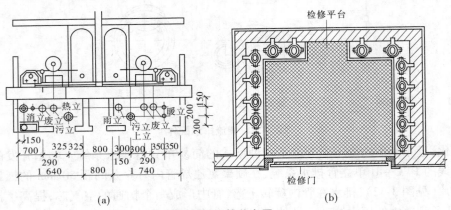

(a)   (b)

图 3-34　管井布置

为了满足管道的隔振、消声要求,应尽量选用节水和低噪卫生器具,并要注意防止停泵水锤的影响,因高层建筑给水系统中,一般都设有增压水泵,且是间歇运行,停泵时由于水锤的作用,会引起压水管止回阀的撞击声,并沿管道传播,影响室内的安静。为防止水锤和减少噪声,可在水泵压水管上安装空气室装置(见图3-35)、消声止回阀和柔性短管等附件。

为了解决高层建筑排水系统的通气问题,稳定管内气压,当前我国高层建筑排水系统工程实践中,普遍采用的技

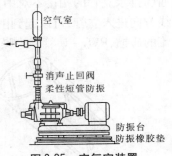

图 3-35　空气室装置

术措施是:当排水横干管与最下一根横支管之间的距离,不能满足表3-2的要求时,底层污水单设横管排出,以避免下层横支管连接的卫生器具出现正压喷溅的现象,管道连接时尽量采用水塞系数小的管件,如 TY 型三通等;在排水立管上增设乙字弯,以减慢污水下降的速度;根据需要增设各类专用通气管道,当排水管道内气流受阻时,管内气压可通过专用通气管道调节,不受排水管水舌的影响。

表 3-2　最低横支管与立管连接处至立管管底的最小距离

立管连接卫生器具层数(层)	≤4	5～6	7～12	13～19	≥20
垂直距离(m)	0.45	0.75	1.20	3.00	6.00

注:若立管底部放大一级管径或横干管比与之连接的立管大一级管径,可将表中距离缩小一档。

为使给排水管道能承受振动,排水铸铁管应在以下情况设置有曲挠、伸缩、抗振和密

· 78 ·

封性能的柔性接头:高耸构筑物(如电视塔等)和建筑高度超过 100 m 的超高层建筑内的排水立管中,在地震设防 8 度地区每隔 2 层的排水立管中、地震设防 9 度地区的排水立管和横管中。其他高层建筑在条件许可时,也可采用柔性接头。高层建筑排水立管,应采用加厚排水铸铁管,以提高管道强度。

为了使管道不穿行办公室、起居室、卧室等,要求上下层用房一致。如厨、卫用房上下层应在同一位置,以便立管安装。当上下两区用房功能不同时,要求用水设备布置在对应位置,若有困难,最好在两区交界处设置设备层,立管在设备层时可作水平布置。设备层是各种管道交叉的地方,其中还可设置各分区的水箱、水泵、热水罐等设备。设备层要有通风、排水、照明设施。

高层建筑的设备层也称技术层,是集中设置管道、设备的建筑层。由于层内管线集中,一定要处理好各类管道相互之间的关系及管道与建筑结构的关系,以免互相碰撞,或妨碍建筑的使用、设备的操作,影响结构的强度,有条件时应尽可能共架敷设,统一固定。由于管线多,且纵横交叉,穿墙、穿楼板,基础也多,所以管道安装必须与土建施工密切配合,以提高施工的质量和进度。

思考题与习题

1. 排水系统有哪些分类方法?
2. 简述建筑排水系统的组成。
3. 通气管有何作用? 通气管有哪些种类?
4. 简述卫生器具的分类,对卫生器具有哪些要求?
5. 大便器冲洗设备有哪些?
6. 污水局部处理构筑物有哪些? 各起什么作用?
7. 排水管材和附件分别有哪些?
8. 高层建筑排水系统的特点有哪些? 有哪些新型排水系统?

第四章　建筑给水排水施工图识读与施工

第一节　建筑给水排水工程制图的一般要求

一、一般规定

(一)图线规定

新设计的各种排水和其他重力流管线宜用粗实线(b);新设计的各种给水和其他压力流管线宜用中粗实线($0.75b$);建筑的可见轮廓线,总图原有的建筑物和构筑物的可见轮廓线以及制图中的各种标注线宜用细实线($0.25b$);不可见轮廓线宜用虚线。线宽b宜为0.7 mm或1.0 mm。

(二)制图比例

室内建筑给水排水施工图制图比例一般为1:50、1:100和1:200等。

室内建筑给水排水轴测图(系统图)中,如局部表达有困难,该处可不按比例绘制。

水处理流程图、水处理高程图和建筑给水排水系统原理图均不按比例绘制。

(三)标高

室内工程应标注相对标高;室外工程宜标注绝对标高,当无绝对标高资料时,可标注相对标高,但应与总图一致。

压力管道应标注管中心标高,沟渠和重力流管道宜标注沟(管)内底标高。

(四)管径标注

室内建筑给水排水施工图中的管径标注应以毫米(mm)为单位,一般情况下可省去。

管径的表达方式应符合下列规定:

(1)水煤气输送钢管(镀锌或非镀锌)、铸铁管等管材,管径宜以公称直径 DN 表示,如 $DN15$、$DN50$;

(2)无缝钢管、焊接钢管(直缝或螺旋缝)、铜管、不锈钢管等管材,管径宜以外径 $D \times$ 壁厚表示,如 $D108 \times 4$、$D159 \times 4.5$ 等;

(3)钢筋混凝土(或混凝土)管、陶土管、耐酸陶瓷管等管材,管径宜以内径 d 表示,如 $d230$、$d380$ 等;

(4)塑料管材,管径宜按产品标准表示方法表示;

(5)设计均用公称直径 DN 表示管径时,应有公称直径 DN 与相应产品规格对照表。

二、常用图例

建筑给水排水施工图制图的常用图例见表4-1 ~ 表4-5。

表 4-1　阀门图例

序号	名称	图例	序号	名称	图例
1	闸阀		9	角阀	
2	截止阀		10	自动排气阀	⊙平面　系统
3	蝶阀		11	浮球阀	平面　系统
4	球阀		12	液压水位控制阀	
5	单向阀		13	延时自闭冲洗阀	
6	消声单向阀		14	溢流阀	
7	减压阀		15	遥控信号阀	
8	水流指示器	ⓛ	16	湿式报警阀	⊙平面　系统

表 4-2　卫生器具图例

序号	名称	图例	序号	名称	图例
1	水龙头	平面　系统	6	小便器	Ⓕ
2	坐式大便器	Ⓐ	7	蹲式大便器	Ⓔ
3	洗脸盘	Ⓑ	8	小便槽	
4	洗涤盆	Ⓒ	9	淋浴喷头	平面　系统
5	浴缸	Ⓓ	10	圆形地漏	平面　系统

表 4-3　管道图例

序号	名称	图例	序号	名称	图例
1	给水管	— J —	10	空调凝结水管	— KN —
2	热水给水管	— RJ —	11	通气管	— T —
3	热水回水管	—RH—	12	消火栓给水管	— XH —
4	废水管	— F —	13	自动喷水灭火给水管	— ZP —
5	污水管	— W —	14	管道立管(X:管道类别,L:立管,1:编号)	XL1　XL1 平面　系统
6	雨水管	— Y —			
7	压力污水管	—YW—	15	排水立管	WL1(FL1)
8	管径	DN　D　d			
9	坡度	i	16	管长	L

· 81 ·

表4-4　消防设备图例

序号	名称	图例	序号	名称	图例
1	水表井		7	室外消火栓	
2	直立型闭式喷头	平面　系统	8	室内消火栓(单口)	平面　系统
3	下垂型闭式喷头	平面　系统	9	室内消火栓(双口)	平面　系统
4	水力警铃		10	水泵接合器	
5	水泵		11	手提式灭火器	
6	管道泵		12	压力表	

表4-5　其他图例

序号	名称	图例	序号	名称	图例
1	水表		9	Y形除污器	
2	压力控制器		10	检查口	平面　系统
3	可曲挠橡胶接头		11	清扫口	平面　系统
4	防水套管	刚性　柔性	12	通气帽	成品　铅丝球
5	减压孔板		13	存水弯	S形　P形
6	雨水斗	YD-平面　YD-系统	14	波纹管	
7	雨水口(单口)		15	潜水泵	
8	检查井阀门井		16	矩形化粪池	HC

第二节　建筑给水排水施工图识读

建筑给水排水施工图是工程项目中单项工程的组成部分之一,它是组织施工和建设概预算等的主要依据文件,也是国家确定和控制基本建设投资的重要依据材料。

在前几章学习的基础上,应能结合基本知识,运用识图技巧,通过实际应用,提高建筑给水排水施工图的读图能力。

一、建筑给水排水施工图的组成

建筑给水排水施工图应包括图纸目录、施工图设计说明、设计图纸(包括平面图、系统图、施工详图等)和主要设备及材料明细表。

(一)图纸目录

(1)建筑给水排水施工图的图纸目录应以工程单体项目为单位进行编写。

(2)建筑给水排水施工图的图纸目录一般包括工程项目的图纸目录、使用标准图目录、图例、主要设备器材表、设计说明等。

(3)图纸图号应按下列规定编排:

①系统原理图在前,平面图、剖面图、放大图、轴测图、详图依次在后;

②平面图中地下各层在前,地上各层依次在后;

③水处理流程图在前,平面图、剖面图、放大图、详图依次在后;

④总平面图在前,管道节点图、阀门井示意图、详图依次在后。

(二)施工图设计说明

设计图纸上用图或符号表达不清楚的问题,需要用文字加以说明。主要内容有:

(1)工程概况,如建筑的类型、主要技术指标(用水量、水压的要求)等;

(2)采用的管材及接口方式;

(3)管道的防腐、防冻、防结露的方法;

(4)卫生器具的类型及安装方式;

(5)所采用的标准图号及名称;

(6)其他施工注意事项;

(7)施工验收应达到的质量要求;

(8)系统的管道水压试验要求以及有关图例等。

一般中、小型工程的设计说明直接写在图纸上,工程较大、内容较多时,则要另用专页编号,如果有水泵、水箱等设备,还须写明型号、规格及运行管理要点等。

(三)设计图纸

1. **建筑给水排水平面图**

建筑给水排水平面图是给水排水施工图的主要部分,应表达给水、排水管线和设备的平面布置情况。采用的比例与建筑图相同,常用比例为1:100、1:50;大型车间可用1:200。

平面图所表达的内容和深度有以下要求:

(1)绘出与给水排水、消防给水管道布置有关各层的平面,标注主要轴线编号(建筑物外墙主要的纵向和横向轴线及其编号),注明房间名称、用水点位置,注明各种管道系统编号(或图例)。当建筑物内给排水卫生设备比较集中时,可只画出与其有关的部分的建筑平面,其余部分可以不画,画出部分要注明建筑轴线。

(2)绘出给水排水、消防给水管道平面布置、立管位置及编号,标明卫生器具、热交换器、储水罐、水箱、水泵、水加热器等建筑设备的类型、平面布置、定位尺寸。

(3)当采用展开系统原理图时,应标注管道管径、标高。给水管安装高度变化处,应用符号表示清楚,并分别标出标高(排水横管应标注管道终点标高);管道密集处应在平面图中画横断面图,将管道布置定位表示清楚。

(4)底层平面图应注明引入管、排出管、水泵接合器等与建筑物的定位尺寸,穿建筑外墙管道的标高,防水套管形式,污水局部处理构筑物的种类和平面位置等,还应绘出指北针。

（5）标出各楼层建筑平面标高（如卫生设备间平面标高与该楼层建筑平面标高不同，应另外加以标注）、灭火器放置地点。

（6）若管道种类较多，在一张图纸上表示不清楚，可分别绘制给水排水平面图和消防给水平面图。

（7）对于给水排水设备及管道较多处，如泵房、水池、水箱间、热交换器站、饮水间、卫生间、水处理间、报警阀门和气体消防贮瓶间等，当上述平面图不能交代清楚时，应绘出局部放大平面图。

（8）注明管道附件（如阀门、消火栓、消防喷头、水龙头、雨水斗、地漏、清扫口等）的平面布置、规格、型号、种类和敷设方式，以及给水管道上水表的位置、类型、型号、前后阀门的设置情况。

2.建筑给水排水系统图（轴测图）

系统图就是给水、排水系统的轴测投影图。它应表达出给水排水管道和设备等在建筑中的空间位置关系，其绘制比例应与平面图一致。系统图上给水排水立管和进、出户管的编号应与平面图一一对应。主要内容如下：

（1）自引入管、干管、立管、支管至用水设备或卫生器具的给水管道的空间走向和布置情况。

（2）自卫生器具至污水排出管的排水管道的空间走向和布置情况。

（3）管道的规格、标高、坡度（设计说明中已交代者，图中可不标注管道坡度）以及系统编号和立管编号。

（4）水箱、加热器、热交换器、水泵等设备的接管情况、设置标高、连接方式。

（5）管道附件的设置情况，包括种类、型号、规格、位置、标高等。

（6）排水系统通气管设置方式，与排水管道之间的连接方式，伸顶通气管上的通气帽的设置及标高。

（7）室内雨水管道系统的雨水斗与管道连接形式，雨水斗的分布情况以及室内地下检查井的设置情况。

（8）底层和各楼层地面的相对标高。

当自动喷水灭火系统在平面图中已将管道管径、标高、喷头间距和位置标注清楚时，可简化表示水流指示器与末端试水装置（试水阀）等阀件之间的管道和喷头。

如各层（或某几层）卫生设备及用水点接管（分支管段）情况完全相同，在系统图上可只绘一个有代表性楼层的接管图，其他各层注明同该层即可。

3.施工详图

建筑给水排水管道的平面图和系统图都是用图例表示的，它只能显示管道的布置、走向等情况，对于卫生器具、用水设备、水泵及附属设备的安装和管道的连接，以及管道局部节点的详细构造、安装要求等，在平面图和系统图上表示不清楚，也无法用文字说明，可以将这些部位局部放大比例，画成详图，以供施工使用。

详图采用的比例较大，一般为1:50～1:10，图要画得详细，各部位尺寸要准确。一般的卫生器具、用水设备、管道附件、管道支吊架等安装详图均有全国通用给水排水标准图，可视具体情况套用。没有标准图的可自行绘制。

（四）主要设备及材料明细表

对于重要工程，为了使施工准备的材料和设备符合图纸要求，除上述设计说明、给水排水平面图、系统图和详图外，还应编制一个主要设备及材料明细表，应包括编号、名称、型号、规格、单位、数量、重量及附注等项目。施工图中涉及的设备、管材、阀门、仪表等均列入表中，以便施工备料。不影响工程进度和质量的零星材料，允许施工单位自行决定的可不列入表中。

简单工程可不编制主要设备及材料明细表。

二、建筑给水排水施工图的识读

（一）建筑给水排水施工图识读方法

阅读主要图纸之前，应当先看说明和设备材料表，然后以系统为线索深入阅读平面图和系统图及详图。识读时必须将三种图对照起来看，以便相互说明和相互补充，明确管道、附件、器具、设备在空间的立体布置，明确某些卫生器具或用水设备的安装尺寸及要求，只有这样才能真正地将施工图阅读好。

具体的识读方法是以系统为单位，沿水流方向观察。

给水管道的看图顺序是：引入管→干管→立管→支管→用水设备或卫生器具的进水接口（或水龙头）。

排水管道的看图顺序是：器具排水管→排水横支管→排水立管→排水干管→排出管。

（二）建筑给水排水施工图识读举例

图 4-1～图 4-7 是某十三层住宅给水排水施工图的一部分，现以这套施工图为例，说明识读的主要内容和注意事项。

(1)查明建筑物情况。

这是一幢十三层楼的建筑，共两单元，每单元两户。厨房及卫生间设在建筑物Ⓒ–Ⓓ轴线和②–⑪轴线处。

(2)查明卫生器具、用水设备和升压设备的类型、数量、安装位置、定位尺寸、标高等。

卫生器具的布置为：每户卫生间设有蹲式大便器一个、洗脸盆一个，厨房设有储水池一个、洗涤池一个。

消防用水设备的布置为：屋顶设一消防水箱，在楼梯间的休息平台每层设一消火栓箱。

各种设备和器具的安装一般可查有关标准图。

(3)弄清楚室内给水系统形式、管路的组成、平面位置、标高、走向、敷设方式。

本例的给水系统中，消防给水和生活给水分别设置。

消防给水系统由市政给水管网和屋顶消防水箱联合供水，消防给水系统设两根引入管，引入管埋设高度为室内地坪以下 1.0 m，消防立管设于楼梯间内，各层分别引出一根支管接到消火栓箱。屋顶消防水箱出水管与两根消防立管相连。

生活给水系统设一根引入管，引入管埋设高度为室内地坪以下 1.0 m，给水立管共 4 根，位置分别在 C/4 轴、C/6 轴两侧、C/9 轴，在立管距本层地面 1.0 m 处引出支管接各层用水点。给水立管 1 接屋顶消防水箱，作为屋顶消防水箱供水管。

给水排水设计总说明

1. 设计依据:《高层民用建筑设计防火规范》(GB 50045—95)。
《建筑给水排水设计规范》(GB 50015—2003)。
《建筑灭火器配置设计规范》(GB 50140—2005)。
《建筑排水硬聚氯乙烯管道工程技术规程》(CJJ/T 29—98)。

2. 本建筑给水采用LS.PP-R 塑料管热熔连接安装,雨污排水管采用LS.PVC-U 塑料管粘接安装,消防管道以及给水埋地水平干管采用镀锌钢管焊接安装。

3. 消火栓配20 m Dg65水带,19 mm水枪,离地1.1 m安装,离地1.1 m水枪,十二层、十三层消火栓箱内设自动屋顶消防稳压泵按钮。

4. 干粉灭火器型号 MF8A,数量、位置详见各层平面图。挂设高度为灭火器顶部≤1.5 m。

5. 室内明装消防管道去污后刷红丹防锈漆两遍、面漆两遍,埋地部分刷热沥青青漆两遍。管道支架制作详见厂方说明。

6. 卫生器具安装详见标准图集99S304。

7. 消防立管上所有阀门应经常开启,并应注有明显的启闭标志,防止误动。

8. 排水立管(DN≥110)穿越楼板、墙体处设阻火圈一个,每层设伸缩节一个,隔层设检查口一个。

9. 给水管道坡度i =0.003,室内坡向水方向,室外坡向水表井。

10. 图中管径标注:塑料管为公称外径,其余为内径;标高:排水管为管底标高,其余为中心标高。

11. 室内排水检查井为φ700 型检查井,室外详见施工总平面图;详见标准图集S231。

12. 未言及事宜按国家施工验收规范严格施工。

图纸目录

序号	图纸名称	图号
1	设计说明·图纸目录·图例 厨房及卫生间大样图	水施-1
2	底层平面图	水施-2
3	二至七、九至十三层平面图	水施-3
4	八层平面图	水施-4
5	屋面平面图	水施-5
6	消火栓系统图	水施-6
7	给水系统图·排水立图	水施-7

图例

序号	图例	名称
1	—○—GL—	给水管
2	—○—PL—	排水管
3	—○—XL—	消火栓系统给水管
4		洗涤池
5		储水池
6		蹲便器
7		洗脸盆
8		止回阀
9		截止阀
10		水龙头
11		大便器自闭式冲洗阀
12		阀门
13		地漏
14		存水弯
15		消火栓
16		通气帽
17		干粉灭火器

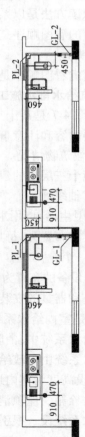

图 4-1 设计说明、图纸目录、图例、厨房及卫生间大样图

厨房及卫生间大样图

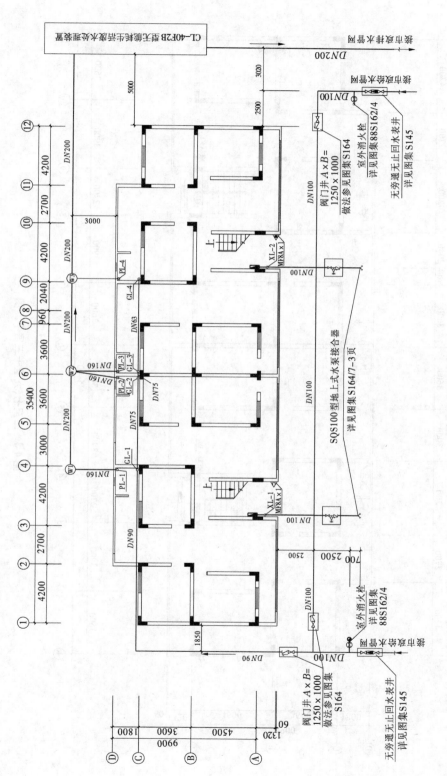

图 4-2 底层平面图

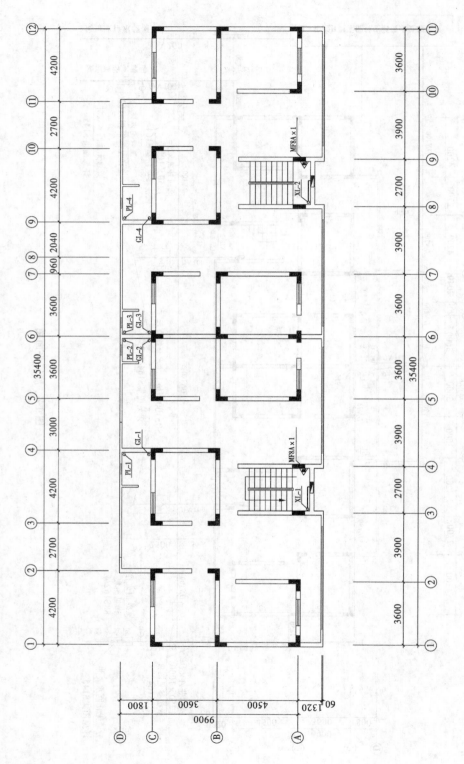

图 4-3 二至七,九至十三层平面图

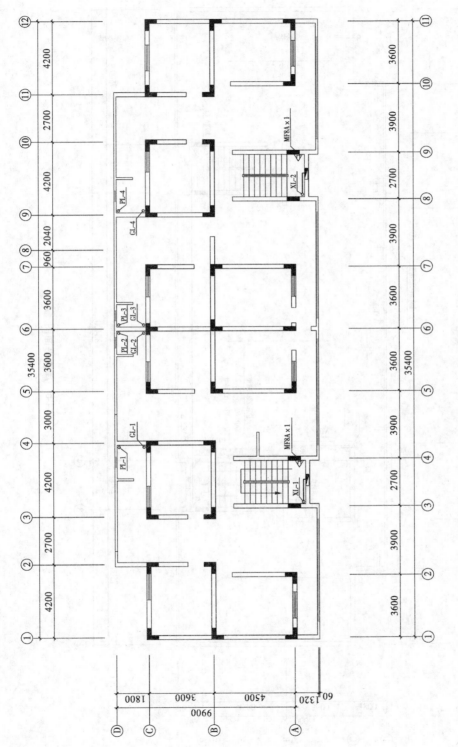

图 4-4 八层平面图

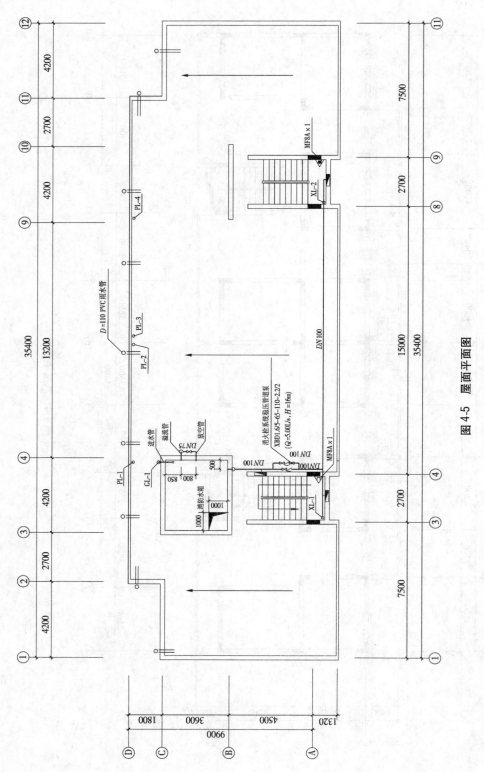

图 4-5 屋面平面图

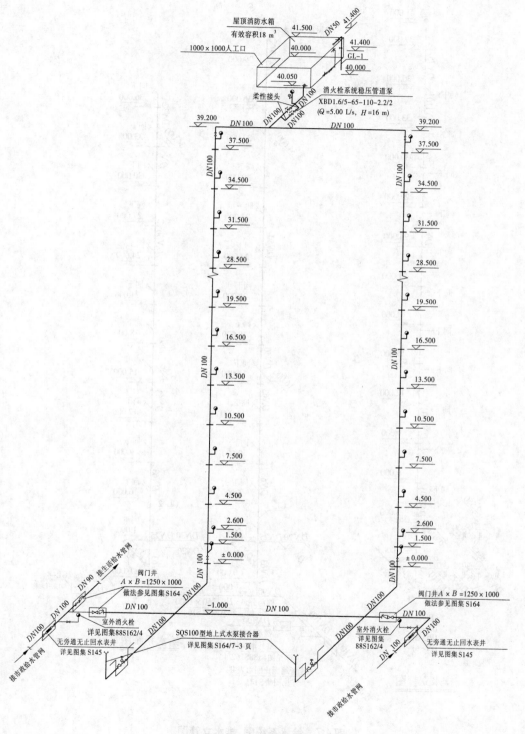

图 4-6 消火栓系统图

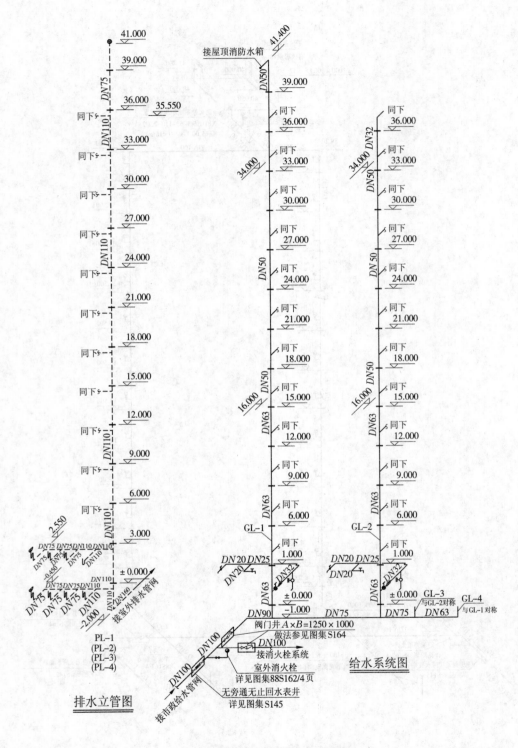

排水立管图

给水系统图

图 4-7　给水系统图、排水立管图

（4）查明管道、阀门和附件的管径、规格、型号、数量及其安装要求。

消防立管的根部设闸阀，各管道的管径在平面图和系统图中标出。

在楼梯间的休息平台每层设一消火栓箱，接装 *DN*65 型消火栓，消火栓的栓口高度为地面以上 1.10 m 处，具体的结构尺寸、安装方法另有标准图。

管道的管材及连接方式见设计总说明。

（5）在给水管道上设置水表时必须明确水表的型号、规格、安装位置以及水表前后阀门设置情况。

分户水表设置在横支管上，安装高度为本层地面以上 1.0 m，表前设截止阀。

（6）了解排水系统的排水体制，查明管路和平面布置及定位尺寸，弄清楚管路系统的具体走向、管路分支情况、管径尺寸与横管坡度、管道各部位标高、存水弯形式、清通设备设置情况、弯头及三通的选用。

本例的排水系统是合流制（污废合流），共设 4 根排水立管，每根立管伸出屋面以上2.0 m，顶端装设通气帽；每层排水横支管在本层地面以下 0.45 m 处接入立管；排出管的管底埋深为室内地坪以下 2.0 m；各排水管的管径和排出坡度见平面图、排水立管图。

（7）了解管道支吊架形式及设置要求，弄清楚管道油漆、涂色、保温及防结露等要求。

室内给排水管道的支吊架在图样上一般都不画出来，由施工人员按设计说明、有关规程和习惯做法自己确定。管道是否要刷漆、保温或作防露措施，按图纸说明执行。

第三节　建筑给水排水工程施工

一、室内给水管道安装

（一）管材与连接方式

目前，市场上有多种给水塑料管和复合管，如硬聚氯乙烯（PVC – U）管 、聚丙烯（PP – R ）管、工程塑料（ABS）管、铝塑复合管、钢塑复合管和无缝铝合金衬塑管等。以前室内生活给水管道中使用最多的传统单一的镀锌钢管，现在国家已经明令禁止使用在饮用水管道中，已被上述新型塑料管和复合管或给水铜管等所代替。

由于每种管材均有自己的专用管配件及连接方法，因此选用的给水管道必须采用与管材相适应的管件；为防止生活饮用水在输送中受到二次污染，生活给水系统所选用的管材、管件及所涉及的其他材料必须达到饮用水卫生标准。

室内给水管管材的选用及管道连接方式见表4-6 。

（二）室内给水管道布置、敷设原则及安装规定

室内给水管道由引入管、干管、立管、支管和管道配件组成。

1. 室内给水管道布置、敷设原则

管道布置的原则如下：

（1）给水引入管及室内给水干管宜布置在用水量最大处或不允许间断供水处。

表 4-6 室内给水管管材及连接方式

管道类别	敷设方式	管径	宜用管材	主要连接方式
生活给水管	明装或暗设	$DN \leqslant 100$	铝塑复合管	卡套式连接
			钢塑复合管	螺纹连接
			给水硬聚氯乙烯管	粘接或橡胶圈接口
			聚丙烯（PP－R）管	热熔连接
			工程塑料（ABS）管	粘接
			给水铜管	钎焊承插连接
			热镀锌钢管	螺纹连接
		$DN > 100$	钢塑复合管	沟槽或法兰连接
			给水硬聚氯乙烯管	粘接或橡胶圈接口
			给水铜管	焊接或卡套式连接
			热镀锌无缝钢管	卡套式或法兰连接
	埋地	$DN < 75$	给水硬聚氯乙烯管	粘接
			聚丙烯（PP－R）管	热熔连接
		$DN \geqslant 75$	给水铸铁管	石棉水泥或橡胶圈接口
			钢塑复合管	螺纹或沟槽式连接
饮用水管	明装或暗设	$DN \leqslant 100$	聚丙烯（PP－R）管	热熔连接
			铝塑复合管	卡套式连接
			给水铜管	钎焊承插连接
			薄壁不锈钢管	卡压式连接
生产给水管	水质近于生活给水（埋地）		给水铸铁管	石棉水泥或橡胶圈接口
	水质要求一般	明装	焊接钢管	焊接连接
		埋地	给水铸铁管	石棉水泥或橡胶圈接口
消火栓给水管	明装或暗设	$DN \leqslant 100$	焊接钢管	焊接连接
			热镀锌钢管	螺纹连接
		$DN > 100$	焊接无缝钢管	焊接连接
			热镀锌无缝钢管	沟槽式连接
	埋地		给水铸铁管	石棉水泥或橡胶圈接口
自动喷水管	明装或暗设	$DN \leqslant 100$	热镀锌钢管	螺纹连接
		$DN > 100$	热镀锌无缝钢管	沟槽式连接
	埋地		给水铸铁管	石棉水泥或橡胶圈接口

（2）室内给水管道一般采用枝状布置，单向供水；当不允许间断供水时，可从室外环状管网不同侧设两条引入管，在室内连成环状或贯通枝状双向供水。

（3）给水管道的位置不得妨碍生产操作、交通运输和建筑物的使用；管道不得布置在遇水能引起燃烧、爆炸或损坏的产品和设备的上面，并尽量避免在设备上面通过。

（4）给水埋地管道应避免布置在可能受重物挤压处，管道不得穿越设备基础。

（5）塑料给水管道不得布置在灶台上边缘；明装的塑料给水立管距灶边不得于小0.4 m，距燃气热水器边缘不小于0.2 m，达不到此要求时应有保护措施。

管道敷设的原则如下：

（1）给水管道一般宜明装，尽量沿墙、梁、柱直线敷设；当建筑有要求时，可在管槽、管井、管沟及吊顶内暗设。

（2）给水管道不得敷设在烟道、风道、排水沟内，不宜穿过商店的橱窗、民用建筑的壁柜及木制材料装修处，并不得穿过大便槽和小便槽。

（3）给水管道不得穿过变配电间。

（4）给水管道宜敷设在不冻结的房间内，否则管道应采取保温防冻措施。

（5）给水管道不宜穿过伸缩缝、沉降缝，若必须穿过，应有相应的技术措施。

（6）给水引入管应有不小于0.003的坡度，坡向室外阀门井；室内给水横管宜有0.002～0.005的坡度，坡向泄水装置。

2. 给水管道安装的一般规定

引入管安装规定如下：

（1）每条引入管上均应装设阀门和水表，必要时还要有泄水装置。

（2）引入管应有不小于0.003的坡度，坡向室外给水管网。

（3）给水引入管与排水排出管的水平净距，在室外不得小于1.0 m；在室内平行敷设时，其最小水平净距为0.5 m；交叉敷设时，垂直净距为0.15 m，且给水管应在上面。

（4）引入管或其他管道穿越基础或承重墙时，要预留洞口，管顶和洞口间的净空一般不小于0.15 m。

（5）引入管或其他管道穿越地下室或地下构筑物外墙时，应采取防水措施，根据情况采用柔性防水套管或刚性防水套管。

干管和立管安装规定如下：

（1）给水横管应有0.002～0.005的坡度，坡向可以泄水的方向。

（2）与其他管道同地沟或共支架敷设时，给水管应在热水管、蒸汽管的下面，在冷冻管或排水管的上面；给水管不要与输送有害有毒、易燃介质的管道同沟敷设。

（3）给水立管和装有3个或3个以上配水点的支管，在始端均应装设阀门和活接头。

（4）立管穿过现浇楼板时应预留孔洞。孔洞为正方形时，其边长与管径的关系为：$DN32$以下为80 mm，$DN32～50$为100 mm，$DN70～80$为160 mm，$DN100～125$为250 mm；孔洞为圆孔时，孔洞尺寸一般比管径大50～100 mm。

（5）立管穿越楼板时要加套管，套管底面与楼板底齐平，套管上沿一般高出楼板20 mm；安装在厨房和卫生间地面的套管，上沿应高出地面50 mm。

支管安装规定如下：

（1）支管应有不小于 0.002 的坡度,坡向立管。

（2）冷、热水管竖直并行敷设时,热水管在左侧,冷水管在右侧。

（3）冷、热水管水平并行敷设时,热水管在冷水管的上面。

（4）明装支管沿墙敷设时,管外皮距墙面应有 20 ~ 30 mm 的距离(当 $DN \leqslant 32$ 时)。

3. 室内给水管道施工安装工艺流程

室内给水管道施工安装工艺流程如下:

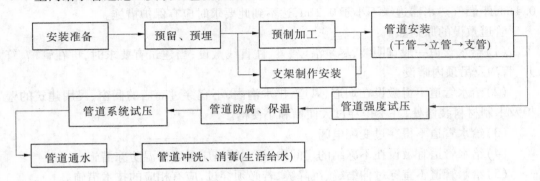

(三)给水聚丙烯(PP – R)管管道安装

近年来,给水聚丙烯(PP – R)塑料管已经在建筑给水系统中被广泛采用。它具有质量轻、强度高、韧性好、耐冲击、耐热性能高、无毒、无锈蚀、安装方便、废品可回收等优点。

（1）同种材质的给水聚丙烯管及管配件之间,应采用热熔连接。其安装采用的专用机具有插座式热熔焊机和焊接器(见图 4-8)及截管材用的剪切器。这种连接方法成本低、速度快、操作方便、安全可靠,特别适合用于直埋、暗设的场合。

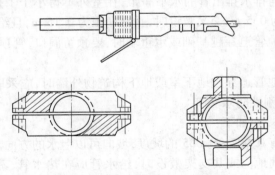

图 4-8　插座式热熔焊机和焊接器

（2）给水聚丙烯管与金属管件的连接,可采用带金属嵌件的聚丙烯管件作为过渡,该管件与塑料管采用热熔连接,与金属管件或卫生洁具五金配件采用丝扣连接。

（3）暗敷墙体、地坪层内的给水聚丙烯管管道不得采用丝扣或法兰连接。

（4）给水聚丙烯管管道的热熔连接应按下列操作步骤进行:①热熔工具接通电源,达到工作温度,指示灯亮后方能开始工作。②切割管材,必须使端面垂直于管轴线。管材切割一般使用管子剪或管道切割机,必要时可使用锋利的钢锯,但切割后管材断面应去除毛边和毛刺。③管材与管件连接端面必须清洁、干燥、无油。④用卡尺和合适的笔在管端测量并绘制出热熔深度,热熔深度应符合表4-7的要求。⑤熔接弯头或三通时,按设计图纸要求,应注意其方向,在管件和管材的直线方向上用辅助标志标出其位置。⑥连接时,无旋转地把管材插入加热套内,插入到所标志的深度,同时无旋转地把管件推到加热头上,达到规定标志处。加热时间必须满足表4-7的规定(也可按热熔工具生产厂家的规定)。⑦达到加热时间后,立即把管材与管件从加热套与加热头上同时取下,迅速无旋转地直线均匀插入到所标深度,使接头处形成均匀凸缘。⑧在表4-7规定的加工时间内,刚熔接好的接头还可校正,但严禁旋转。

表4-7　热熔连接技术要求

公称外径(mm)	热熔深度(mm)	加热时间(s)	加工时间(s)	冷却时间(min)
20	14	5	4	3
25	16	7	4	3
32	20	8	4	4
40	21	12	6	4
50	22.5	18	6	5
63	24	24	6	6
90	32	40	10	8
110	38.5	50	15	10

(5)明装和暗设在管道井内、吊顶内、装饰板后,埋地敷设、嵌墙敷设和在楼(地)面找平层内敷设的聚丙烯管管道宜采用热熔连接。

(四)给水铸铁管、钢管管道安装

就全国而言,目前在建筑给水工程所采用的管材中,给水铸铁管和钢管仍占有较大数量,尤其在消防给水和一般要求的生产给水管道中多采用这两种管材。

这里仅介绍一种新型连接方法,即沟槽式连接:沟槽式连接是应用于镀锌钢管(或镀锌无缝钢管)上的一种新型连接方式。镀锌钢管当管径大于100 mm时套丝就比较困难;镀锌钢管与法兰的焊接处,为了确保水质需要二次镀锌,也是比较麻烦的。而沟槽式连接便较好地解决了这一问题。沟槽式连接配件是管材生产工厂配套产品,有专用的接头安装工具,比镀锌钢管的丝扣连接和法兰焊接要方便得多。沟槽式接头见图4-9。

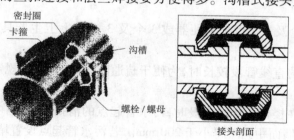

图4-9　沟槽式接头大样

二、室内排水管道安装

室内排水管道一般采用排水铸铁管或硬聚氯乙烯排水塑料管,均为承插式接头。铸铁管用石棉水泥接口,硬聚氯乙烯管用胶粘剂接口。

(一)室内排水管道布置敷设的原则

(1)排水管道的位置不得妨碍生产操作、交通运输和建筑物的使用;排水管道不得布置在遇水会引起燃烧、爆炸或损坏的原料、产品与设备的上面;架空管道不得吊设在对生产工艺或卫生有特殊要求的生产厂房内。

(2)架空管道不得吊设在食品仓库、贵重商品仓库、通风小室以及配电间内。

(3)排水管应避免布置在饮食业厨房的主副食操作烹调间的上方,不能避免时应采取防护措施。

(4)生活污水立管应尽量避免穿越卧室、病房等对卫生、安静要求较高的房间。

(5)排水管穿过地下室外墙或地下构筑物的墙壁处,应采取防水措施。

(6)排水埋地管道应避免布置在可能受到重物挤压处,管道不得穿越生产设备基础。

(7)排水管道不得穿过沉降缝、抗震缝、烟道和风道。

(8)排水管道应避免穿过伸缩缝,若必须穿过,应采取相应技术措施,不使管道直接承受拉伸与挤压。

(9)排水管道穿过承重墙或基础处应预留孔洞或加套管,且管顶上部净空一般不小于150 mm。

(二)室内排水管道安装技术要求

(1)卫生器具排水管与排水横支管可用90°斜三通连接。

(2)生活污水管的横管与横管、横管与立管的连接,应采用45°三通或45°四通和90°斜三通或90°斜四通(TY形)管件;立管与排出管的连接,应采用两个45°弯头或弯曲半径不小于4倍管径的90°弯头。

(3)排出管与室外管道连接,前者管底标高应大于后者;连接处的水流转角不得小于90°,若有大于0.3 m的落差可不受角度限制。

(4)在排水立管上每两层设一个检查口,且间距不宜大于10 m,但在最底层和有卫生设备的最高层必须设置;如为两层建筑,则只需在底层设检查口即可;立管如有乙字弯管,则在该层乙字弯管的上部设检查口;检查口的设置高度距地面为1.0 m,朝向应便于立管的疏通和维修。

(5)在连接2个及2个以上大便器或3个及3个以上卫生器具的污水横管上,应设置清扫口。

(6)污水横管的直线管段较长时,为便于疏通防止堵塞,应按规定设置检查口或清扫口。

(7)当污水管在楼板下悬吊敷设时,污水管起点的清扫口可设在上一层楼地面上,清扫口与管道垂直的墙面距离不得小于200 mm。若污水管起点设置堵头代替清扫口,与墙面距离不得小于400 mm。

(8)在转角小于135°的污水横管上,应设置检查口或清扫口。

（9）埋在地下或地板下的排水管道的检查口，应设在检查井内。井底表面标高与检查口的法兰相平，井底表面应有 0.05 的坡度，坡向检查口。

（10）地漏的作用是排除地面污水，因此地漏应设置在房间的最低处，地漏箅子面应比地面低 5 mm 左右；安装地漏前，必须检查其水封深度，不得小于 50 mm，水封深度小于 50 mm 的地漏不得使用。

（11）排水通气管不得与风道或烟道连接，且应符合下列规定：①通气管应高出屋面 300 mm，但必须大于最大积雪厚度；②在通气管出口 4 m 以内有门、窗时，通气管应高出门、窗顶 600 mm，或将其引向无门、窗的一侧；③在经常有人停留的平屋顶上，通气管应高出屋面 2 m，并应根据防雷需要设置防雷装置。

（12）对排水立管中间的甩口尺寸，应根据水平支管的坡度定出适当的距离尺寸，考虑坡度要从最长的管道计算；同类型立管甩口尺寸应一致。确定立管与墙壁的距离时，既要考虑便于操作，又要考虑整齐、美观、不影响使用，一般规定管承口外皮与墙净距 20 ~ 40 mm。

（13）饮食业工艺设备引出的排水管及饮用水箱的溢流管不得与污水管道直接连接，并应留有不小于 100 mm 的隔断空间。

（14）未经消毒处理的医院含菌污水管道，不得与其他排水管道直接连接。

（15）室内排水管道的灌水、通球试验要求：①灌水试验。室内排水管道安装完毕应进行灌水试验，其结果必须符合设计要求；隐蔽或埋地的管道，未经灌水试验不得隐蔽。试验方法如下：污水管道灌水高度，以一层楼的高度为准，满水 15 min 水面下降后，再灌满观察 5 min，水面不下降，管道和接口无渗漏为合格；雨水管道的灌水高度必须到每根立管上部的雨水斗，灌水试验持续 1 h，不渗不漏为合格。②通球试验。室内排水主立管及水平干管管道均应做通球试验，通球的球径不小于排水管道管径的 2/3，通球率必须达到 100%。

（16）室内排水管道防结露隔热措施：为防止夏季管表面结露，设置在楼板下、吊顶内及管道结露影响使用要求的生活污水排水横管，应按设计要求做好防结露隔热措施，保温材料及其厚度应符合设计规定。当设计对保温材料无具体要求时，可采用 20 mm 厚阻燃型聚氨酯泡沫塑料，外缠塑料布。保温材料应有出厂合格证，保温层表面应平整、密实，搭接合理，封口严密，无空鼓现象。

（三）硬聚氯乙烯排水管道安装要点

建筑排水用硬聚氯乙烯管材、管件，具有质量轻，易于切断，施工方便、迅速，水力条件好的特点，在住宅建筑和普通公共建筑排水工程中得到了广泛应用。

建筑硬聚氯乙烯排水管道，适用于建筑物内排放温度不大于 40 ℃，瞬时温度不大于 80 ℃ 的生活污水，也可用于排放同等温度条件下对硬聚氯乙烯管道不起腐蚀作用的工业废水。

硬聚氯乙烯管材及管件的质量性能和规格应符合《建筑排水用硬聚氯乙烯管材》的要求。

安装硬聚氯乙烯管道时，除执行《建筑排水硬聚氯乙烯管道工程技术规程》（CJJ/T 29—98）外，还应符合《建筑给水排水及采暖工程施工质量验收规范》（GB 50242—2002）

的有关规定。

与普通排水铸铁管材不同的是,建筑排水硬聚氯乙烯管材及管件的直径不是以公称直径表示的,而是以公称外径表示。

硬聚氯乙烯管承插口粘接操作要点:粘接前,插口处应用板锉锉成坡口,坡口完成后,应将残屑清除干净。粘接时应对承口作插入试验,不得全部插入,一般为承口的 3/4 深度。试插合格后,用棉布将承口需粘接部位的水分、灰尘擦拭干净,如有油污需用丙酮除掉。用毛刷涂抹胶粘剂时,先涂抹承口,后涂抹插口,随即用力垂直插入。插入粘接时将插口稍作转动,以利于胶粘剂分布均匀,2~3 min 即可粘接牢固,并应将挤出的胶粘剂擦净。

埋地管道应敷设在坚实平整的基土上,不得用砖头、木块支垫管道。当基土凹凸不平或有突出硬物时,应用 100~150 mm 厚的砂垫层找平,敷设完成后应用细土回填 100 mm以上。

当埋地管采用排水铸铁管时,塑料管在插入前应用砂纸将插口打毛,插入后用麻丝填嵌均匀,用石棉水泥捻口,不得用水泥砂浆抹口。

消除塑料排水管道受温度影响引起的伸缩量,通常采用设置伸缩节的办法予以解决。

思考题与习题

1. 一套建筑给水排水施工图一般包括哪些内容?
2. 建筑给水排水平面图一般由哪些图纸组成?
3. 底层给水排水平面图应该反映哪些内容?
4. 标准层给水排水平面图应该反映哪些内容?
5. 室内给水排水系统图是怎么形成的?
6. 何为给水排水施工详图?
7. 简述聚丙烯(PP－R)管的施工方法。
8. 简述钢管的沟槽式连接方法。
9. 简述给水排水管道的布置要求。
10. 简述建筑排水 PVC－U 管的安装要点。

第五章 采暖与燃气工程

第一节 采暖系统的形式与特点

一、采暖系统的组成与分类

在冬季,室外空气温度低于室内空气温度,因而房间的热量会不断地传向室外,为使室内空气保持要求的温度,则必须向室内供给所需的热量,以满足人们正常生活和生产的需要。这种向室内供给热量的工程设施,叫采暖系统。

(一)采暖系统的组成

集中采暖系统由三大部分组成:热源、热网和热用户,如图 5-1 所示。热源制备热水或蒸汽,由热网输配到各热用户使用。目前最广泛的热源是锅炉和热电厂,此外也可以利用核能、地热、太阳能、电能、工业余热作为采暖系统的热源。热网是由热源向热用户输送热介质的管道系统,热用户是指从采暖系统获得热能的用热装置。

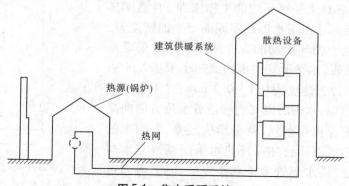

图 5-1 集中采暖系统

(二)采暖系统的分类

1. 根据采暖系统的作用范围划分

(1)局部采暖系统。即热源、管道系统和散热设备在构造上联成一个整体的采暖系统。如烟气供暖(火炉、火炕、火墙)、电热暖气片和燃气红外线暖气片等。

(2)集中采暖系统。即热源和散热设备分别设置,用热媒管道相连接,由热源向各个房间和各个建筑物供给热量的供暖系统。

2. 根据采暖系统使用热介质的种类划分

(1)热水采暖系统。采暖系统的热介质是热水。

(2)蒸汽采暖系统。采暖系统的热介质是水蒸气。

(3)热风采暖系统。采暖系统的热介质是热空气。热风采暖系统适用于耗热量大的建筑物、间歇使用的房间和有防火防爆要求的车间,具有热惰性小、升温快、设备简单、投资省等优点。热风采暖系统主要有集中送风系统、热风机采暖系统、热风幕系统和热泵采暖系统。

二、热水采暖系统

(一)热水采暖系统的分类

(1)按热媒参数分:低温热水采暖系统、高温热水采暖系统。习惯上,水温低于或等于 100 ℃的热水叫低温水,水温大于 100 ℃的热水叫高温水。室内热水采暖系统,大多采用低温水,设计供回水温度为 95 ℃/70 ℃(也有采用 85 ℃/60 ℃)。高温水采暖系统宜用于工业厂房内,设计供回水温度为(110 ~ 130 ℃)/(70 ~ 80 ℃)。

(2)按热水系统的循环动力分:自然循环系统(重力循环系统)、机械循环系统。

(3)按系统的每组立管根数分:单管系统、双管系统。

(4)按系统的管道敷设方式分:垂直式系统、水平式系统。

(二)热水采暖系统的图式

1.自然循环热水采暖系统

(1)自然循环热水采暖系统的组成。自然循环热水采暖系统由锅炉、散热器、供水管道、回水管道和膨胀水箱组成,见图 5-2。

(2)自然循环热水采暖系统的工作原理。自然循环热水采暖系统是依靠由于水温的不同而产生的密度差,来推动水在系统中循环流动的。自然循环热水采暖系统中水的流速较慢,水平干管中水的流速小于 0.2 m/s;而干管中气泡的浮升速度为 0.1 ~ 0.2 m/s,立干管中约为 0.25 m/s。所以,水中的空气能够逆着水流方向向高处聚集。系统中若积存空气,就会形成气塞,影响水的正常循环。在上供下回自然循环热水采暖系统充水与运行时,空气经过供水干管聚集到系统最高处,再通过膨胀水箱排往大气。因此,系统的供水干管必须有向膨胀水箱方向上升的坡度,其坡度为 0.005% ~ 0.01%。

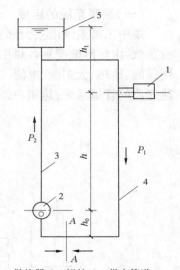

1—散热器;2—锅炉;3—供水管道;
4—回水管道;5—膨胀水箱

图 5-2　自然循环热水采暖系统

为了使系统顺利排除空气和在系统停止运行或检修时能通过回水干管顺利地排水,回水干管应有向锅炉方向的向下坡度。

这种系统水的循环作用压力很小,因而其作用半径(总立管到最远立管沿供水干管走向的水平距离)不宜超过 50 m。但是,由于这种系统不消耗电能,运行管理简单,当有可能在低于室内地面标高的地下室、地坑中安装锅炉时,一些较小而独立的建筑中可采用自然循环热水采暖系统。

2.机械循环热水采暖系统

在密闭的采暖系统中,以水泵作为循环动力的称为机械循环热水采暖系统。机械循环热水采暖系统主要由热水锅炉、循环水泵、膨胀水箱、排气装置、散热设备和连接管路等组成。机械循环热水采暖系统的作用压力远大于自然循环热水采暖系统,因此管道中热水的流速快,管径较小,启动容易,供暖方式多,应用广泛。

1)上供下回式热水采暖系统

在采暖工程中,"供"指供出热媒,"回"指回流热媒。上供下回式,即供水干管布置在上面,回水干管布置在下面,如图5-3所示。在这种系统中,供水干管应采用逆坡敷设,即水流方向与坡度方向相反,空气会聚集在干管的最高点处,在此处设置排气装置排出系统内的空气。水泵装在回水干管上,膨胀水箱依靠膨胀管连接在水泵吸入端,膨胀水箱位于系统最高点,它的作用是容纳水受热后膨胀的体积,并且在水泵吸入端膨胀管与系统连接处维持恒定压力(高于大气压)。由于系统各点的压力均高于此点的压力,所以整个系统处于正压下工作,保证了系统中的水不至于汽化。

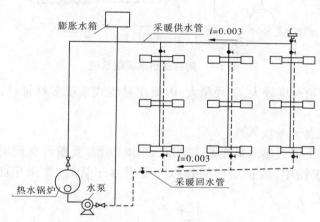

图5-3　机械循环上供下回式热水采暖系统

双管式系统除主要依靠水泵所产生的压头外,同时也存在自然压头。它使上层散热器的流量大于下层散热器的流量,从而造成上层房间温度偏高,下层房间温度偏低,这称为系统的垂直失调,而且楼层越高,这种现象越严重。因此,双管式系统一般用于不超过4层的建筑物。单管顺流式系统的特点是立管中的全部水量顺流进入各层的散热器,缺点是不能进行局部调节。单管跨越式系统的特点是立管的一部分水量流进散热器,另一部分水量通过跨越管与从散热器流出的回水混合,再流入下一层散热器,可以消除顺流式系统无法调节各层间散热量的缺陷。一般在上面几层加装跨越管,并在跨越管上加装阀门,以调节流经跨越管的流量。

单管式系统因为与散热器相连的立管只有一根,比双管式系统少用立管,立支管间交叉减少,因而安装较为方便,不会像双管式系统因存在自然压头而产生垂直失调,造成各房间温度的偏差。

在热水采暖系统中,按热媒的流程长短是否一致,可分为同程式和异程式。在机械循环系统中,由于系统的作用半径一般较大,热媒通过各立管的环路长度都做成相等的,以便于各环路的压力平衡。这样的系统称为同程式系统,如图5-4所示。相对于同程式系统,热媒通过的环路长度不相等,就是异程式系统。当系统较大时,由于各环路不易做到压力平衡,从而造成近处流量分配过多,远处流量不足,引起水平方向冷热不均,称为系统的水平失调。

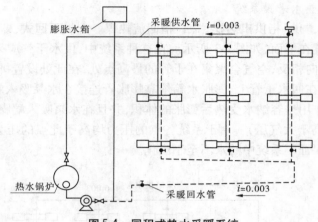

图 5-4　同程式热水采暖系统

同程式系统管道长度较大,管径稍大,因而比异程式系统多耗管材,在较小的多层建筑中不宜采用。

2)下供下回式热水采暖系统

机械循环下供下回式热水采暖系统的供、回水干管都要敷设在底层散热器之下。在设有地下室的建筑物中,或顶层房间难以布置供水干管时,常采用此种采暖系统,如图 5-5 所示。

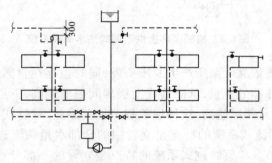

图 5-5　机械循环下供下回式热水采暖系统

下供下回式系统排除空气的方式主要有两种:一种是通过顶层散热器的冷风阀手动分散排气,另一种是通过专设的空气管手动或自动集中排气。

3)下供上回式(倒流式)热水采暖系统

图 5-6 所示为下供上回式热水供暖系统。

机械循环下供上回式(倒流式)热水采暖系统的供水干管设在下部,而回水干管设在上部,顶部还设置有顺流式膨胀水管,如图 5-6 所示。立管布置主要采用顺流式。下供上回式系统的特点是,水在系统内自下而上流动,与空气流动方向一致。可通过顺流式膨胀水箱排除空气,无须设置排气装置。

4) 中供式热水采暖系统

机械循环中供式热水采暖系统是把总立管引出的供水干管设在系统的中部。对于下部系统来说是上供下回式,对于上部系统来说可以采用下供下回式系统,也可采用上供下回式 。这种系统可避免由于顶层梁底标高过低,致使供水干管挡住顶层窗户的问题,同时也可适当地缓解垂直失调现象,如图 5-7 所示。

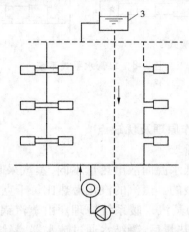

图 5-6　机械循环下供上回式热水采暖系统

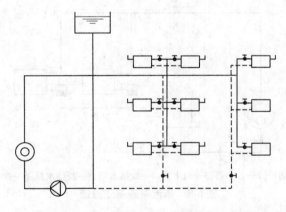

图 5-7　机械循环中供式热水采暖系统

5) 水平式系统

水平式系统按供水管与散热器的连接方式,可分为顺流式和跨越式两种。水平式系统的结构简单,便于施工和检修,热力稳定性好,但缺点是需在每组散热器上设置冷风阀分散排气或在同一层散热器上部串联一根空气管集中排气。此种连接方式适用于机械热水循环和重力热水循环系统。

图 5-8 为单管水平式系统,图 5-8(a)为顺流式,图 5-8(b)为跨越式。对于较小的水平式系统,与垂直式系统相比,管路简单,无穿过各层的立管,施工方便,造价低。对于一些各层有不同功用或不同温度要求的建筑物,采用水平式系统,便于分层管理和调节。但

单管水平式系统串联散热器很多时,容易出现前热后冷现象,即水平失调。

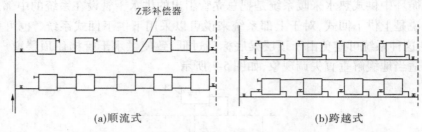

(a)顺流式 (b)跨越式

图5-8 单管水平式系统

三、蒸汽采暖系统

(一)蒸汽采暖系统的工作原理及优缺点

1. 蒸汽采暖系统的工作原理

与热水采暖系统依靠降低水温而散出热量不同,蒸汽采暖系统是依靠饱和蒸汽在凝结时放出汽化潜热来实现供暖的。蒸汽的汽化潜热比每千克水在散热器中靠降温放出的热量要大得多。图5-9所示为蒸汽采暖系统原理。由蒸汽锅炉产生的蒸汽,沿蒸汽管路进入散热设备;蒸汽凝结放出热量后,凝结水通过疏水器、凝结管路进入凝结水箱,然后由凝结水泵将凝结水送回蒸汽锅炉重新加热。

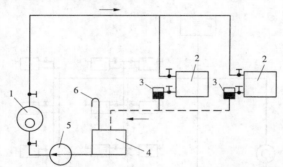

1—蒸汽锅炉;2—散热器;3—疏水器;4—凝结水箱;5—凝结水泵;6—放空气管

图5-9 蒸汽采暖系统原理

2. 蒸汽采暖系统的优缺点

1)优点

(1)因为热媒温度较高,所需散热器数量就少,节省了钢材而降低了投资;

(2)由于蒸汽密度比水小得多,用于高层建筑采暖,不致出现底层散热器超压现象;

(3)蒸汽是靠本身的压力来克服管道阻力的,因此节省了电能;

(4)蒸汽采暖系统热惰性小,升温快,适用于车间、剧院等人们停留时间集中而又短暂的建筑物。

2)缺点

(1)系统的热损失大,由于蒸汽温度高,一般为间歇采暖,引起系统骤冷骤热,容易使管件连接处损坏,造成漏水漏汽,另外凝结水回收率低而造成热量损失很大;

（2）散热器及管道表面温度高，易产生有害气体，污染室内空气，另外易烫伤人和造成室内燥热，人有不舒适感；

（3）室温不均匀，系统热得快，冷得也快；

（4）无效热损失大，锅炉排污，管网损失，疏水器漏汽，因此效率不高；

（5）凝结水管使用年限短，因管内不是满流，管中存有空气而腐蚀管壁。

（二）蒸汽采暖系统的分类

按照供汽压力的大小，将蒸汽采暖系统分为：低压蒸汽采暖系统（供汽表压力低于 70 kPa）、高压蒸汽采暖系统（供汽表压力高于 70 kPa）和真空蒸汽采暖系统（系统中压力低于大气压力）。

按照蒸汽干管布置的不同，蒸汽采暖系统可分为上供式、中供式和下供式三种。按照主管的布置特点，蒸汽采暖系统可分为单管式和双管式，目前国内绝大多数蒸汽采暖系统采用双管式。

按照回水动力不同，蒸汽采暖系统可分为重力回水和机械回水两类。

1. 重力回水低压蒸汽采暖系统

如图 5-10 所示为上供式重力回水低压蒸汽采暖系统。在系统运行前，锅炉充水至 I—I 平面。锅炉加热后产生的蒸汽，在其自身压力作用下，克服流动阻力，沿供汽管道，输送至散热器内，并将积聚在供汽管道和散热器内的空气驱入凝结水管，由凝结水管末端的 B 点处排出。蒸汽在散热器内冷凝放热，凝结水靠重力作用沿凝结水管路返回锅炉，重新加热变成蒸汽。

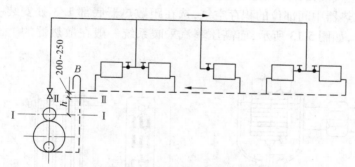

图 5-10　重力回水低压蒸汽采暖系统

2. 机械回水低压蒸汽采暖系统

如图 5-11 所示为机械回水双管上供下回式低压蒸汽采暖系统。它不同于连续循环重力回水系统，机械回水系统是断开式的。凝结水不直接返回锅炉，而首先进入凝结水箱，然后由凝结水泵将凝结水送回锅炉重新加热。在低压蒸汽采暖系统中，凝结水箱的布置应低于所有散热器和凝结水管。凝结水干管应顺坡安装，使从散热器流出的凝结水靠重力自流进入凝结水箱。

在每一组散热器后都装有疏水器，疏水器是阻止蒸汽通过，只允许凝结水和不凝性气体（如空气）及时排往凝水管路的一种装置。如图 5-12 所示为波纹管式疏水器构造图，图中热敏元件是一波纹状的金属薄膜盒，与其下部连接的是一锥形阀针，波纹盒内装有易挥发液体。当蒸汽进入时，因温度较高，液体挥发并膨胀，使波纹盒体积增大，带动阀针下

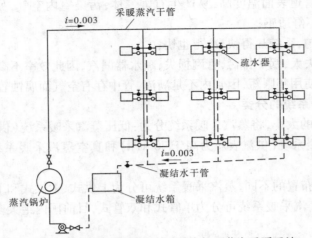

图 5-11　机械回水双管上供下回式低压蒸汽采暖系统

移,阻断蒸汽出路。直到疏水器内的蒸汽冷凝成水后(有一些过冷),波纹盒收缩,小孔打开,排出凝结水。当空气或较冷的凝结水流入时,波纹盒加热不够,小孔继续开着,它们可以顺利通过。

在低压蒸汽采暖系统初运行时,当蒸汽进入散热器后,由于原系统内存有大量空气,蒸汽密度比空气密度小而聚集在散热器的上部,而蒸汽又不断冷凝后变成凝结水沉积在散热器的底部,空气被夹在中间部位,使蒸汽无法通过。

为了排除散热器中间部位的积存空气,选在距散热器底部 1/3 处安装一自动或手动排气阀进行排空,如图 5-13 所示,而高压蒸汽采暖系统一般在散热器的上部安装排气阀即可。

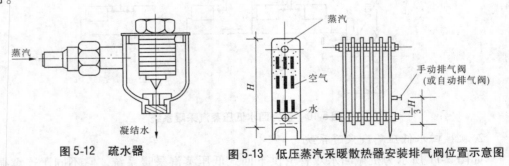

图 5-12　疏水器　　　　图 5-13　低压蒸汽采暖散热器安装排气阀位置示意图

3. 机械回水高压蒸汽采暖系统

与低压蒸汽采暖相比,高压蒸汽采暖有下述特点:

(1)高压蒸汽供气压力高,流速大,系统作用半径大,但沿程热损失亦大。对同样热负荷所需管径小,但沿途凝结水排泄不畅时会水击严重。

(2)散热器内蒸汽压力高,因而散热器表面温度高。对同样热负荷所需散热面积较小,但易烫伤人,烧焦落在散热器上面的有机灰尘发出难闻的气味,安全条件与卫生条件较差。

(3)凝结水温度高。

高压蒸汽采暖多用在有高压蒸汽热源的工厂里。室内的高压蒸汽采暖系统可直接与室外蒸汽管网相连。在外网蒸汽压力较高时可在用户入口处设减压装置。

图 5-14 所示为带有用户入口的室内高压蒸汽采暖系统示意图。

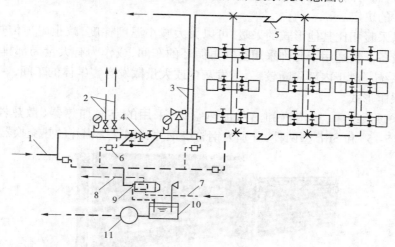

1—室外引入管;2—工艺用户供汽管;3—供汽主立管;4—减压阀;5—方形补偿器;
6—疏水器;7—冷水管;8—热水管;9—热交换器;10—凝结水箱;11—凝结水泵

图 5-14　室内高压蒸汽采暖系统示意图

四、热风采暖系统

利用热空气作媒质的对流采暖方式,称作热风采暖,而对流采暖则是利用对流换热或以对流换热为主的采暖方式。

热风采暖系统所用热媒可以是室外的新鲜空气、室内再循环空气,也可以是室内外空气的混合物。若热媒是室外新鲜空气,或是室内外空气的混合物,热风采暖兼具建筑通风的特点。

空气作为热媒经加热装置加热后,通过风机直接送入室内,与室内空气混合换热,维持或提高室内空气温度。

热风采暖系统可以用蒸汽、热水、燃气、燃油或电能来加热空气,宜用 0.1 ~ 0.3 MPa 的高压蒸汽或不低于 90 ℃的热水。当采用燃气、燃油加热或电加热时,应符合国家现行标准《城镇燃气设计规范》(GB 50028—2006)和《建筑设计防火规范》(GB 50016—2006)的要求,相应的加热装置分别称作燃气热风器、燃油热风器和电加热器。

热风采暖具有热惰性小、升温快、设备简单、投资省等优点,适用于耗热量大的建筑物、间歇使用的房间和有防火防爆要求、卫生要求、必须采用全新风的热风采暖的车间。

热风采暖的形式有:集中送风、管道送风、悬挂式和落地式暖风机送风。

集中送风采暖是在一定高度上,将热风从一处或几处以较大速度送出,使室内造成射流区和回流区的热风采暖。

集中送风的气流组织有平行送风和扇形送风两种形式。平行送风的射流中流速是平行的,它的主要特点是沿射流轴线方向的速度衰减较慢,可以达到较远的射程。扇形送风属于分散射流,空气出流后,便向各个方向分散,速度衰减很快。对于换气量很大,但速度不允许太大的场合,采用这种射流形式是比较适宜的。选用的原则主要取决于房间的大小和几何形状,而房间的大小和几何形状影响送风的地点、射流的数目、射程和布置、喷口的构造和尺寸的决定。

集中送风采暖相比其他形式的采暖,可以大大减小温度梯度,减小屋顶传热量,并可节省管道与设备。它适用于允许采用空气再循环的车间,或作为有大量局部排风车间的补风和采暖系统。对于内部隔断较多、散发灰尘或大量散发有害气体的车间,一般不宜采用集中送风采暖形式。

在热风采暖系统中,用蒸汽和热水加热空气,采用的空气加热器(散热器)型号有SRZ型(见图5-15)和SRL型两种,分别为钢管绕钢片和钢管绕铝片的热交换器。

图 5-15　SRZ 型散热器

暖风机是由通风机、电动机及空气加热器组合而成的一种采暖通风联合机组。

暖风机分为轴流式与离心式两种。目前国内常用的轴流式暖风机主要有蒸汽、热水两用的 NC 型(见图 5-16)和 NA 型暖风机及冷热水两用的 S 型暖风机。轴流式暖风机体积小,结构简单,一般悬挂或支架在墙上或柱子上,出风气流射程短,出口风速小,取暖范围小。离心式大型暖风机有蒸汽、热水两用的 NBL 型暖风机(见图 5-17),它配用的离心式通风机有较大的作用压头和较高的出口风速,因此气流射程长,通风量和产热量大,取暖范围大。

图 5-16　NC 型轴流式暖风机

图 5-17　NBL 型离心式暖风机

可以单独采用暖风机采暖,也可以由暖风机与散热器联合采暖,散热器采暖作为值班采暖。

采用小型的(轴流式)暖风机采暖时,为使车间温度均匀,保持一定的断面速度,应使室内空气的换气次数大于或等于 1.5 次/h。

布置暖风机时,宜使暖风机的射流互相衔接,使采暖空间形成一个总的空气环流。

选用大型的(离心式)暖风机采暖时,由于出口风速和风量都很大,所以应沿车间长度方向布置,出风口离侧墙的距离不宜小于 4 m,气流射程不应小于车间采暖区的长度,在射程区域内不应有构筑物或高大设备。

五、低温热水地板辐射采暖系统

随着科技的发展和人民生活水平的提高,除常规散热器的对流换热采暖方式外,低温热水地板辐射供暖的范围也越来越广泛。该方式以低温热水(一般不超过 60 ℃)为热媒,通过埋设于地板内的管道将地板加热,热量的传播主要以辐射形式出现,但同时也伴随着对流方式的热传播。

地板辐射采暖的特点是:采暖管道敷设于地面以下,取消了暖气片和供暖支管,节省了使用面积。低温热水地板辐射采暖系统,由于升温慢,整个房间温度较为均衡,舒适卫生,高效节能,使用寿命长,可有效减少楼层之间的噪声。不仅冬天可以采暖,夏天也可以利用凉水进行空气降温,达到冬暖夏凉。该系统可利用余热水、地热水等多种热源,同时便于实行分户计量和控制。

(一)系统组成

在住宅建筑中,地板辐射采暖的加热管一般应按户划分独立的系统,并设置集配装置,如分水器和集水器,再按房间配置加热盘管,一般不同房间或住宅各主要房间宜分别设置加热盘管与集配装置相连。图 5-18 为地板辐射采暖平面布置示意图。对于其他建筑,可根据具体情况划分系统,一般每组加热盘管的总长度不宜大于 120 m,盘管阻力不宜超过 30 kPa,住宅加热盘管间距不宜大于 300 mm。加热盘管在布置时应保证地板表面温度均匀。

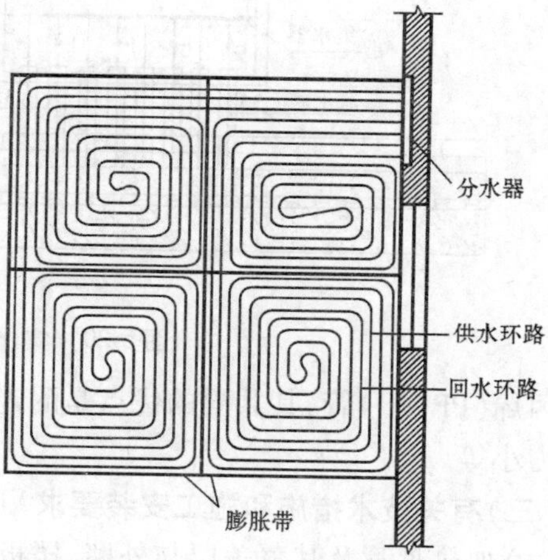

图 5-18 地板辐射采暖平面布置示意图

加热盘管安装如图 5-19 所示,图中基础层为地板,保温层控制传热方向,豆石混凝土层为结构层,用于固定加热盘管和均衡表面温度。各加热盘管供、回水管应分别与集水器和分水器连接,每套集(分)水器连接的加热盘管不宜超过 8 组,且连接在同一集(分)水器上的盘管长度、管径等应基本相等。集(分)水器的安装如图 5-20 所示。分水器的总进水管上应安装球阀、过滤器等;在集水器总出水管上应设有平衡阀、球阀等;各组盘管与集(分)水器连接处应设球阀,分水器顶部应设手动或自动排气阀。

(二)管材

加热盘管有钢管、铜管和塑料管。塑料管经特殊处理与加工后,能满足低温热水辐射采暖的耐高温、承压高、耐老化等要求,同时可以根据设计所要求的长度进行生产,使埋设的盘管部分无接头,杜绝埋管管段的渗漏,且易弯曲和施工。常用的塑料管有耐热聚乙烯(PE – RT)管、交联聚乙烯(PE – X)管、聚丁烯(PB)管、交联铝塑复合(XPAP)管和无规共

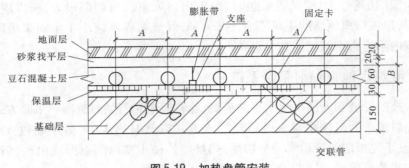

图 5-19 加热盘管安装

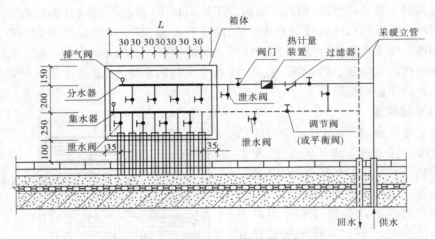

图 5-20 集(分)水器安装示意

聚聚丙烯(PP-R)管,其共同的优点是耐老化、耐腐蚀、不结垢、承压高、无环境污染和沿程阻力小等。

(三)有关技术措施和施工安装要求

(1)加热盘管及其覆盖层与外墙、楼板结构层间应设绝热层,当允许双向传热时可不设绝热层。

(2)覆盖层厚度不宜小于 50 mm,并应设伸缩缝,肋管穿过伸缩缝时宜设长度不小于 100 mm 的柔性套管。

(3)绝热层设在土壤上时应先做防潮层,在潮湿房间内加热管覆盖层上应做防水层。

(4)热水温度不应高于 60 ℃,民用建筑供水温度宜为 35~50 ℃,供、回水温差宜小于或等于 10 ℃。

(5)系统工作压力不应大于 0.8 MPa,否则应采取相应的措施。当建筑物高度超过 50 m 时,宜竖向分区。

(6)加热盘管宜在环境温度高于 5 ℃ 的条件下施工,并应防止油漆、沥青或其他化学溶剂接触管道。

(7)加热盘管伸出地面时,穿过地面构造层部分和裸露部分应设硬质套管;在混凝土填充层内的加热管上不得设可拆卸接头;盘管固定点间距:直管段小于或等于 1 m 时宜为

500～700 mm,弯曲管段小于 0.35 m 时宜为 200～300 mm。

（8）豆石混凝土填充层强度不宜低于 C15,应掺入防龟裂添加剂;应有膨胀补偿措施:面积大于等于 30 m²,每隔 5～6 m 应设 5～10 mm 宽的伸缩缝,与墙、柱等交接处应设 5～10 mm 宽的伸缩缝,缝内应填充弹性膨胀材料。浇捣混凝土时,盘管应保持大于等于 0.4 MPa 的静压,养护 48 h 后再卸压。

（9）隔热材料应符合下列要求:导热系数小于等于 0.05 W/(m·K),抗压强度大于等于 100 kPa,吸水率小于等于 6%。

（10）调试与试运行:初始加热时,热水温度应平缓。供水温度应控制在比环境温度高 10 ℃左右,但不应高于 32 ℃,并应连续运行 48 h,随后每隔 24 h 水温升高 3 ℃,直到设计水温,并对与分水器、集水器相连的盘管进行调节,直到符合设计要求。

第二节　管材、附件和采暖设备

一、管材与附件

（一）管材和管道的连接

采暖管道通常采用钢管。室外采暖管道常采用无缝钢管(管径≤200 mm)和钢板卷焊管,一般热水采暖管道可采用焊接钢管。室内采暖管道通常用普通焊接钢管(一般热水或低压蒸汽采暖系统)或无缝钢管,常用的地板采暖管主要有交联聚乙烯(PE－X)管、交联铝塑复合(XPAP)管、聚丁烯(PB)管、无规共聚聚丙烯(PP－R)管。钢管的连接可采用焊接、法兰连接和丝扣连接。焊接连接可靠,施工简便迅速,广泛应用于管道之间及与补偿器等的连接。法兰连接装卸方便,通常用在管道与设备、阀门等需要拆卸的附件连接上。对于室内采暖管道,通常借助三通、四通、管接头等管件,进行丝扣连接,也可采用焊接或法兰连接。耐热塑料管采用热熔连接和胶粘剂粘接。铝塑复合管采用专用管件连接。

（二）管道附件

管道附件指疏水器、减压阀、除污器、补偿器、阀门、压力表、温度计、管道支架等。

1. 疏水器

疏水器又称疏水阀,属于自动作用阀门,可排除蒸汽管路、设备以及散热器内的凝结水,并且可以阻止蒸汽的排出,既可提高蒸汽汽化热的利用率,又可以防止管路中发生水锤、振动等现象。用于蒸汽采暖系统的疏水器的种类较多,下面对浮桶式疏水器作一介绍,如图 5-21、图 5-22 所示。

管路和设备中的凝结水及少量蒸汽不断地流入疏水器内,疏水器内的凝结水液面升到一定的高度,就溢入浮桶,当浮桶内的凝结水积到一定数量,浮桶的重量超过浮力时,浮桶就下降,并带动排水阀杆下降,使排水阀开启,这时浮桶内的凝结水便由套筒经排水阀排出疏水器。当凝结水排到一定数量,浮桶重量小于浮力时,浮桶又被浮起,并带动排水阀杆上升,使排水阀关闭,凝结水停止排出。浮桶式疏水器就以这样的周期进行工作。

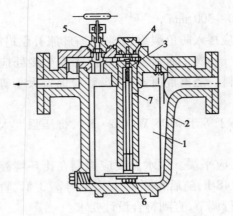

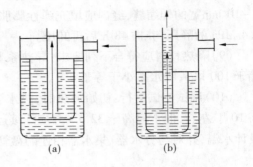

1—浮桶;2—外壳;3—顶针;4—阀孔;5—放气阀;

6—可换重块;7—水封套筒上的排气孔

图5-21　浮桶式疏水器　　　　　图5-22　浮桶式疏水器工作原理示意图

2. 减压阀

减压阀用于减低管路中介质压力。常用的有活塞式、波纹管式及薄膜式等几种。减压阀的原理是:介质通过阀瓣通道时阻力增大,节流造成压力损耗从而达到减压的目的。减压阀的进出口一般要伴装截止阀。选用减压阀时要注意,不能超过减压阀的减压范围,保证在合理情况下使用。活塞式减压阀如图5-23所示。

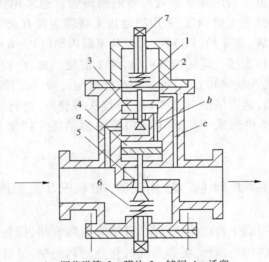

1—调节弹簧;2—膜片;3—辅阀;4—活塞;

5—主阀;6—主阀弹簧;7—调整螺栓;a、b、c—通道

图5-23　活塞式减压阀

3. 除污器

除污器(或过滤器)安装在用户入口供水总管上,以及热源(冷源)、用热(冷)设备、水泵、调节阀等入口处,用以阻留杂物和污垢,防止堵塞管道与设备。其型式有立式除污器、卧式除污器、Y形除污器等。内部的过滤网有铜网和不锈耐酸钢丝网。

二、散热器

（一）散热器类型

散热器的种类很多，根据材料来分，有铸铁、钢、铝、铜以及塑料、陶土、混凝土、复合材料等，其中常用的有铸铁散热器、钢制散热器；根据结构型式来分，有翼型、柱型、柱翼型、管型、板型、串片型等；根据传热方式来分，有对流型（对流换热占60%以上）和辐射型（辐射换热占60%以上）。

1. 铸铁散热器

铸铁散热器结构简单，耐腐蚀，使用寿命长，造价低，但承压能力低，金属耗量大，安装运输不方便。

铸铁散热器有柱型和翼型两种型式。

（1）柱型散热器。如图5-24所示，散热器是单身的柱状连通体。每片各有几个中空的立柱，有二柱、四柱和五柱。散热器有带柱脚和不带柱脚之分，可以组对成组落地安装和在墙上挂式安装。

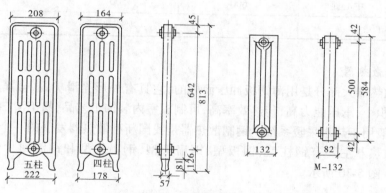

图 5-24　柱型散热器

（2）翼型散热器。翼型散热器有圆翼型和长翼型两种。圆翼型散热器为管型，外表面有许多圆形肋片，见图5-25。长翼型散热器为长方形箱体，外表面带有长方形肋片，见图5-26。

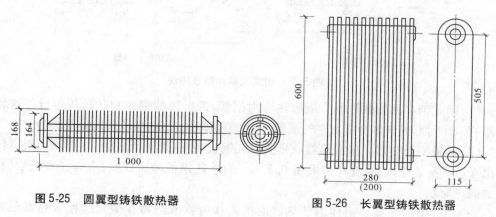

图 5-25　圆翼型铸铁散热器　　　　图 5-26　长翼型铸铁散热器

我国常用的几种铸铁散热器性能参数见表 5-1。

表 5-1　铸铁散热器性能参数

名称		灰铸铁柱型	灰铸铁翼型	灰铸铁柱翼型
适用条件		热水或蒸汽		
适用场合		工厂、公共场合和住宅		
规格型号		TZ4－6－5(8)	TY2.8/5－5(7)	TZY2－1.2/6－5
技术性能参数	散热量(W/片)	130	430	150
	工作压力(MPa)	0.5(0.8)	0.5	0.5
执行标准		JG 3—2002	JG 4—2002	JG/T 3047—1998
基本尺寸(mm)	高	760(足片)	595	780(足片)
	宽	143	115	120
	长	60	280	70
	中心距	600	500	600
接口尺寸		1″或 1.5″		

2. 钢制散热器

钢制散热器大部分是用薄钢板冲压而成的,它具有外形光滑美观,金属耗量小,质量轻,占地面积小,承压能力高,传热效率高,可制成室内装饰工艺品,易于清扫等优点,但容易腐蚀,一般用于热水采暖系统。钢制散热器是我国新型散热器发展的一个主要方向。

钢制散热器主要有钢柱型、钢板型、钢扁管型、钢串片型和钢制翅片管型等几种,如图 5-27 ~ 图 5-30 所示。

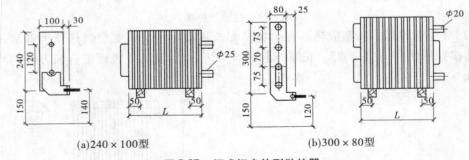

(a)240 × 100型　　　　　　　　(b)300 × 80型

图 5-27　闭式钢串片型散热器

(1)闭式钢串片型散热器。该散热器由钢管、带折边的钢片和联箱等组成。这种散热器的串片间形成许多个竖直空气通道,产生了烟囱效应,增强了对流换热能力。

(2)钢板型散热器。该散热器也是由冷轧钢板冲压、焊制而成的,主要由面板、背板、进出水口接头等组成,对流片多采用 0.5 mm 的冷轧钢板冲压成型,点焊在背板后面,以增加散热面积。

(3)钢柱型散热器。钢柱型散热器的构造和铸铁散热器相似。这种散热器是采用

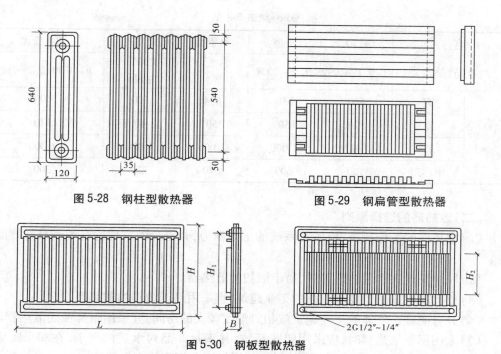

图 5-28　钢柱型散热器　　　　　　　图 5-29　钢扁管型散热器

图 5-30　钢板型散热器

1.5～2.0 mm 厚的普通冷轧钢板经过冲压形成半片柱状,再经缝焊复合成单片,单片之间通过气体保护电弧焊焊成所需要的散热器段。每组片数可根据设计而定,一般不宜超过20 片。钢柱型散热器色彩和造型多样,表面喷塑,易于清洁,散热性能好,热辐射比例高;质量轻,耐腐蚀,寿命长;承压能力达 1 MPa,适用于各种高层建筑。

(4)钢扁管型散热器。该散热器是由数根矩形扁管叠加焊制成排管,两端与联箱连接,形成水流通路。扁管型散热器有单板、双板、单板带对流片和双板带对流片四种结构型式。单、双板扁管型散热器两面均为光板,板面温度高,有较大的辐射热。带对流片的扁管型散热器,背面主要以对流方式进行散热。

我国常用的几种钢制散热器性能参数见表 5-2。

表 5-2　钢制散热器性能参数

名称		柱型	板型	扁管型	闭式串片型	翅片管型
适用条件		热水采暖系统				热水或蒸汽
适用场合		一般民用建筑				公共场所或住宅
规格型号		GZ3 - 1.2/5 - 6	GB1 - 10/5 - 6	GBG/DL - 570	GCB220 - 1	GC6 - 25 - 300 - 1.0
技术性能参数	散热量(W/m)	83(单片)	1 113	1 163	1 172	2 100
	工作压力(MPa)	0.6	0.6	0.7	1.0	1.0

名称		柱型	板型	扁管型	闭式串片型	翅片管型
执行标准		JG/T 1—1999	JG 2—2007		JG/T 3012.1—1994	JG/T 3012.2—1998
外形尺寸 （mm）	高	600	680	624	300	600
	宽	120	50	50	80	140
	长	45(单片)	1 000	1 000	1 000	1 000
	中心距	500	600	570	220	300

（二）散热器的选择原则

（1）散热器的工作压力，应满足系统的工作压力，并符合国家现行有关产品标准的规定。

（2）民用建筑宜选用外形美观、易于清扫的散热器。

（3）放散粉尘或防尘要求较高的工业建筑，宜采用易于清扫的散热器。

（4）具有腐蚀性气体的工业建筑或相对湿度较大的房间，宜采用耐腐蚀的散热器。

（5）采用钢制散热器时，应采用闭式系统，并满足产品对水质的要求，在非采暖季节应充水保养；蒸汽采暖系统不应采用钢柱型、钢板型和钢扁管型散热器。

（6）采用铝制散热器时，应采用内防腐型铝制散热器，并满足产品对水质的要求。

（7）安装热量表和恒温阀的热水采暖系统，不宜采用水流通道内含有黏砂的散热器。

（三）散热器的布置要求

（1）散热器宜安装在外墙窗台下，当安装有困难（如玻璃幕墙、落地窗等）时，也可安装在内墙上，但不能影响散热。

（2）在双层外门的外室以及门斗中不应设置散热器，以防冻裂。

（3）对于公用建筑楼梯间或有回马廊的大厅，散热器应尽量分配在底层，住宅楼梯间可不设置散热器。

三、膨胀水箱和膨胀罐

（一）膨胀水箱

1. 膨胀水箱在热水采暖系统中的作用

（1）在密闭的热水采暖循环系统中，水不断地被加热而温度升高，体积增大。当增多出来的水在系统内容纳不下时，系统中的压力升高，从而导致管道和采暖设备超压，而膨胀水箱即可接纳膨胀出来的水而避免系统超压。

（2）因膨胀水箱需安装在采暖区域内最高建筑物的屋面上，水箱为开式（与大气相通），由膨胀管连接在靠近循环水泵吸入口的回水总管上，这样会使该区域所有建筑物中的采暖系统各点压力无论是运行还是停止工作均大于大气压力，即不会出现负压，也就保证了系统内的热水不会被汽化。因此，膨胀水箱在热水采暖系统中既可起到定压作用，又不致使空气进入系统中来。自然循环系统、机械循环系统与膨胀水箱的连接见图 5-31 与

图 5-32。

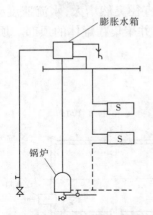 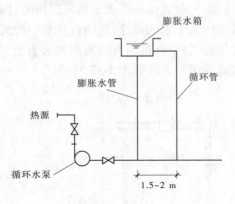

图 5-31　自然循环系统与膨胀水箱连接　　图 5-32　机械循环系统与膨胀水箱连接

（3）因膨胀水箱处于系统最高点，在自然循环系统中，可排除系统中的空气。

（4）膨胀水箱起着调节系统水位的作用，膨胀水箱既可容纳膨胀出的多余的水，还可补充因系统泄露引起的缺水现象。水箱上安装水位控制装置，平时维持正常水位，一旦缺水至水位控制装置的下限值，可自动启动水泵补水。补水至控制装置的上限值时，自动停泵。

2. 型式

膨胀水箱的构造型式有方形和圆形两种。

3. 膨胀水箱的配管

膨胀水箱的配管有膨胀管、循环管、溢流管、信号管和排水管等。当水箱所处的温度在 0 ℃以上时可不设循环管。溢流管供系统内的水超过一定水位时溢流之用，它的末端接到楼房或锅炉房排水设备上。为确保系统安全运行，膨胀管、循环管、溢流管上不准设阀门。信号管即检查管，用于检查系统是否已经充满水，其末端接到锅炉排水设备上方，并设有阀门。膨胀水箱的有效容积是指检查管与溢流管之间的容积。

（二）膨胀罐

闭式膨胀罐是近年来我国在空调系统、采暖系统中采用的一种定压设备。在空调、采暖系统中，膨胀罐起定压和容纳系统温度升高时的膨胀水量，保证系统正常运行等作用。膨胀罐由罐体、气囊、接水口及排气口四部分组成。

膨胀罐的工作原理：当外界有压力的水进入膨胀罐气囊内时，密封在罐内的氮气被压缩，根据波义耳气体定律，气体受到压缩后体积变小压力升高，直到膨胀罐内气体压力与水的压力达到一致时停止进水。当水流压力降低时，膨胀罐内气体压力大于水的压力，此时气体膨胀、水被排出，直到气体压力与水的压力再次达到一致时停止排水。

四、集气罐与自动排气阀

（一）集气罐

根据干管与顶棚的安装空间，可分为立式集气罐和卧式集气罐。

集气罐的工作原理:当水在管道中流动时,水流动的速度大于气泡浮升的速度,水中的空气可随水一起流动。当流至集气罐内时,因罐体直径突然增大,水流速度减慢,此时气泡浮升速度大于水的流速,气泡就从水中游离出来,并聚集在罐体的顶部。顶部安装排气管及排气阀,将空气排出直至流出水来为止。

集气罐的接管方式如图5-33所示。

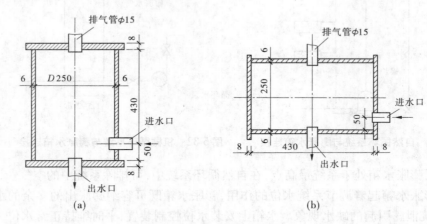

(a)   (b)

图5-33 集气罐的接管方式

集气罐通常用厚度$\delta = 4.5$ mm的钢板卷成或用管径 $100 \sim 250$ mm的钢管焊成。其直径要比连接处干管直径大一倍以上,以利于气体逸出且聚集于罐顶。为增大储气量,进出水管要接近罐底,罐的上部应设ϕ15 mm放气管。放气管末端设排气阀门,分人工和自动开启两种。

(二)自动排气阀

自动排气阀是依靠水对物体的浮力,自动打开和关闭阀体的排气出口,达到排气和阻水的目的,如图5-34所示。当阀体内无空气时,系统中的水流入,将浮漂浮起,关闭出口,阻止水流出。当阀内空气量增多,并汇集在上部,水位下降,浮漂下落,排气口打开排气。气体排出后,浮漂随水位上升,重新关闭排气口。

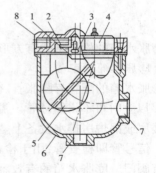

1—杠杆机构;2—垫片;3—阀堵;
4—阀盖;5—浮漂;6—阀体;
7—接管;8—排气孔
图5-34 自动排气阀

自动排气阀与系统连接处应设阀门,便于检修和更换排气阀时使用。

第三节 采暖系统管网的布置

在布置采暖管道之前,首先要根据建筑物的使用特点及要求,确定采暖系统的热媒种类、系统形式。其次,要确定合理的入口位置。系统的入口可设置在建筑物热负荷对称分配的位置,一般在建筑物长度方向的中点。

在布置采暖管道时应遵循一定的原则:力求管道最短、节省管材、便于维护管理及不影响房间美观。

采暖管道的安装有明装和暗装两种形式。应用时要依建筑物的要求而定。在民用建筑、公共建筑以及工业建筑中一般都应采用明装。在装饰要求较高的建筑物,如剧院、礼堂、展览馆、宾馆及某些有特殊要求的建筑物(如幼儿园等)中常用暗装。

一、干管的布置

上供式系统中的热水干管与蒸汽干管,暗装时应敷设在平屋面之上的专门沟槽内或屋面下的吊顶内或布置在建筑物顶部的设备层中;明装时可沿墙、柱敷设在窗过梁以上和顶棚以下的地方,但不能遮挡窗户,同时干管到顶棚的净距的确定还应考虑管道的坡度、集气罐的设置条件等。

采暖管道应有一定坡度,如无特殊设计要求,应符合下列规定:热水管道及汽、水同向流动的蒸汽和凝结水管道,坡度一般为0.003,不得小于0.002;汽、水逆向流动的蒸汽管道,坡度一般不应小于0.005,同时应在采暖系统的高点设放气装置、低点设泄水装置。

对于较小的采暖系统,其干管可不设分支环路,如图5-35所示。为了缩短作用半径,减小阻力损失,可以设置两个或两个以上的分支环路。图5-36所示为两个分支环路的异程式系统,图5-37所示为两个分支环路的同程式系统,异程式系统相比同程式系统,减少了干管长度,但每个立管构成的环路不易平衡。图5-38所示为多分支环路的异程式系统。

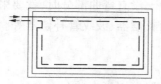

图5-35 无分支环路的同程式系统

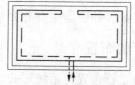

图5-36 两个分支环路的异程式系统

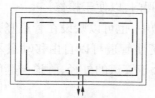

图5-37 两个分支环路的同程式系统

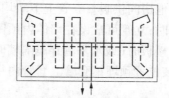

图5-38 多分支环路的异程式系统

敷设在地面上的回水干管过门时,在门下设置小管沟,若是热水采暖系统,按图5-39处理。回水干管进入过门地沟,它的坡度应沿水流方向降低,以便排除空气和污水。为了减少排气设备,从过门地沟引出的回水干管到邻近立管的这一段管路可采用反坡向,使管中积聚的空气沿邻近立管顺利排出,而继续延伸的干管仍按原坡向敷设。若是蒸汽采暖系统,则按图5-40处理,凝结水干管在门下形成水封,空气不能顺利通过,故需设置空气绕行管,以免阻断凝结水流动。

下供式系统干管和上供式系统的回水干管,如果建筑物有不采暖的地下室,则敷设于

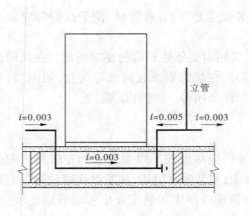

图 5-39　回水干管下部过门

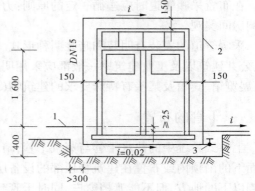

1—凝结水干管;2—空气绕行管;3—放水阀

图 5-40　凝结水干管过门

地下室的顶板下面;如无地下室,暗装时敷设在建筑物最下层房间地面下的管沟内。

为了检修方便,管沟在某些地点应设有活动盖板。无地下室明装时,可在最下层地面以上散热器以下沿墙敷设,要注意保证回水干管应有的坡度。

在采暖系统中,金属管道会因受热而伸长。如直管段两端都被固定,热胀冷缩会使管道弯曲或拉断。这一问题的解决可以合理利用管道自身具有的弯曲性。这种利用管道的自然转弯来消除管道因通入热介质而产生的膨胀伸长量的做法,称为自然补偿。

当伸长量很大,管道本身无法满足补偿或管段上没有弯曲部分时,就要采用补偿器补偿管道的伸长量。补偿器主要有方形补偿器、套筒补偿器、波纹管补偿器等。

二、立管的布置

散热器的立管布置与系统形式、散热器布置位置等因素有关。

立管一般布置在房间的墙角处,或布置在窗间墙处,楼梯间的立管应单独设置,以免冻结而影响其他房间供暖。立管上下端均应设置阀门,以便于检修。

要求暗装时,立管可敷设在墙体内预留的沟槽中,也可以敷设在管道竖井内。

立管穿越楼板时(或水平管穿越隔墙时),为了使管道可以自由移动且不损坏楼板或墙面,应在安装位置预埋钢套管。套管内径应稍大于管道的外径,管道与套管之间应填以石棉绳。

管道穿越墙壁时,套管两端应与墙壁相平;管道穿越楼板时,套管上端应高出地面 20 mm,下端与楼板底面相平。具体做法如图 5-41 和图 5-42 所示。

三、支管的布置

支管应尽量设置在散热器的同侧与立管相接,进出口支管一般应沿水流方向下降的坡度敷设(下供下回式系统,利用最高层散热器放气的进水支管除外),如坡度相反,会造成散热器上部存气,下部积水放不净,如图 5-43 所示。当支管全长小于等于 500 mm 时,坡度值为 5 mm;全长大于 500 mm 时,坡度值为 10 mm。当一根立管接往两根支管,任意一根支管超过 500 mm 时,其坡度值均应为 10 mm。散热器支管长度大于 1.5 m 时,应在中间安装管卡或托钩。

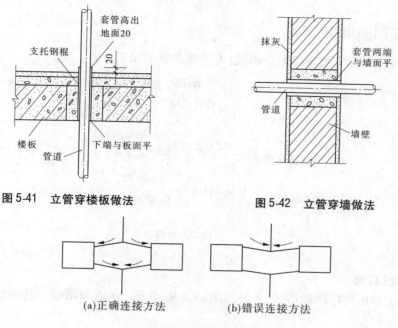

图 5-41　立管穿楼板做法　　　　　图 5-42　立管穿墙做法

(a)正确连接方法　　　　　(b)错误连接方法

图 5-43　散热器支管的坡向

四、采暖系统的入口装置

采暖系统的入口装置是指室外供热管路向热用户供热的连接装置,设有必要的设备、仪表以及控制设备,用来调节控制供向热用户的热媒参数、计量热媒流量和用热量。一般我们称之为热力入口,设有压力表、温度计、循环管、旁通阀、平衡阀、过滤器和泄水阀等。

建筑物可设有一个或多个热力入口,供暖管道穿过建筑物基础、墙体等围护结构时,应按规定尺寸预留孔洞。具体做法如图 5-44 所示。

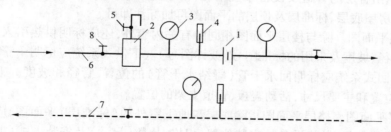

1—调压板;2—除污器;3—压力表;4—温度计;
5—放气阀;6—供热水管;7—回热水管;8—截止阀
图 5-44　热水采暖系统入口装置

第四节　建筑采暖施工图

一、施工图的组成

一套完整的采暖安装施工图纸组成,可用图式表示如下:

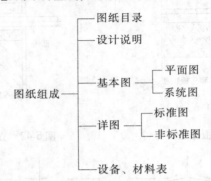

(一)图纸目录

说明本工程由哪些图纸组成,各种图纸的名称、图号、张数和图幅。其用途是便于查找有关图纸。

(二)设计说明

图形无法表达的问题,一般由设计说明来完成。

设计说明的主要内容有:建筑物的采暖面积、热源种类、热媒参数,系统总热负荷、系统形式、进出口压力差、散热器型式及安装方式,管道材质、敷设方式,防腐、保温、水压试验要求等。

此外,还应说明需要参看的有关专业的施工图号或采用的标准图号以及设计上对施工的特殊要求和其他不易表达清楚的问题。

(三)平面图

为了表达出各层的管道及设备布置情况,采暖施工平面图也应分层表示,但为了简便,可只画出房屋底层、标准层及顶层的平面图再加标注即可。

(1)底层平面图。除与楼层平面图相同的有关内容外,还应标明供热引入口的位置、系统编号、管径、坡度及采用的标准图号(或详图号)。下供式系统应标明干管的位置、管径和坡度,下回式系统应标明回水干管(凝结水干管)的位置、管径和坡度。平面图中还应标明地沟位置和主要尺寸,活动盖板、管道支架的位置。

(2)楼层平面图。楼层平面图指除底层和地下室外的(标准层)平面图,应标明房间名称、编号,立管编号,散热设备的安装位置、规格、片数(尺寸)及安装方式(明设、暗设、半暗设),立管的位置及数量。

(3)顶层平面图。除与楼层平面图相同的内容外,对于上供式系统,要标明总立管、水平干管的位置,干管管径大小、管道坡度以及干管上的阀门、管道固定支架及其他构件的安装位置,热水采暖要标明膨胀水箱、集气罐等设备的位置、规格及管道连接情况。上

124 · 124 · 124

回式系统要标明回水干管的位置、管径和坡度。

采暖工程施工平面图常采用1∶50、1∶100、1∶200的比例等。

（四）系统图（轴测图）

采暖系统图表示的内容有：

（1）采暖工程管道的上、下楼层间的关系，管道中干管、支管、散热器及阀门等的空间位置关系；

（2）各管段的直径、标高、坡度、坡向，散热器片数及立管编号；

（3）各楼层的地面标高、层高及有关附件的高度尺寸等；

（4）集气罐的规格、安装形式。

（五）详图

表示采暖工程某一局部或某一构配件的详细尺寸、材料类别和施工做法的图纸称为详图。非标准图的节点与做法，要另出详图。

采暖工程常用图例符号见表5-3。

表5-3　采暖工程常用图例符号

序号	名称	图例	说明	序号	名称	图例	说明
1	管道		用于一张图内只有一种管道	12	采暖供水(汽)管、回(凝结)水管		
		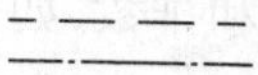	用图例表示管道类别	13	方形伸缩器		
2	丝堵	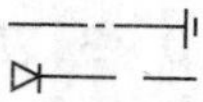		14	球阀	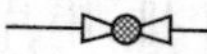	
3	滑动支架			15	角阀	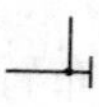 或 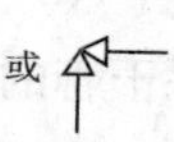	
4	固定支架	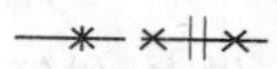	左图：单管 右图：多管	16	管道泵		
5	截止阀	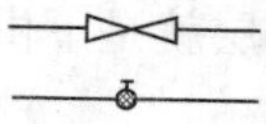		17	三通阀	 或 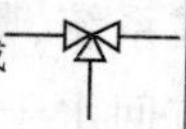	
6	闸阀			18	四通阀	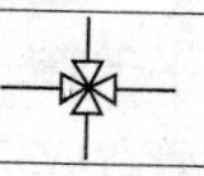	
7	止回阀			19	散热器	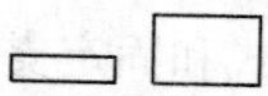	左图：平面 右图：立面
8	安全阀			20	集气罐	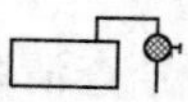	
9	减压阀	 或 	左侧：低压 右侧：高压	21	除污器(过滤器)	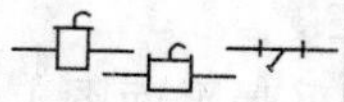	左为立式除污器 中为卧式除污器 右为Y形过滤器
10	膨胀阀			22	流水器		
11	自动排气阀						

二、施工图识图

(一)读图基本方法

采暖施工图的识读应按热媒在管内所走的路程顺序进行,将系统图与平面图结合对照。

1. 平面图

室内采暖平面图主要表示管道、附件及散热器在建筑平面上的位置以及它们之间的相互关系,是施工图中的主体图纸。

(1)查明热媒入口及入口地沟情况:热媒入口无节点图时,平面图上一般将入口装置如减压阀、混水器、疏水器、分水器、分气缸、除污器等和控制阀门表示清楚,并注有规格,同时还注出直径、热媒来源、流向、参数等。如果热媒入口主要配件、构件与国家标准图相同,则注明规格与标准图号,识读时可按给出的标准图号查阅标准图。当有热媒入口节点图时,平面图上注有节点图的编号,识读时可按给定的编号查找热媒入口大样图。

(2)查明建筑物内散热器的平面位置、种类、片数或尺寸以及安装方式:散热器的种类较多,除可用图例识别外,一般在施工说明中注明。各种散热器的规格及数量应按下列规定标注:柱型散热器只标注数量;圆翼型散热器应标注根数和排数,如 3×2,表示 2 排,每排 3 根;光管散热器应标注管径、长度和排数,如 $D108 \times 3000 \times 4$,表示管径为 108 mm,管长 3 000 mm,共 4 排;串片型散热器应标注长度和排数,如 1.0×3,表示长度 1.0 m,共3 排。

(3)了解水平干管的布置方式、材质、管径、坡度、坡向、标高,干管上的阀门、固定支架、补偿器等的平面位置和型号。

识读时应注明干管是敷设在最高层、中间层还是在底层。供水、供气干管敷设在最高层表明是上供式系统,敷设在中间层是中供式系统,敷设在底层就是下供式系统。在底层平面图中还绘有回水干管或凝结水干管。

平面图中的水平干管,应逐段标注管径。结合设计说明弄清管道材质和连接方式。采暖管道采用黑铁管,$DN32$ 以下者为螺纹连接,$DN40$ 以上者采用焊接。识图时应弄清补偿器的种类、型式和固定支架的型式及安装要求,以及补偿器和多个固定支架的平面位置等。

(4)通过立管编号查清系统立管数量和布置位置:立管编号时,可用圆圈,圆圈内用阿拉伯数字标注。

(5)在热水采暖平面图上还应标有膨胀水箱、集气罐等设备的位置、规格尺寸以及所连接管道的平面布置和尺寸。此外,平面图中还绘有阀门、泄水装置、固定支架、补偿器等的位置。在蒸汽采暖平面图上还标明疏水装置的平面位置及其规格尺寸。

2. 系统图

采暖系统图表示从热媒入口至出口的采暖管道、散热设备、主要阀门附件的空间位置

和相互关系。当系统图前后管线重叠,绘、识图造成困难时,应将系统切断绘制,并注明切断处的连接符号。识图时应注意:

(1)查明热媒入口处各种装置、附件、仪表、阀门之间的实际位置,同时搞清热媒来源、流向、坡向、坡度、标高、管径等。

(2)查明管道系统的连接,各管段管径大小、坡度、坡向,水平管道和设备的标高,以及立管编号等。

(3)了解散热器类型、规格、片数、标高。

(4)注意查清其他附件与设备在系统中的位置,凡注明规格尺寸者,都要与平面图和材料表等进行核对。

3.详图

详图是室内采暖管道施工图的一个重要组成部分。供热管、回水管与散热器之间的具体连接形式、详细尺寸和安装要求,一般都用详图反映出来。采暖系统的设备和附件的制作与安装方面的具体构造和尺寸,以及接管的详细情况,都要查阅详图。

(二)某办公楼采暖工程图的识读

1.采暖平面图的识读

某办公楼采暖平面图,如图5-45(a)、(b)、(c)所示。该图为上供下回式热水采暖系统,选用四柱型散热器,每组散热器的片数均标注在靠近散热器图例符号的外窗外侧。从图上可以看出,该办公楼共有三层。各层散热器组的布置位置和组数均相同,各层供、回水立管的设置位置和根数也相同。

从底、顶层平面图上可以看出,供水总管为1条,管径DN65,供水干管为左右各1条,管径由DN40变为DN32,各供水支管管径均为DN15。各回水支管管径均为DN15,回水干管左右各1条,管径由DN32变为DN40,回水总管为1条,管径DN65。

2.采暖系统图的识读

某办公楼采暖系统图,如图5-46所示。从图上可以看出,供水总管为1根,管径DN65,标高-1.200 m;主立管管径DN65;供水干管左右各1条,标高9.500 m。管径由DN40变为DN32,坡度为0.003,坡向主立管。在每条供水干管管端设卧式集气罐1个,其顶接DN15管1条,向下引至标高1.600 m处,然后装DN15截止阀1个。回水干管也是左右各1条,每条回水干管始端标高为-0.400 m,管径由DN32变为DN40,坡度为0.003,坡向回水总管。回水总管管径DN65,标高-1.200 m。供、回水立管各12根,每根供、回水立管通过相应的供、回水支管,分别与相应的底层、二层、顶层的散热器组相接。供、回水支管管径均为DN15。每组散热器的片数,均标注在相应的散热器图例符号内。

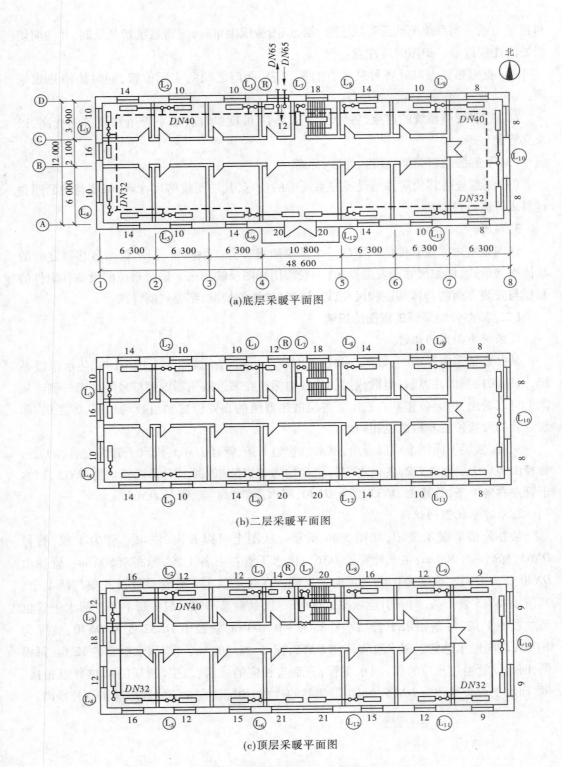

图 5-45 某办公楼采暖平面图

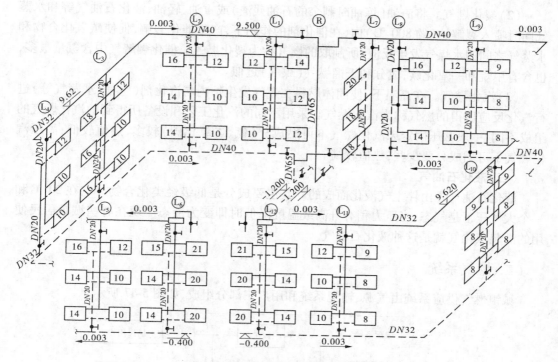

图 5-46 某办公楼采暖系统图

第五节 燃气工程

一、燃气的分类

燃气是以可燃气体为主要组分的混合气体燃料。城镇燃气是指从气源点通过输配系统供给居民生活、商业、工业企业生产等各类用户,公用性质、符合国家规范质量要求的可燃气体,主要有天然气、人工燃气和液化石油气。

(一)天然气

天然气是在地下多孔地质结构中自然形成的烃类气体和蒸汽的混合气体,并通过钻井由地层中开采出来。

天然气一般有四种:从气田开采的气田气,随石油一起喷出的油田伴生气,含有石油轻质馏分的凝析气田气,以及从井下煤层抽出的矿井气。目前我国许多城市尝试将天然气作为燃气使用。

(二)人工燃气

人工燃气是以固体、液体或气体(包括煤、重油、轻油、液化石油气和天然气等)为原料经转化制得的、符合国家规范质量要求的可燃气体。按制取方法不同可分为如下几种:

(1)干馏燃气。在炼焦炉或炭化炉中,将固体燃料在隔绝空气(氧)的条件下加热使其进行分解,所得到的燃气,称为干馏燃气。

（2）裂化燃气。将渣油（炼油时剩余的石油残渣）或重油、轻油、液化石油气等和水蒸气同时喷入裂解炉（约 800 ℃）内，在催化剂的作用下，产生催化裂解，促使碳氢化合物和水蒸气之间的水煤气发生反应，所制取的燃气称为裂化燃气。催化裂解气中含氢量最多，也含有甲烷和一氧化碳，成分和干馏燃气（煤气）近似。

（3）汽化燃气。在高温下，使固体燃料在燃气发生炉内与汽化剂（空气、水蒸气等）进行汽化反应所得的燃气称为汽化燃气。采用不同的汽化工艺和设备所得到的汽化燃气的组成不同，一般常压固定床汽化燃气不可燃成分（氮、二氧化碳）较多，热值较低；高压汽化燃气不可燃成分要少些，热值较高。

（三）液化石油气

液化石油气是由伴生气液化而成的。其主要成分是低级烃类化合物。它在 20 ℃和一个大气压下是气态，当压力稍有升高或温度降低时即变为液态。现在有些城镇居民使用的灌装液化气就是这种液化石油气。

二、燃气系统

城镇燃气供应系统由气源、输配系统和用户三部分组成，如图 5-47 所示。

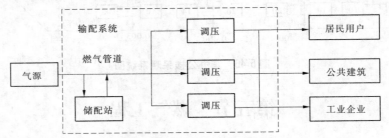

图 5-47　燃气供应系统示意图

输配系统应能保证不间断地、可靠地向用户供应燃气，在运行管理方面应是安全的，在维修检测方面应是简便的。现代城市燃气输配系统是复杂的综合设施，通常由以下部分组成：

（1）低压、中压及高压等不同压力等级的燃气管道；

（2）城市燃气分配站或压气站、各种类型调压站或调压装置；

（3）储配站；

（4）监控与调度中心；

（5）维护管理中心。

三、室内燃气供应系统的组成

室内燃气供应系统按服务对象的不同，可分为建筑燃气供应系统和车间燃气供应系统。

建筑燃气供应系统由引入管、水平干管、立管、用户支管、燃气计量表、用具连接管和燃气用具等组成，如图 5-48 所示。

（1）引入管。引入管与庭院低压分配管网相连，一般特指从庭院管引至入户阀门的

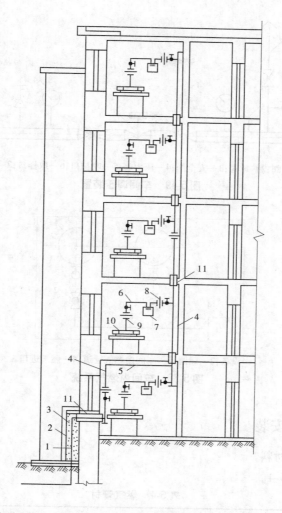

1—用户引入管;2—砖台;3—保温层;4—立管;5—水平干管;6—用户支管;
7—燃气计量表;8—旋塞及活接头;9—用具连接管;10—燃气用具;11—套管

图 5-48   室内燃气系统

管段。

（2）水平干管。引入管可以连接一根立管,也可以连接若干根立管,当连接多根立管时,应设水平干管。

（3）立管。指将引入管或水平干管输送的燃气分送到各层的管段。

（4）用户支管。指由立管引向单独用户计量表及燃气用具的管段。

（5）用具连接管。又称下垂管,是在支管上连接燃气用具的垂直管段。

（6）燃气用具。常用的有燃气灶、热水器、食品烤箱等。

车间燃气供应系统通常由车间调压装置、车间内管道和用气设备等组成,如图 5-49 和图 5-50 所示。

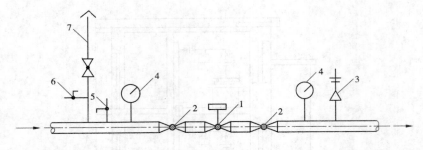

1—调压阀;2—球阀;3—安全阀;4—压力表;5—吹扫口;6—取样口;7—放散管

图 5-49　车间调压装置

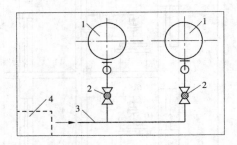

1—设备;2—球阀;3—车间内燃气管道;4—燃气进口

图 5-50　车间内燃气系统

四、燃气系统安装

(一)燃气管道材料

燃气管材见表5-4。

表 5-4　燃气管材

类别	使用场所	适用压力	连接方式	特点
无缝钢管	地下室、半地下室、管井、引入管及室内明装或暗设	中压、低压	焊接或法兰连接	承压较好
镀锌钢管	室内明装	低压	螺纹连接	施工方便
不锈钢波纹管	支管室内明装或暗设、暗埋	低压	专用管接头卡套连接	整体管段,接口少
铜管	支管室内明装或暗设、暗埋	低压	承插式硬钎焊连接	管长按需要切割,接口少

(二)室内燃气管道安装

(1)燃气引入管安装。当引入管采用地下引入时,应符合下列要求:穿越建筑物基础或管沟时,燃气管道应敷设在套管内,套管与引入管、套管与建筑物基础或管沟壁之间的间隙用柔性防腐、防水材料填实;引入管管材宜采用无缝钢管;湿燃气引入管应坡向室外,坡度不小于0.01。

当引入管采用地上引入时,应符合下列要求:穿越建筑物墙体时,燃气管道应敷设在套管内,套管内的燃气管道不应有焊口等连接接头,引入管地上部分应按相关要求设置防护罩;地上引入管与建筑物外墙之间的净距宜为100~200 mm;引入管保温层厚度应符合设计规定,表面应平整;燃气引入管安装时,其顶部应装三通。

燃气管道室内外界限划分,以引入管室内第一个阀门为界,或以地上引入管墙外三通为界。

(2)燃气管道采用螺纹连接时,可选用厚白漆或聚四氟乙烯薄膜为填料,天然气或液化石油气管选用石油密封酯或聚四氟乙烯薄膜为填料。

(3)燃气管道应沿墙安装,当与其他管道相遇时,应符合下列要求:水平平行敷设时,净距不宜小于150 mm;竖向平行敷设时,净距不宜小于150 mm,并应位于外侧;交叉敷设时,净距不宜小于50 mm。

(4)输送干燃气的管道可不设置坡度,输送湿燃气(包括气相液化石油气)的管道,其敷设坡度不应小于0.003。必要时,燃气管道应设排污管。

(5)沿墙、柱、楼板和在加热设备构架上明设的燃气管道,应采用支架、管卡或吊卡固定,固定件间距离不应大于有关规定。

(6)燃气立管管卡的安装。层高小于等于5 m时,每层不少于1个管卡;层高大于5 m时,每层不得少于2个管卡。管卡安装高度距地面宜为1.5~1.8 m,2个以上管卡可均称布置。50 m及以上的高层建筑敷设的燃气管道,立管每隔2~3层应设置限制水平位移的支撑;立管高度为60~120 m时,至少设1个固定支架;大于120 m时,至少设2个固定支架;立管每延伸120 m,应再增加1个固定支架。2个固定支架之间必须设伸缩补偿器,补偿器应可排水和排污。

(7)燃气管道敷设高度(从地面到管道底部或管道保温层部)应符合下列要求:在有人行的地方,敷设高度不应小于2.2 m;在有车通行的地方,敷设高度不应小于4.5 m。

(8)室内燃气管道在特殊情况下必须穿越浴室、厕所、吊平顶(垂直穿越)、客厅时,管道应安装在套管中,套管比燃气管道大两档,套管与燃气管均无接口,套管两端伸出墙面侧边10~20 mm。

(9)输送湿燃气的燃气管道敷设在气温低于0 ℃的房间或输送气相液化石油气管道处的环境温度低于露点温度时,均应采取保温措施。

(10)燃气管道采用焊接连接时,低压燃气管道焊缝的无损探伤应按设计规定执行;当设计无规定时,煤气管道应对每一焊工所焊焊缝按不少于焊口总数的15%进行抽查,且每条管线上的探伤长度不少于一个焊口,焊缝的质量应符合现行国家标准《现场设备、工业管道焊接工程施工及验收规范》(GB 50236—98)规定的Ⅲ级焊缝标准。中压B级天然气管道全部焊缝需100%做超声波无损探伤,地下管100% X光拍片,地上管30% X光拍片(无法拍片部位除外)。

(三)燃气用具的安装

常用燃气用具有燃具、热水器、开水炉、采暖炉、沸水器及气嘴等。

(1)各类燃具与电表、电气设备应错位设置,其水平净距不得小于500 mm;当无法错位时,应有隔热措施。各类燃具的侧边与墙、水斗、门框等相隔的距离及燃具与燃具之间的距离不得小于200 mm。当两台燃具或一台燃具及水斗成直角布置时,其两侧边离墙之和不得小于1.2 m。

(2)燃具靠窗口设置时,燃具面应低于窗口,且不小于200 mm;设置于楼梯下或斜坡屋顶下时,燃具面中心与楼梯、屋面的垂直净距不得小于1 000 mm。

(3)燃具与燃气管道采用软管连接时,家用燃气灶和实验室用的燃烧器,其连接软管长度不应超过2 m,并不应有接口;工业生产用的需移动的燃气燃烧设备,其连接软管长度不应超过30 m,接口不应超过2个。燃气用软管应采用耐油橡胶管,两端加装轧头及专用接头,软管不得穿墙、窗和门,也可用不锈钢波纹管。

(4)热水器应设置在操作、检修方便又不易被碰撞的部位,热水器前的空间宽度宜大于800 mm,侧边离墙大于100 mm。热水器安装在非耐火墙面上时,在热水器的后背应衬垫厚度不小于10 mm的隔热耐火材料,且每边超出热水器的外壳100 mm以上。热水器的上部不得有明敷电线、电气设备,侧边与电气设备的水平净距应大于300 mm;当无法做到时,应采取隔热阻燃措施。

(5)热水器的供气管道宜采用金属管道(包括金属软管)连接,管径不得小于设备上煤气接管的标定管径,冷热水管径必须与热水器进出口管径相符,燃气管道的进口处装置活接头。热水器的安装高度,宜满足观火孔离地面1 500 mm的要求。

(四)管道的吹扫、试压、涂漆

(1)燃气管道在安装完毕后、压力试验前应进行吹扫,吹扫介质为压缩空气,吹扫流速不宜低于20 m/s,吹扫压力不应大于工作压力。吹扫应反复数次,直至吹净,在管道末端用白布检查无沾染为合格。

(2)室内燃气管道安装完毕后必须按规定进行强度和严密性试验,试验介质宜采用空气,严禁用水。试验发现的缺陷应按相关规定进行修补,修补后进行复试。

(3)强度试验。试验范围应符合以下规定:居民用户为引入管阀门至燃气计量表进口阀门(含阀门)之间的管道,工业企业和商业用户为引入管阀门至燃气接入管阀门(含阀门)之间的管道。

试验压力应符合以下规定:设计压力小于10 kPa时,试验压力为0.1 MPa;设计压力大于等于10 kPa时,试验压力为设计压力的1.5倍,且不得小于0.1 MPa。

(4)严密性试验。严密性试验范围应为用户引入管阀门至燃气接入管阀门(含阀门)之间的管道。

严密性试验在强度试验后进行;中压管道的试验压力为设计压力,但不得低于0.1 MPa,以发泡剂检测不漏气为合格;低压管道的试验压力不应小于5 kPa。居民用户试验15 min,工业企业和商业用户试验30 min,观察压力表,无压力降为合格。

(5)燃气管道应涂以黄色的防腐识别漆。

思考题与习题

1. 采暖系统的任务是什么?
2. 自然循环采暖系统的原理是什么?
3. 机械循环热水采暖的方式有哪些?
4. 地板辐射采暖系统的施工要点有哪些? 简单画出该系统的构造层次。
5. 蒸汽采暖系统的工作原理是什么?
6. 散热器的种类和特点有哪些?
7. 简述采暖系统的管道布置。
8. 燃气管道有哪些材料? 室内燃气系统的组成有哪些?
9. 采暖施工图的组成有哪些图样?

第六章 通风与空调工程

第一节 通风工程

一、室内空气质量标准

《室内空气质量标准》(GB/T 18883—2002)是客观评价室内空气品质的主要依据。2002 年 12 月 18 日,国家质检总局、环保局、卫生部联合制定并发布了我国第一部《室内空气质量标准》。该标准从保护人体健康出发,首次全面规定了空气的物理性、化学性、放射性、生物性四类共 19 个限量值,明确提出了"室内空气应无毒、无害、无异常臭味"的要求。该标准已于 2003 年 3 月 1 日正式实施。表 6-1 列出了《室内空气质量标准》中的数据参数。

表 6-1 《室内空气质量标准》中的数据参数

序号	参数类别	参数	单位	标准值	备注
1	物理性	温度	℃	22 ~ 28 16 ~ 24	夏季空调 冬季采暖
2		相对湿度	%	40 ~ 80 30 ~ 60	夏季空调 冬季采暖
3		空气流速	m/s	0.3 0.2	夏季空调 冬季采暖
4		新风量	m^3/h	30	
5	化学性	二氧化硫	mg/m^3	0.5	1 h 均值
6		二氧化氮	mg/m^3	0.24	1 h 均值
7		一氧化碳	mg/m^3	10	1 h 均值
8		二氧化碳	%	0.10	1 h 均值
9		氨	mg/m^3	0.20	1 h 均值
10		臭氧	mg/m^3	0.16	1 h 均值
11		甲醛	mg/m^3	0.10	1 h 均值
12		苯	mg/m^3	0.11	1 h 均值
13		甲苯	mg/m^3	0.20	1 h 均值
14		二甲苯	mg/m^3	0.20	1 h 均值
15		苯并(a)芘(BaP)	mg/m^3	1.0	日均值
16		可吸入颗粒	mg/m^3	0.15	日均值
17		总挥发性有机物	mg/m^3	0.60	8 h 均值
18	生物性	细菌总数	cfu/m^3	2 500	依据仪器定
19	放射性	氡	Bq/m^3	400	年平均值(行动水平)

二、建筑通风的任务

建筑通风的任务是使新鲜空气连续不断地进入建筑物内,并及时排出生产和生活中的废气和有害气体。大多数情况下,可以利用建筑物本身的门窗进行换气,利用穿堂风降温等手段满足建筑通风的要求。当这些方法不能满足建筑通风要求时,可利用机械通风的方法有组织地向建筑物室内送入新鲜空气,并将污染的空气及时排出。

工业生产厂房中,工艺过程中可能散发大量热量、湿气、各种工业粉尘以及有害气体和蒸汽,必然危害工作人员身体健康。工业通风的任务就是控制生产过程中产生的粉尘、有害气体、高温、高湿,并尽可能对污染物回收,化害为宝,防止环境污染,创造良好的生产环境和大气环境。一般必须综合采取防止工业有害物质的各种措施,才能达到卫生标准和排放标准的要求。

三、通风方式

(一)按照通风系统的作用范围可分为全面通风和局部通风

全面通风是对整个房间进行通风换气,用送入室内的新鲜空气把房间里的有害气体浓度稀释到卫生标准的允许范围以下,同时把室内污染的空气直接或经过净化处理后排放到室外大气中去。局部通风是采取局部气流,使局部地点不受有害物质的污染,从而造成良好的工作环境。

(二)按照通风系统的作用动力可分为自然通风和机械通风

自然通风是利用室外风力造成的风压以及室内外温度差产生的热压使空气流动的通风方式,机械通风是依靠风机的动力使室内外空气流动的通风方式。

在通风系统设计时,先考虑局部通风,若达不到要求,再采用全面通风。另外,还要考虑建筑设计和自然通风的配合。

四、机械通风

(一)全面通风

对整个车间全面均匀地进行送风的方式称为全面送风(见图6-1)。全面送风可以利用自然通风或机械通风来实现。全面机械送风系统利用风把室外大量新鲜空气经过风道、风口不断送入室内,将室内污染空气排至室外,把室内有害物质浓度稀释到国家卫生标准的允许浓度以下。

对整个车间全面均匀进行排气的方式称为全面排风(见图6-2)。全面排风系统既可利用自然排风,也可利用机械排风。全面机械排风系统利用全面排风将室内的有害气体排出,而进风来自不产生有害物的邻室和本房间的自然进风,这样形成一定的负压,可防止有害物质向卫生条件较好的邻室扩散。

一个房间常常可采用全面送风和全面排风相结合的送排风系统,这样可较好地排除有害物质。对门窗密闭、自行排风或进风比较困难的场所,可通过调整送风量和排风量的大小,使房间保持一定的正压或负压。

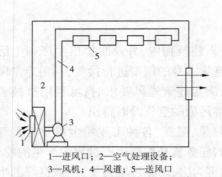

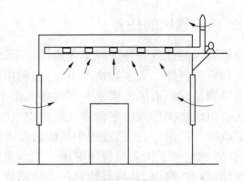

1—进风口；2—空气处理设备；
3—风机；4—风道；5—送风口

图 6-1　全面机械送风(自然排风)　　　图 6-2　全面机械排风(自然送风)

(二)局部通风

1. 局部通风的分类与组成

局部送风是将符合要求的空气输送、分配给局部工作区,适用于产生有害物质的厂房,如图 6-3 所示。局部送风可直接将新鲜空气送至工作地点,这样既可改善工作区的环境条件,也利于节能。

局部排风是将有害物质在产生的地点就地排除,并在排除之前不与工作人员相接触。与全面通风相比较,局部排风既能有效地防止有害物质对人体的危害,又能大大减少通风量,如图 6-4 所示。局部排风系统由排风罩、风管、净化设备和风机等组成。

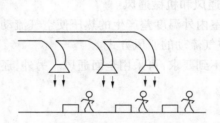

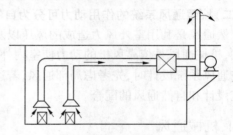

图 6-3　局部送风系统示意图　　　图 6-4　局部排风系统示意图

2. 局部排风的净化和除尘

(1)有害气体的净化处理。生产过程和生活活动中经常产生各种有害气体,含有有害气体的废气直接排入大气,将会造成大气污染,破坏环境。为此,含有有害气体的废气排入大气之前,必须进行净化处理。有害气体的净化处理方法一般有:①燃烧法;②吸附法;③吸收法;④冷凝法。

(2)除尘。除尘设备常用的有以下几种:重力除尘,电除尘,旋风除尘,湿式除尘,过滤式除尘等。

五、自然通风

自然通风是借助于自然压力——"风压"或"热压"促使空气流动的,它是一种比较经济的通风方式,不消耗动力,可以获得巨大的通风换气量。

在图 6-5、图 6-6 所示的两种自然通风方式中,空气是通过建筑围护结构的门、窗孔口进出房间的,也可由通风管上的调节阀门以及窗户的开度控制风量的大小,因此称为有组织的自然通风。

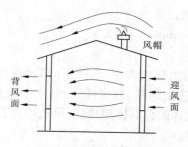
图6-5 风压作用的自然通风

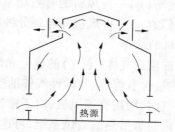
图6-6 热压作用的自然通风

自然通风由于作用力较小,一般情况下不能对进风和排风进行处理。风压与热压均受自然条件的影响,通风效果不稳定。

六、通风系统的主要设备和构件

(一)风机

1. 离心式风机和轴流式风机的结构原理

(1)离心式风机主要由叶轮、机壳、风机轴、进风口、电动机等部分组成,叶轮上有一定数量的叶片,机轴由电动机带动旋转,由进风口吸入空气,在离心力的作用下空气被抛出叶轮甩向机壳,获得了动能与压能,由出风口排出。当叶轮中的空气被压出后,叶轮中心处形成负压,此时室外空气在大气压力作用下由吸风口吸入叶轮,再次获得能量后被压出,形成连续的空气流动,如图6-7所示。

(2)轴流式风机主要由叶轮、机壳、机轴、进风口、电动机等部分组成,它的叶片安装于旋转的轮毂上,叶片旋转时将气流吸入并向前方送出。风机的叶轮在电动机的带动下转动时,空气由机壳一侧吸入,从另一侧送出。我们把这种空气流动与叶轮旋转轴相互平行的风机称为轴流式风机,如图6-8所示。

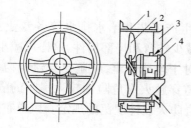
1—圆筒形机壳;2—叶轮;
3—进风口;4—电动机
图6-7 离心式风机的构造示意图

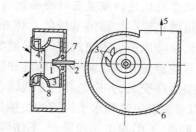
1—叶轮;2—机轴;3—叶片;4—吸气口;
5—出口;6—机壳;7—轮毂;8—扩压环
图6-8 轴流式风机的构造示意图

2. 风机的基本性能参数

(1)风量(L)——风机在标准状况下工作时,单位时间内所输送的气体体积,m³/h;

(2)全压(或风压(P))——每立方米空气通过风机应获得的动压和静压之和,Pa;

（3）轴功率（N）——电动机施加在风机轴上的功率，kW；

（4）有效功率（N_x）——空气通过风机后实际获得的功率，kW；

（5）效率（η）——风机的有效功率与轴功率的比值；

（6）转数（n）——风机叶轮每分钟的旋转数，r/min。

3.风机的选择

根据被输送气体（空气）的成分和性质以及阻力损失大小，选择不同类型的风机。例如：用于输送含有爆炸、腐蚀性气体的空气时，需选用防爆、防腐性风机；用于输送含尘浓度高的空气时，用耐磨通风机；对于输送一般性气体的公共民用建筑，可选用离心式风机；对于车间内防暑散热的通风系统，可选用轴流式风机。

4.风机的安装

输送气体用的中、大型离心式风机一般应安装在混凝土基础上，轴流式风机通常安装在风道中间或墙洞中。在风管中间安装时，可将风机装在用角钢制成的支架上，再将支架固定在墙上、柱上或混凝土楼板的下面。对于对隔振有特殊要求的情况，应将风机装置在减振台座上。

（二）风管及风道

1.风管与风道的材料及保温处理

在通风空调工程中，管道及其部件可用普通薄钢板、镀锌钢板、铝板、不锈钢板、硬聚氯乙烯塑料板、复合风管（玻纤铝箔复合风管、酚醛铝箔复合风管、聚氨酯铝箔复合风管等）及砖、混凝土、玻璃、矿渣石膏板等制成。风道的断面形状有圆形和矩形。圆形风道的强度大、阻力小、耗材少，但占用空间大，不易与建筑结构配合。对于流速高、管径小的除尘和高速空调系统，或是需要暗装时，可选用圆形风道。矩形风道容易布置，易于和建筑结构配合，便于加工。对于低流速、大断面的风道，多采用矩形。

风道在输送空气过程中，如果要求管道内空气温度维持恒定，应考虑风道的保温处理问题。保温材料主要有软木、泡沫塑料、玻璃纤维板等，保温厚度应根据保温要求进行计算，或采用带保温的通风管道。

2.风管与风道的布置及断面面积的确定

风道的布置应和通风系统的总体布局，土建、生产工艺和给水排水等各专业互相协调、配合，应使风道少占建筑空间，尽量缩短管线、减少转弯和局部构件，这样可减小阻力。风道布置应避免穿越沉降缝、伸缩缝和防火墙等；对于埋地管道，应避免与建筑物基础或生产设备底座交叉，并应与其他管线综合考虑；风道穿越火灾危险性较大房间的隔墙、楼板处，以及垂直风道和水平风道的交接处，均应符合防火设计规范的规定。风道布置应力求整齐美观，不影响工艺和采光，不妨碍生产操作。

另外，要考虑风道和建筑物本身构造的密切结合。如：民用建筑的竖直风道通常砌筑在建筑物的内墙里，为了防止结露和影响自然通风的作用压力，竖直风道一般不允许设在外墙中，否则应设空气隔离层。对采用锯齿屋顶结构的纺织厂，可将风道与屋顶结构合为一体。

（三）室内送、排风口

室内送、排风口的位置决定了通风房间的气流组织形式。室内送风口的形式有多种，如图6-9所示。最简单的形式就是在风道上开设孔口，孔口可开在侧部或底部，用于侧向和下向送风。图6-9(a)所示的送风口没有任何调节装置,不能调节送风流量和方向;图6-9(b)为插板式风口,插板可用于调节孔口的大小,这种风口虽可调节送风量,但不能控制气流的方向。常用的送风口还有百叶式送风口,如图6-10所示。对于布置在墙内或暗装的风道,可采用这种送风口,将其安装在风道末端或墙壁上。百叶式送风口有单、双层和活动式、固定式之分,双层式不但可以调节风向,而且可以调节送风速度。

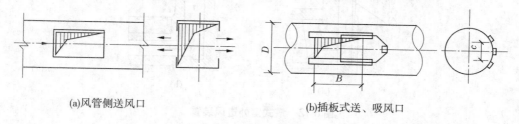

(a)风管侧送风口　　　　　　　　　　　(b)插板式送、吸风口

图6-9　简单的送风口

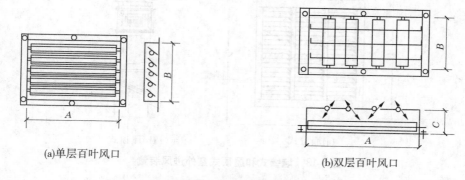

(a)单层百叶风口　　　　　　　　　　　(b)双层百叶风口

图6-10　百叶式送风口

在工业车间中往往需要大量的空气从较高的上部风道向工作区送风,而且为了避免工作地点有"吹风"的感觉,要求送风口附近的风速迅速降低,在这种情况下常用的室内送风口形式是空气分布器,如图6-11所示。

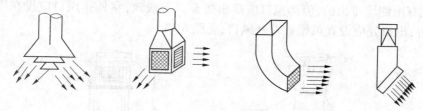

图6-11　空气分布器

室内排风口一般没有特殊要求,其形式种类也很多。通常多采用单层百叶式排风口,有时也采用水平排风道上开孔的孔口排风形式。

(四)进、排风装置

1. 室外进风装置

室外进风口是通风和空调系统采集新鲜空气的入口。根据进风室的位置不同,室外进风口可采用竖直风道塔式进风口,如图6-12(a)所示为贴附于建筑物的外墙上,图6-12

（b）所示为做成离开建筑物而独立的构筑物。

还可以采用在墙上设百叶窗或在屋顶上设置成百叶风塔的形式,见图6-13。

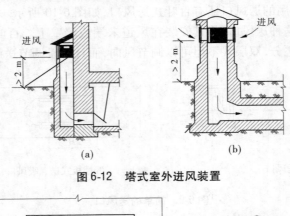

图6-12　塔式室外进风装置

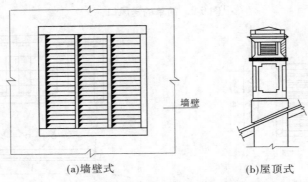

(a)墙壁式　　　　　　　(b)屋顶式

图6-13　墙壁式和屋顶式室外进风装置

2.室外排风装置

室外排风装置的任务是将室内被污染的空气直接排到大气中去。管道式自然排风系统通常通过屋顶向室外排风,排风装置的构造形式与进风装置相同,排风口也应高出屋面0.5 m以上,若附近设有进风装置,则应比进风口至少高出2 m。机械排风系统一般从屋顶排风,也有由侧墙排出的,但排风口应高出屋面。一般地,室外排风口应设在屋面以上1 m的位置,出口处应设置风帽或百叶风口,见图6-14。

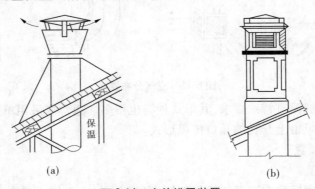

图6-14　室外排风装置

第二节　建筑物的防火排烟系统

一、火灾烟气的控制原理

烟气控制的主要目的是在建筑物内创造无烟或烟气含量极低的疏散通道或安全区。烟气控制的实质是控制烟气合理流动,也就是使烟气不流向疏散通道、安全区和非着火区,而向室外流动。基于以上目的,通常用防烟与排烟两种方法对烟气进行控制。

(一)防烟系统

通常,我们对安全疏散区采用加压防烟方式来达到防烟的目的。加压防烟就是凭借机械力,将室外新鲜的空气送入应该保护的疏散区域,如前室、楼梯间、封闭避难层(间)等,以提高该区域的室内压力,阻挡烟气的侵入。系统通常由加压送风机、风道和加压送风口等组成,如图6-15所示。

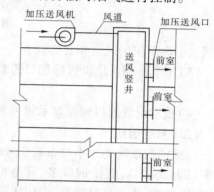

图6-15　防烟系统的组成

(二)排烟系统

利用自然或机械作用力,将烟气排到室外,称之为排烟。利用自然作用力的排烟称为自然排烟;利用机械(风机)作用力的排烟称为机械排烟。排烟的部位有两类:着火区和疏散通道。着火区排烟的目的是将火灾时产生的烟气(包括空气受热膨胀的体积)排到室外,降低着火区的压力,不使烟气流向非着火区,以利于着火区的人员疏散及救火人员的扑救。疏散通道的排烟是为了排除可能侵入的烟气,保证疏散通道无烟或少烟,利于人员安全疏散及救火人员的通行。

二、自然排烟

自然排烟是利用热烟气产生的浮力、热压或其他自然作用力使烟气排出室外。自然排烟有两种方式:①利用外窗或专设的排烟口排烟,如图6-16(a)、(b)所示。②利用竖井排烟,如图6-16(c)所示,利用专设的竖井,即相当于专设一个烟囱,这种排烟方式实质上利用的是烟囱效应原理。在竖井的排出口设避风风帽,还可以利用风压的作用。但是,由于烟囱效应产生的热压很小,而排烟量又大,故需要竖井的截面和排烟风口的面积都很大,如此大的面积很难为建筑业主和设计人员所欢迎。因此,我国并不推荐使用这种排烟方式。

三、机械排烟

(一)系统布置

(1)排烟气流应与机械加压送风的气流合理组织,并尽量考虑与疏散人流方向相反。

(2)为防止风机超负荷运转,排烟系统竖直方向可分成数个系统,不过不能采用将上

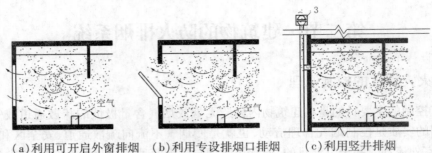

（a）利用可开启外窗排烟 （b）利用专设排烟口排烟 （c）利用竖井排烟

1—火源;2—排烟风口;3—避风风帽

图 6-16 自然排烟

层烟气引向下层的风道布置方式。

（3）每个排烟系统设置排烟口的数量不宜超过 30 个，以减少漏风量对排烟效果的影响。

（4）独立设置的机械排烟系统可兼作平时通风排气使用。

（二）系统组成

机械排烟系统的大小与布置应考虑排烟效果、可靠性与经济性。如系统服务的房间过多（即系统大），则排烟口多、管路长、漏风量大、最远点的排烟效果差，水平管路太多时，布置困难，优点是风机少、占用房间面积小。如系统小，则恰好相反。下面介绍在高层建筑常见部位的机械排烟系统。

1. 内走道的机械排烟系统

内走道每层的位置相同，因此宜采用垂直布置的系统，如图 6-17 所示。当任何一层着火后，烟气将从排烟风口吸入，经管道、风机、百叶风口排到室外。系统中的排烟风口可以是一常开型风口，如铝合金百叶风口，但在每层的支管上都应装设排烟防火阀。它是一常闭型阀门，由控制中心通 24 V 直流电开启或手动开启，在 280 ℃时自动关闭，复位必须手动。它的作用是当烟温达到 280 ℃时，人已基本疏散完毕，排烟已无实际意义；而烟气中此时已带火，阀门自动关闭，以避免火势蔓延。系统的排烟风口也可以用常闭型的排烟防火口，而取消支管上的排烟防火阀。火灾时，该风口由控制中心通 24 V 直流电开启或手动开启；当烟温达到 280 ℃时自动关闭，复位则必须手动。排烟风机房入口也应装排烟防火阀，以防火势蔓延到风机房所在层。

排烟风口的作用距离不得超过 30 m，当走道太长，需设两个或两个以上排烟风口时，可以设两个或两个以上与图 6-17 相同的垂直系统；也可以只用一个系统，但每层应设水平支管，支管上设两个或两个以上排烟风口。

2. 多个房间（或防烟分区）的机械排烟系统

地下室或无自然排烟的地面房间设置机械排烟系统时，每层宜采用水平连接的管路系统，然后用竖风道将若干层的子系统合为一个系统，如图 6-18 所示。图中排烟防火阀的作用同图 6-17，但排烟风口是一常闭型风口，火灾时由控制中心通 24 V 直流电开启或手动开启，但复位必须手动。排烟风口布置原则是，其作用距离不得超过 30 m。当每层房间很多，水平排烟风管布置困难时，可以分设几个系统。每层的水平风管不得跨越防火分区。

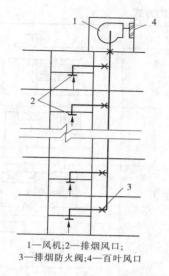

1—风机;2—排烟风口;
3—排烟防火阀;4—百叶风口

图6-17　内走道机械排烟系统

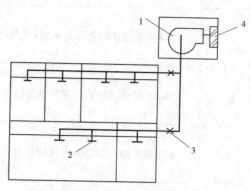

1—风机;2—排烟风口;3—排烟防火阀;
4—金属百叶风口

图6-18　多个房间的机械排烟系统

四、加压防烟送风系统

(一)加压防烟送风系统的设置

加压防烟送风是一种有效的防烟措施,但它的造价高,一般只有重要建筑和重要的部位才用这种加压防烟送风措施。根据现行《高层民用建筑设计防火规范》规定,高层建筑如下部位应设机械加压防烟送风的防护措施:

(1)不具备自然排烟条件的防烟楼梯间、消防电梯间前室或合用前室。

(2)采用自然排烟措施的防烟楼梯间,其不具备自然排烟条件的前室。

(3)带裙房的高层建筑防烟楼梯间及其前室、消防电梯间前室或合用前室,当裙房以上部分利用可开启外窗进行自然排烟,裙房部分不具备自然排烟条件时,其前室或合用前室应设置局部机械加压防烟送风系统。

(4)封闭避难层。

(二)加压防烟送风系统的方式

防烟楼梯间及其前室、消防电梯间前室及合用前室的加压防烟送风系统的方式见表6-2。

(1)加压送风机的全压,除计算系统风道压力损失外,尚有下列余压值:防烟楼梯间50 Pa,前室或合用前室为25 Pa,封闭式避难层为25 Pa。

(2)防烟楼梯间的加压送风口宜每隔2~3层设一个风口,风口应采用自垂式百叶风口或常开百叶风口。当采用常开百叶风口时,应在加压风机的压出管上设置单向阀。

(3)前室的送风口应每层设置一个,每个风口的有效面积按1/3系统总风量确定。当设计为常闭型时,发生火灾只开启着火层的风口。风口应设手动和自动开启装置,并应与加压送风机的启动装置连锁,手动开启装置宜设在距地面0.8~1.5 m处;如每层风口设计为常开百叶风口,应在加压风机的压出管上设置单向阀。

表 6-2 加压防烟送风系统的方式

序号	加压防烟送风系统方式	图示
1	仅对防烟楼梯间加压送风时(前室不加压)	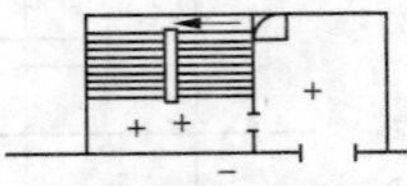
2	对防烟楼梯间及其前室分别加压	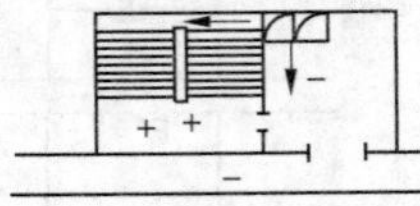
3	对防烟楼梯间及消防电梯间的合用前室分别加压	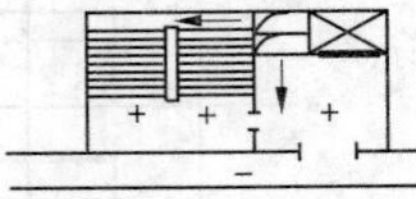
4	仅对消防电梯间的前室加压	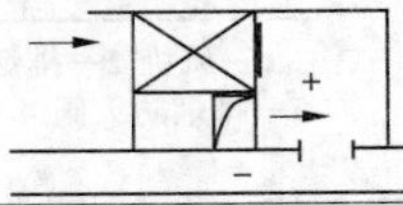
5	当防烟楼梯间具有自然排烟条件时,仅对前室及合同前室加压	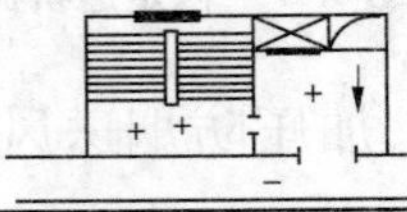

注:图示中" ＋＋"、" ＋"、" －"表示各部位压力的大小。

　　(4)加压空气,可通过走廊或房间的外窗、竖井自然排出,也可利用走廊的机械排烟装置排出。

五、防火排烟系统的设备部件

　　防火排烟系统装置的目的是当建筑物着火时,保障人们安全疏散及防止火灾进一步蔓延。其设备和部件均应在发生火灾时运行和起作用,因此产品必须经过公安消防监督部门的认可并颁发消防生产许可证方能有效。

　　防火排烟系统的设备及部件主要包括防火阀、排烟阀(口)、压差自动调节阀、余压阀及专用排烟轴流式风机、自动排烟窗等。

　　(一)防火阀、排烟阀(口)的分类

　　防火阀、排烟阀(口)的分类见表 6-3。

　　(二)排烟风机

　　排烟风机主要有离心式风机和轴流式风机,还有自带电源的专用排烟风机。排烟风机应有备用电源,并应有自动切换装置;排烟风机应耐热、变形小,使其在排送 280 ℃ 烟气时连续工作 30 min 仍能达到设计要求。

　　离心式风机在耐热性能与变形等方面比轴流式风机优越。经有关部门试验表明,其在排送 280 ℃ 烟气时,连续工作 30 min 是完全可行的。其不足之处是风机体形较大,占地面积大。

　　用轴流式风机排烟,其电动机装置应安装在风管外,或者采用冷却轴承装置。目前国内已经生产出专用排烟轴流式风机,其设置方便,占地面积小。

表6-3　防火阀、排烟阀(口)基本分类

类别	名称	性能	用途
防火类	防火阀	空气温度达到70 ℃时,阀门熔断器自动关闭,可输出联动电信号	用于通风空调系统的风管内,防止火势沿风管蔓延
	防烟防火阀	靠烟感器控制动作,用电信号通过电磁铁关闭(防烟),还可用70 ℃温度熔断器自动关闭(防火)	用于通风空调系统的风管内,防止火势沿风管蔓延
防烟类	加压送风口	靠烟感器控制动作,通电信号开启,也可手动(或远距离缆绳)开启,可设280 ℃温度熔断器防火关闭装置,输出动作电信号,联动加压风机开启	用于加压防烟送风系统的风口
排烟类	排烟阀	通电信号开启或手动开启,输出开启电信号,联动排烟风机开启	用于排烟系统的风管上
	排烟防火阀	通电信号开启或手动开启,设280 ℃温度熔断器防火关闭装置,输出电信号	用于排烟风机系统或排烟风机入口的管段上
	排烟口	通电信号开启,也可远距离缆绳开启,输出电信号,联动排烟机开启,可设280 ℃温度熔断器重新关闭装置	用于排烟部位的顶棚和墙壁
	排烟窗	靠烟感器控制动作,通电信号开启,还可用缆绳手动开启	用于自然排烟处的外墙上
分隔类	防火卷帘	用于不能设置防火墙或水幕保护处	划分防火分区
	挡烟垂壁	手动或自动控制	划分防烟分区

以蓄电池为电源的专用排烟风机,其蓄电池的容量应能使排烟风机连续运行30 min;对自带发电机的排烟风机,应在其风机房内设置能排除余热的全面通风系统。

第三节　空调系统的分类与组成

空气调节系统,简称空调系统,是指能够对空气进行净化、冷却、干燥、加热、加湿等环节处理,并促使其流动的设备系统。空气调节系统以空气作为介质,通过其在空调房间内的流通,使空调房间内的温度、湿度、洁净度和空气的流动速度等参数指标控制在规定的范围内。

一、空调系统的任务与组成

空调系统的任务是在建筑物中创造一个适宜的空气环境,将空气的温度、相对湿度、气流速度、洁净度和气体压力等参数调节到人们需要的范围内,以保证人们的健康,提高工作效率,确保各种生产工艺的要求,满足人们对舒适生活环境的要求。

空调系统通常由空气处理、空气输送、空气分配、冷(热)源、冷(热)媒输送部分组成,如图6-19所示。空气处理部分包括空气过滤器、冷却器(喷水室)、加热器等各种热湿处理设备,作用是将送风进行处理,达到设计要求的送风状态。空气输送部分包括风机、风管、风量调节装置等,作用是将处理后的空气输送到空调房间。空气分配部分包括各种类型的风口,作用是合理地组织室内气流,使气流均匀分布。冷(热)源部分的作用是提供冷却器(喷水室)、加热器等设备所需的冷媒水和热水(蒸汽)。冷(热)媒输送部分包括泵和管道,作用是将冷(热)媒输送到空气处理设备。

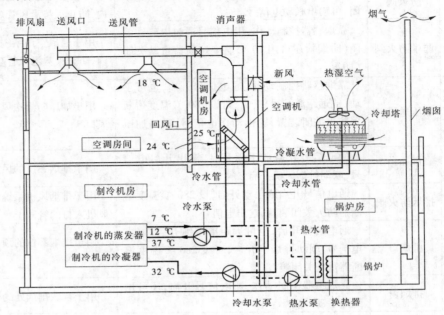

图 6-19　集中式空调系统示意图

二、空调系统的分类

空调系统的分类方法有多种。

(一)按用途分类

以建筑热湿环境为主要控制对象的空调系统,按其用途或服务对象不同可分为如下两类:

(1)舒适性空调系统,简称舒适空调,是为室内人员创造舒适健康环境的空调系统。舒适健康的环境令人精神愉快、精力充沛,工作学习效率提高,有益于身心健康。办公楼、旅馆、商店、影剧院、图书馆、餐厅、体育馆、娱乐场所、候机或候车大厅等建筑中所用的空调都属于舒适空调。由于人的舒适感在一定的空气参数范围内,所以这类空调对温度和湿度的波动要求并不严格。

(2)工艺性空调系统,又称工业空调,是为生产工艺过程或设备运行创造必要环境条件的空调系统,工作人员的舒适要求有条件时可兼顾。由于工业生产类型不同,各种高精度设备的运行条件也不同,因此工艺性空调的功能、系统形式等差别很大。例如,半导体元器件生产对空气中含尘浓度极为敏感,要求有很高的空气净化程度;棉纺织车间对相对湿度要求很严格,一般控制在 70% ~ 75%;计量室要求全年基准温度为 20 ℃,波动为 ±1 ℃;抗菌素生产要求无菌条件,等等。

（二）按空气处理设备的设置情况分类

（1）集中式空调系统。集中式空调系统又称中央空调系统。所谓中央空调系统是指在同一建筑物内对空气进行净化、冷却（或加热）、加湿（或去湿）等处理，输送和分配的空调系统。其特点是空气处理设备和送、回风机等集中设置在空调机房内，通过送、回风管道与被调节的空调场所相连，对空气进行集中处理和分配。

集中式空调系统有集中的冷源和热源，称为冷冻站和热交换站。集中式空调系统处理空气量大，运行可靠，便于管理和维修，但机房占地面积较大。

（2）半集中式空调系统。半集中式空调系统建立在集中式空调系统的基础上，先将空调房间需要的一部分空气进行集中处理后，由风管送入各房间，与各空调房间的空气处理装置（诱导器或风机盘管）进行处理的二次风混合后再送入空调区域（空调房间），从而使各空调区域（空调房间）根据各自不同的具体情况，获得较为理想的空气处理效果。此种系统适用于空调房间较多，且各房间要求单独调节的建筑物。

集中式空调系统和半集中式空调系统均可称为中央空调系统。

（3）分散式空调系统（见图6-20）。也可称为局部式空调系统，它的特点是将空气处理设备分散放置在各空调房

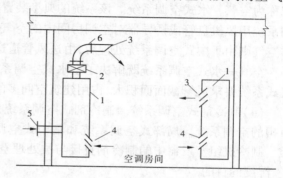

1—空调机组；2—电加热器；3—送风口；
4—回风口；5—新风口；6—送风管道

图6-20　分散式空调系统

间内，安装方便，灵活性大，并且各房间之间没有风道相通，有利于防火。我们常见的分体式空调器就属于此类。

（三）按负担室内热湿负荷所用的工作介质分类

不同介质的空调系统如图6-21所示。

（1）全空气式空调系统。全空气式空调系统是指空调房间内的余热、余湿全部由经过处理的空气来负担的空调系统。全空气式空调系统在夏季运行时，房间内如有余热和余湿，可将低于室内空气温度和含湿量的空气送入房间内，吸收室内的余热、余湿，来调节室内空气的温度、相对湿度、气流速度、洁净度和气体压力等参数，使其满足空调房间对参数的要求。由于空气的比热容小，用于吸收室内余热、余湿的空气需求量大，所以全空气

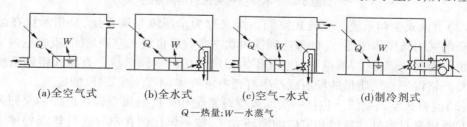

(a)全空气式　　　(b)全水式　　　(c)空气-水式　　　(d)制冷剂式

Q—热量；W—水蒸气

图6-21　不同介质的空调系统

式空调系统要求的风管截面面积较大,占用建筑空间较多。

（2）全水式空调系统。空调房间内的余热、余湿全部由冷水或热水来负担的空调系统称为全水式空调系统。全水式空调系统在夏季运行时,用低于空调房间内空气露点温度的冷水送入室内空气处理装置——风机盘管机组（或诱导器）,由风机盘管机组（或诱导器）与室内的空气进行热湿交换;冬季运行时,用热水送入风机盘管机组（或诱导器）与室内的空气进行热交换,使室内空气升温,以满足设计状态的要求。由于水的比热容及密度比空气大,所以全水式空调系统的管道占用空间的体积比全空气式空调系统的管道占用空间的体积要小,能够节省建筑物空间,其缺点是不能解决房间通风换气的问题。

（3）空气－水式空调系统。空调房间内的余热、余湿由空气和水共同负担的空调系统称为空气－水式空调系统。该系统的典型装置是风机盘管和新风系统。空气—水式空调系统用风机盘管或诱导器对空调房间内的空气进行热湿处理,而空调房间所需要的新鲜空气则由集中式空调系统处理后,由送风管道送入各空调房间。

空气—水式空调系统既解决了全水式空调系统无法通风换气的困难,又克服了全空气式系统要求风管截面面积大、占用建筑空间多的缺点。

（4）制冷剂式空调系统。制冷剂式空调系统是指空调房间的热湿负荷直接由制冷剂负担的空调系统。局部式空调系统和集中式空调系统中的直接蒸发式表冷器就属于此类。制冷机组蒸发器中的制冷剂直接与被处理空气进行热交换,以达到调节室内空气温度、湿度的目的。

（四）按集中式空调系统处理的空气来源分类

不同空气来源的空调系统如图 6-22 所示。

（1）循环式空调系统。循环式空调系统又称为封闭式空调系统,或全回风式系统。它是指空调系统在运行过程中全部采用循环风的调节方式。此系统不设新风口和排风口,只适用于人员很少进入或不进入,只需要保障设备安全运行而进行空气调节的特殊场所。

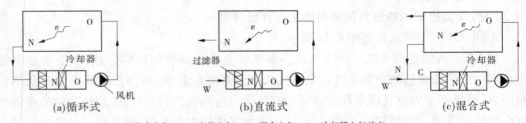

N—室内空气；W—室外空气；C—混合空气；O—冷却器空气状态

图 6-22　不同空气来源的空调系统

（2）直流式空调系统。直流式空调系统又称为全新风空调系统,是指系统在运行过程中全部采用新风作风源,经处理达到送风状态参数后再送入空调房间,吸收室内空气的热湿负荷后又全部排掉,不用室内空气作为回风使用的空调系统。直流式空调系统多用于需要严格保证空气质量的场所或产生有毒有害气体、不宜使用回风的场所。

（3）混合式空调系统。包括一次回风空调系统和二次回风空调系统。一次回风空调系统是指将来自室外的新风和室内的循环空气,按一定比例在空气进行热湿处理之前进行混合,经过处理后再送入空调房间的空调系统。一次回风空调系统应用较为广泛,被大多数空调系统所采用。二次回风空调系统是在一次回风空调系统的基础上,将室内回风分成两部分,分别引入空气处理装置,其中一部分经一次回风装置处理后,与另一部分没有经过处理的空气(称为二次回风)混合,然后送入空调房间内。二次回风系统与一次回风系统相比更为经济、节能。

三、半集中式空调系统

半集中式空调系统主要包括风机盘管加新风系统、诱导空调系统、空调—水辐射板系统等。风机盘管加新风系统是空气–水式空调系统的一种主要形式,也是目前我国多层或高层民用建筑中采用最为普遍的一种空调方式。它以投资少、占用空间小和使用灵活等优点广泛应用于各类建筑中。

风机盘管加新风系统具有各空气调节区可单独调节,比全空气式空调系统节省空间,比带冷源的分散设置的空气调节器和变风量系统造价低廉等优点,目前仍在宾馆客房、办公室等建筑中大量采用。

(一)风机盘管机组的组成及工作原理

由通风机、盘管和过滤器等部件组装成一体的空气调节设备,称为风机盘管机组。风机盘管机组属于半集中式空调系统的末端装置。习惯上将使用风机盘管机组作为末端装置的空调系统叫做风机盘管空调系统。

1. 风机盘管的型号

风机盘管的型号表示方法如下:

$$FP - \boxed{1}\boxed{2}\boxed{3}\boxed{4}\boxed{5}$$

其中:FP——产品名称代号,表示"风机盘管";

1——名义风量,阿拉伯数字×100 m³/h;

2——结构形式代号;

3——安装形式代号;

4——进水方向代号;

5——特性差异代号。

风机盘管机组各代号所代表的意义如表6-4所示。

表6-4 风机盘管机组代号

项目		代号
结构形式	立式	L
	卧式	W
安装形式	明装	M
	暗装	A
进水方向	右进水	Y
	左进水	Z
特性差异	组合盘管	Z
	有静压	Y

2. 风机盘管机组的结构

风机盘管机组由风机、风机电动机、盘管、空气过滤器、凝水盘和箱体等部件组成,如图 6-23 所示。

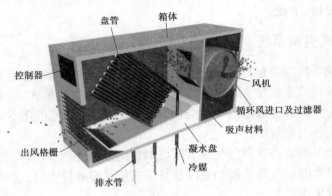

图 6-23 风机盘管构造(卧式)

(1)风机:有两种形式,即离心式风机和贯流式风机。风机的风量为 250 ~ 2 500 m³/h。风机叶轮材料为镀锌钢板、铝板或工程塑料等。

(2)风机电动机:风机电动机一般采用单相电容运转式电动机,通过调节电动机的输入电压来改变风机电动机的转速,使风机具有高、中、低三档风量,以实现风量调节的目的。国产 FP 系列风机电动机均采用含油轴承,在使用过程中不用加入润滑油,可连续运行 10 000 h 以上。

(3)盘管:盘管一般采用的材料为铜,用铝片作其肋片(又称为翅片)。铜管外径一般为 10 mm,壁厚 0.5 mm 左右,铝片厚度为 0.15 ~ 0.2 mm,片距 2 ~ 2.3 mm。在制造工艺上,采用胀管工艺,这样既能保证管与肋片间的紧密接触,又提高了盘管的导热性能。盘管的排数有两排、三排或四排等类型。

(4)空气过滤器:空气过滤器一般采用粗孔泡沫塑料、纤维织物或尼龙编织物等材料制作。

(二)风机盘管的新风供给方式

风机盘管的新风供给方式一般有四种,见图 6-24。如果新风风管与风机盘管吸入口相接或只送到风机盘管的回风吊顶处,将减少室内的通风量,当风机盘管风机停止运行时,新风有可能从带有过滤器的回风口吹出,不利于室内卫生;对于新风和风机盘管的送风混合后再送入室内的情况,送风和新风的压力难以平衡,有可能影响新风的送入量。因此,推荐新风直接送入室内的方式。

风机盘管采用独立的新风供给系统时,在气候适宜的季节,新风系统可直接向空调房间送风,以提高整个空调系统运行的灵活性和经济性。新风经过处理后再送入房间,使风机盘管负荷减少。这样,在夏季运行时,盘管大量结露的现象可以得到改善。我国近年新建的风机盘管空调系统大都采用独立的新风供给方案。

四、分散式空调系统

分散式空调系统是空调房间的负荷由制冷剂直接负担的系统。制冷系统蒸发器或冷

②新风由新风机组处理后经风机盘管送入房间

③新风由墙洞引入直接送入房间

①新风由新风机组独立送入房间

新风空调箱

④新风由墙洞引入房间机盘管处理后送入房间

图 6-24　风机盘管的新风供给方式

凝器直接从空调房间吸收(或放出)热量。

空调机组是由空气处理设备(空气冷却器、空气加热器、加湿器、过滤器等)、通风机和制冷设备(制冷压缩机、节流机构等)组成的空气调节设备。它由制造厂家整机供应,用户按机组规格、型号选用即可,不需对机组中各个部件与设备进行选择计算。目前,空调工程中最常见的机组式系统有房间空调器系统、单元式空调机系统等。

(一)分散式空调系统的特点

与集中式空调系统相比,分散式系统具有如下特点:

(1)空调机组具有结构紧凑、体积小、占地面积小、自动化程度高等特点。

(2)机组分散布置,可以使各空调房间根据自己的需要停开各自的空调机组,以满足各种不同的使用要求,因此机组系统使用灵活方便;同时,各空调房间之间也不会相互污染、串声,发生火灾时,也不会通过风道蔓延,对建筑防火有利。但是,分散布置使维修与管理较麻烦。

(3)热泵式空调机组的发展很快。热泵式空调机组系统是具有显著节能效益和环保效益的空调系统。

(4)空调机组能源的选择和组合受限制,目前普遍采用电力驱动;设备使用寿命短,一般约 10 年。

(5)机组系统对建筑物外观有一定影响。安装房间空调机组后,会破坏原有的建筑立面。另外,噪声、凝结水、冷凝器热风对环境会造成污染。

(二)分散式空调系统的分类

1.按空调机组的外形分类

(1)单元柜式空调机组。单元柜式空调机组是把制冷压缩机、冷凝器、蒸发器、通风机、空气过滤器、加热器、加湿器、自动控制装置等组装在柜式箱体内,可直接安装在需要开通的房间或邻室内。目前,国产单元柜式空调机组制冷量范围为 7 ~ 116.3 kW,最常见的制冷量为 23 kW 和 35 kW。

(2)窗式空调器。窗式空调器是安装在窗口上或外墙上的一种小型房间空调器。其制冷量一般为 1.5 ~ 7 kW,压缩机功率为 0.4 ~ 2.2 kW,电源可为单相,也可为三相。

(3)分体式空调机组。分体式空调机组是把制冷压缩机、冷凝器(热泵运行时为蒸发器)同室内空气处理设备分开安装的空调机组。冷凝器与压缩机一起组成一机组,一般置于室外,称室外机;空气处理设备组成另一机组,置于室内,称室内机。室内机有壁挂式、落地式、吊顶式、嵌入式等。室内机与室外机之间用制冷剂管道连接。

2. 按空调机组制冷系统的工作情况分类

按空调机组制冷系统的工作情况,将空调机组分为热泵式空调机组和单冷式空调机组。热泵式空调机组通过换向器的变换,在冬季实现制热循环,在夏季实现制冷循环,而单冷式空调机组仅在夏季实现制冷循环。

3. 按空调机组中制冷系统的冷凝器的冷却方式分类

(1)水冷式空调机组。水冷式空调机组中的制冷系统以水作为冷却介质,用水带走其冷凝热。为了节约用水,用户一般要设置冷却塔,冷却水循环使用,通常不允许直接使用地下水和自来水。

(2)风冷式空调机组。风冷式空调机组中的制冷系统以空气作为冷却介质,用空气带走其冷凝热。其制冷系数要低于水冷式空调机组,但可免去用水的麻烦,无须设置冷却塔和循环水泵等,安装与运行简便。

下面对与我们生活相关的分体式房间空调器作一简要介绍:

房间空调器是一般采用风冷冷凝器、全封闭电动机,压缩机制冷量在 14 kW 以下的空调设备。按结构分,有整体式(代号为"C"),如窗机、穿墙机;分体式(代号为"F"),由室内机(有吊顶、壁挂、落地、嵌入等型式)和室外机组成。根据室外机和室内机的对应配置数量又分为一拖一(即一台室外机对应配置一台室内机)和一拖多(一台室外机对应配置多台室内机)型式。按功能分,有冷风型(单冷机,不加代号)、热泵型(代号为"R")、电热型(代号为"D")。按控制方式分,有转速恒定(简称定频)、转速可控(简称变频),其中直流变频是把交流电变成直流电,压缩机采用直流无刷电机进行变速,风机马达亦用相同方法变速的型式。

施工安装要点:室外机安装应符合《家用和类似用途空调器安装规范》(GB 17790—2008)的规定。沿街、人行道安装时,最低高度应大于 2.5 m;应留有充分的散热通风通道;安装应配选承重不低于 180 kg、做有防腐处理的优质支架;室外机尽量低于室内机或尽可能在一个平面上。室内外机连接管一般不宜超过 5 m,超过 5 m 时应考虑增加制冷剂的补液;冷凝水应排入建筑物外专设的冷凝水管中。

第四节　空气处理及设备

空气调节的核心任务就是将空气处理到所要求的送风状态,然后送入空调区以满足人体舒适标准或室内热湿标准要求及工艺对室内温度、湿度、洁净度等的要求。

对空气的处理主要通过加热、冷却、加湿、减湿、净化以及灭菌、除臭和离子化等过程予以实现,使它成为最终所需要的送风状态。

一、空气热湿处理原理

当空调房间的送风状态点及房间的送风量确定之后,下一步的问题就是如何对这些空气(即送风量)进行热湿处理,以便得到所需的送风参数。

按照空气与进行热湿处理的冷、热媒流体间是否直接接触,可以将空气的热湿处理分成两大类,即直接接触式和间接接触式。

直接接触式:所谓直接接触式,是指被处理的空气与冷、热媒流体彼此接触进行热湿交换。具体做法是让空气流过冷、热媒流体的表面或将冷、热媒流体直接喷淋到空气中。

间接接触式:间接接触式则要求与空气进行热湿交换的冷、热媒流体并不与空气相接触,而是通过设备的金属固体表面来进行热湿交换。

空气与水直接接触的热湿交换可以像大自然中空气和江、河、湖、海水表面所进行的热湿交换那样进行,也可以通过将水喷淋雾化形成细小的水滴后与空气进行热湿交换(在空调工程中直接接触的热交换设备是喷水室)。

与直接接触式热湿处理有所不同,间接接触式(表面式或间壁式)热湿处理依靠的是空气与金属固体表面相接触,在金属固体表面处进行热湿交换,热湿交换的结果将取决于金属固体表面的温度(在空调工程中间接接触的热湿交换设备是表冷器或称冷却器和加热器)。

常用的空气处理设备有:喷水室、空气加热器、空气冷却器、空气加湿器、除湿机、空气蒸发冷却器等。

二、喷水室的处理过程

喷水室主要由外壳、底池、喷嘴与排管、前后挡水板和其他管道及其配件组成(见图6-25)。

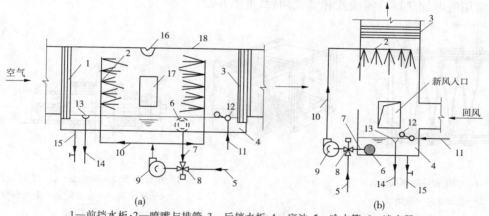

1—前挡水板;2—喷嘴与排管;3—后挡水板;4—底池;5—冷水管;6—滤水器;
7—回水管;8—三通混合阀;9—水泵;10—供水管;11—补水管;12—浮球阀;
13—溢水器;14—溢水管;15—泄水管;16—防水灯;17—检查门;18—外壳

图6-25 卧式和立式喷水室的构造

喷水室中将不同温度的水喷成雾滴与空气直接接触,或将水淋到填料层上,使空气与填料层表面形成的水膜直接接触,进行热湿交换,可实现多种空气热湿处理过程。同时,对空气还具有一定的净化能力,洗涤吸附空气中的尘埃和可溶性有害气体,并且在结构上易于实现工厂化制作和现场安装,金属耗量少,在以调节湿度为主的纺织厂、烟草厂及以去除有害气体为主要目的的净化车间等得到广泛的应用。但它有对水质卫生要求高、占地面积较大、水系统复杂、水泵耗能多、运行费用较高等缺点。

三、表面式换热器的处理过程

在空调工程中广泛使用表面式换热器。表面式换热器因具有构造简单、占地少、水质要求不高、水系统阻力小等优点，已成为常用的空气处理设备。表面式换热器包括空气加热器和空气冷却器两类。前者以热水或蒸汽作热媒，后者以冷水或制冷剂作冷媒。

表面式换热器是一些金属管的组合体，主要由肋管、联箱和护板等组成。由于空气侧的表面传热系数大大小于管内的热媒或冷媒的表面传热系数，为了增强表面式换热器的换热效果，降低金属耗量和减小换热器的尺寸，通常采用肋片管来增大空气一侧的传热面积，达到增强传热的目的。肋片管式换热器构造如图6-26所示。

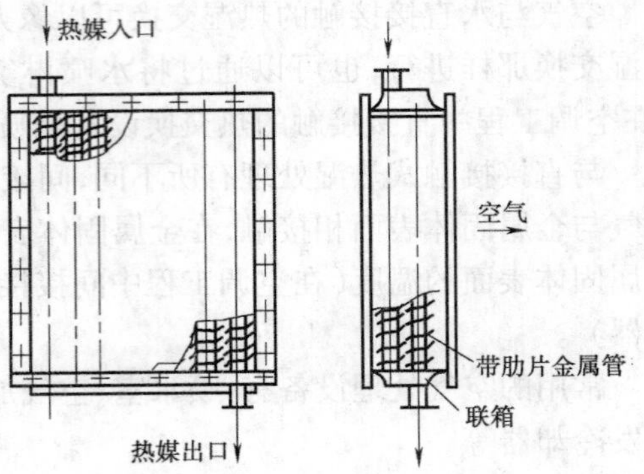

图6-26　肋片管式换热器

四、电加热器

电加热器是让电流通过电阻丝发热而加热空气的设备。电加热器利用的是高品位的热能，宜在小型空调系统中使用，在恒温精度要求较高的大型空调系统中，也常用电加热器控制局部加热或末端加热。

常用的电加热器有裸线式和管式两种，见图6-27。

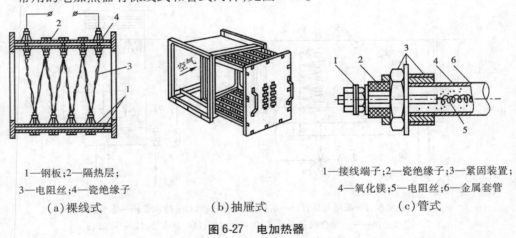

1—钢板；2—隔热层；
3—电阻丝；4—瓷绝缘子

（a）裸线式

（b）抽屉式

1—接线端子；2—瓷绝缘子；3—紧固装置；
4—氧化镁；5—电阻丝；6—金属套管

（c）管式

图6-27　电加热器

裸线式电加热器由裸露在空气中的电阻丝构成，通常做成抽屉式以便于维修。裸线式电加热器具有热惰性小、加热迅速、结构简单等优点。由于裸线式电加热器的电阻丝在使用时表面温度太高，会使黏附在电阻丝上的杂质分解，产生异味，影响空调房间内的空气质量。

管式电加热器的电阻丝在管内，在管与电阻丝之间填充有导热而不导电的氧化镁。管式电加热器具有寿命长、不漏电、加热均匀等优点，但其热惰性较大。

五、空气加湿器和除湿机的处理过程

(一)空气加湿设备

电极式加湿器是利用三根铜棒或不锈钢棒插入盛水的容器中作电极,电极和三相电源接通后,电流从水中通过,水的电阻产生的热量把水加热产生蒸汽,由蒸汽管送入空调房间中。水槽中设有溢水孔,可调节水位并通过控制水位,控制蒸汽的产生量。电极式加湿器如图6-28所示。

电热式加湿器(见图6-29)是将管状电热元件置入水槽内制成的。元件通电后加热水槽中的水,使之汽化。补水靠浮球阀自动调节,以免发生缺水烧毁现象。

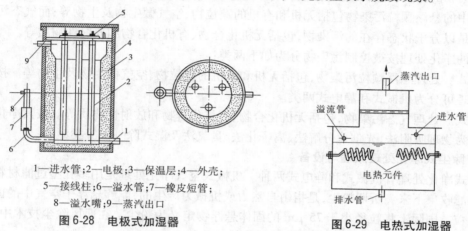

1—进水管;2—电极;3—保温层;4—外壳;
5—接线柱;6—溢水管;7—橡皮短管;
8—溢水嘴;9—蒸汽出口

图6-28 电极式加湿器

图6-29 电热式加湿器

(二)空气除湿设备

降低空气含湿量的处理过程称为除湿(降湿、减湿)处理。在某些生产工艺和产品储存要求空气干燥的场合;在地下工程(人工洞、洞库、国防工事、坑道等)的通风中,在南方某些气候比较潮湿或环境比较潮湿的地区,都会碰到空气减湿问题。

根据除湿机的工作原理,空气除湿机可分为:

(1)加热通风除湿。在空气含湿量不变的情况下,对空气加热,使空气相对湿度下降,以达到减湿的目的。

(2)机械除湿,见图6-30。利用电能使压缩机产生机械运动,使空气温度降低到其露点温度以下,析出水分后加热送出,从而降低了空气的含湿量。

机械除湿机由制冷系统、通风系统及控制系统组成。制冷系统采用单级压缩制冷,由压缩机、冷凝器、毛细管、蒸发器等实现制冷剂循环制冷,并使蒸发器表面温度降到空气露点温度以下。其工作原理是:当空气在通风系统的作用下经过蒸发

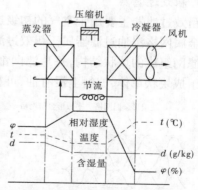

图6-30 制冷除湿机工作原理

器时,空气中的水蒸气就凝结成水而析出,空气的含湿量降低。然后,空气又经冷凝器,吸收

其散发的热量后温度升高,其相对湿度下降后,经通风系统返回室内,达到除湿的目的。

(3)吸附式除湿。利用某些化学物质吸收水分的能力而制成的除湿设备。

六、空气净化处理原理与设备

空调系统中,被处理的空气主要来自新风和回风,新风中有大气尘,回风中因室内人员活动和工艺过程的污染也带有微粒和其他污染物质。因此,一些空调房间或生产工艺过程,除对空气的温度和湿度有一定要求外,还对空气的洁净度有要求。空气净化指的是去除空气中的污染物质,以控制房间或空间内空气达到洁净要求的技术。

按污染物的存在状态,可将室内空气污染物分为悬浮颗粒污染物和气态污染物两大类。空气中的悬浮颗粒污染物包括无机和有机的颗粒物、空气微生物及生物等;而气态污染物指的是以分子状态存在的污染物,包括无机化合物、有机化合物和放射性物质等。

空气的净化处理按被控制污染物分为如下两类:

除尘式。处理悬浮颗粒污染物,包括无机和有机的颗粒物、空气微生物及生物等。按其净化机理可分为机械式和静电式两类。

除气式。处理气态污染物,包括无机化合物、有机化合物和放射性物质等。按其净化机理可分为物理吸附法、光催化分解法、离子化法、臭氧法及湿式除气法等类型。

(一)除尘式净化处理原理与设备

除尘式净化处理有机械式和静电式两种。机械式空气净化处理是用多孔型过滤材料把粉尘过滤收集下来。所谓粉尘,是指由自然力或机械力产生的,能够悬浮于空气中的固态微小颗粒。国际上将粒径小于 75 μm 的固体悬浮物定义为粉尘。在通风除尘技术中,一般将 1~200 μm 乃至更大粒径的固体悬浮物均视为粉尘。

含有粉尘的空气通过滤料时,粉尘就会与细孔四周的物质相碰撞,或者扩散到四周壁上被孔壁吸附而从空气中分离出来,使空气净化。对空调系统而言,空气中的微粒相对于工业除尘来说浓度低,尺寸小,对末级过滤效果要求高。因此,在空调中主要采用带有阻隔性质的过滤分离的方法除去空气中的微粒,即通过空气过滤器过滤的方法。

1. 粗效过滤器

粗效过滤器主要用于空气的初级过滤,过滤粒径在 10~100 μm 范围的大颗粒灰尘。

金属网格浸油过滤器属于粗效过滤器,它只起初步净化空气的作用。其通常为由一片片滤网组成的块状结构,每片滤网都由波浪状金属丝做成网格,如图 6-31 所示。片状网格组成块状单体,滤料上浸有油,可粘住被阻留的尘粒。

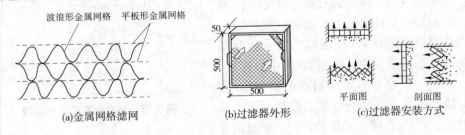

(a)金属网格滤网   (b)过滤器外形   (c)过滤器安装方式

图 6-31 金属网格浸油过滤器

这种过滤器的优点是容尘量大,但效率低。在安装时,把一个个块状单体做成"人"字形安装或倾斜安装,可以适当提高进风量,从而弥补效率低所带来的不足。

除此之外,粗效过滤器还有纤维类的尼龙网粗效过滤器和板式过滤器。

2. 中效过滤器

中效过滤器用于过滤粒径在 $1 \sim 10\ \mu m$ 范围的灰尘。

用于中效过滤器的滤芯选用玻璃纤维、中细孔泡沫塑料和无纺布。所谓无纺布,就是由涤纶、丙纶、腈纶合成的人造纤维。无纺布式过滤器一般做成抽屉式(如图 6-32 所示)和袋式(如图 6-33 所示)。中效过滤器所用的无纺布和泡沫塑料可清洗后连续使用,玻璃纤维则需更换。

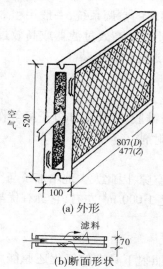
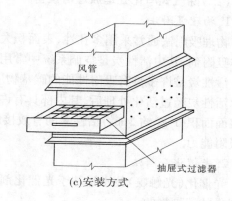

图 6-32　抽屉式过滤器

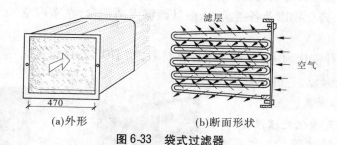

图 6-33　袋式过滤器

3. 高效及亚高效过滤器

高效过滤器及亚高效过滤器用于对空气洁净度要求较高的净化空调。用于高效过滤器的滤料为超细玻璃纤维、超细石棉纤维,纤维直径一般小于 $1\ \mu m$。滤料一般加工成纸状,称为滤纸。为了减小空气穿过滤纸的速度,需采用低滤速,这样就需要大大增加滤纸面积,因而高效过滤器经常做成折叠状(见图 6-34)。

对空气过滤器的选用,应主要根据空调房间的净化要求和室外空气的污染情况而定。对以温度、湿度要求为主的一般净化空调系统,通常只设一级粗效过滤器,在新风、回风混合之后或新风入口处采用一级过滤器即可。对有较高净化要求的空调系统,应设粗效和中效两级过滤器,在风机之后增加中效过滤器,其中第二级中效过滤器应集中

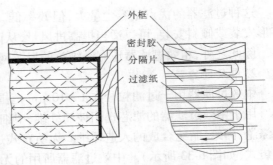

图 6-34　高效过滤器构造示意图

设在系统的正压段(即风机的出口段)。有高度净化要求的空调系统,一般用粗效和中效两级过滤器作预过滤,再根据要求洁净度级别的高低使用亚高效过滤器或高效过滤器进行第三级过滤。亚高效过滤器和高效过滤器应尽量靠近送风口安装。

(二)除气式净化处理原理与设备

1. 物理吸附法

物理吸附法通常采用多孔性、表面积大的活性炭、硅胶、氧化铝和分子筛等作为有害气体吸附剂,其中活性炭是空调系统中常用的一种吸附剂。

活性炭是许多具有吸附性能的碳基物质的总称。

活性炭经过活化处理后,其内部具有许多细小的空隙,因此大大地增加了与空气接触的表面面积,1 g(约 2 m^3)活性炭的有效接触面积可达 1 000 m^2 左右,它具有优异和广泛的吸附能力。

2. 光催化分解法

光催化(光触媒)技术是基于光催化剂在紫外线照射下具有的氧化还原能力而除去空气中的污染物的。

光催化是以光为能量激活催化剂,光催化氧化反应在常温下就能进行。光催化剂几乎对所有的污染物都具有治理能力,能有效地分解室内空气中的有机污染物,氧化去除空气中的氮氧化物、硫化物以及各类臭气,而且能够灭菌消毒,在室内空气净化方面有着广阔的应用前景。

光触媒是一种催化剂,多为 N 型半导体材料,如 TiO_2、ZnO_2、Fe_3O_4 等,其中 TiO_2 是最受重视的一种光触媒,它的活性高,稳定性好,对人体无害。

3. 除气式空气净化处理设备

(1)活性炭过滤器(化学过滤器)。如图 6-35 所示为某活性炭标准过滤单元的外形图,包括板(块)式和多筒式。

(2)光催化过滤器,如图 6-36 所示。

(a)板式　　　　　　(b)多筒式

图 6-35　活性炭过滤器

七、空调机组（空调箱）

装配式空调机组就是将各种空气处理设备及风机、阀门等制成带箱体的单元段，可根据工程的需要进行组合，成为实现多种空气处理要求的设备，如图6-37所示。

图6-36 光催化过滤器

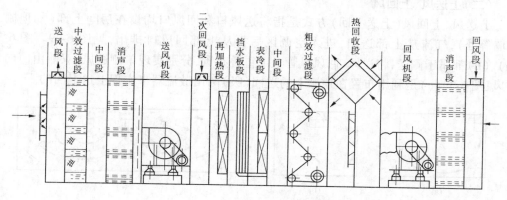

图6-37 装配式空调机组示意图

第五节 空调房间的气流组织

空气调节区的气流组织（又称为空气分布），是指合理地布置送风口和回风口，使得经过净化、热湿处理后的空气，由送风口送入空调区后，在与空调区（通常是指离地面高度为2 m以下的空间）内空气混合、扩散或者进行置换的热湿交换过程中，均匀地消除空调区内的余热和余湿，从而使空调区内形成比较均匀而稳定的温湿度、气流速度和洁净度，以满足生产工艺和人体舒适的要求。同时，还要由回风口抽走空调区内的空气，或者将大部分回风返回到空调机组、少部分排至室外，或者当空调机组采用全新风运行时，则将绝大部分回风排至室外。

影响空气调节区内空气分布的因素有送风口的形式和位置、送风射流的参数（例如送风量、出口风速、送风温度等）、回风口的位置、房间的几何形状以及热源在室内的位置等，其中送风口的形式和位置、送风射流的参数是主要的影响因素。

一、空调房间的气流组织形式

（一）上送风、下回风

上送风、下回风（上送下回）方式是最基本的气流组织形式。送风口安装在房间的侧上部或顶棚上，而回风口则设在房间的下部，如图6-38所示。它的主要特点是送风气流在进入工作区之前就已经与室内空气充分混合，宜形成均匀的温度场和速度场，适用于温

·161·

湿度和洁净度要求较高的空调房间。

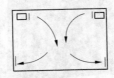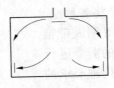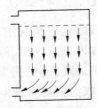

图 6-38　上送风、下回风气流流型

（二）上送风、上回风

上送风、上回风（上送上回）方式是指将送风口和回风口均设在房间上部（如顶棚或侧墙等处），气流从上部送出，进入空调区后再从上部回风口排出，见图 6-39。图 6-39（a）、（b）都属于侧送，将送风、回风风管上下重叠布置，分别实现单侧送风、双侧由内向外送风；图 6-39（c）是利用布置在顶棚上的送回（吸）两用散流器来实现上送上回的。

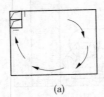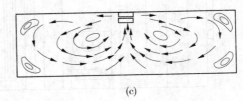

　　　　（a）　　　　　　　　　（b）　　　　　　　　　　　（c）

图 6-39　上送风、上回风气流流型

这种气流分布形式，主要适用于以夏季降温为主且房间层高较低的舒适性空调系统，如设计计算不准确，会造成气流短路，影响空气质量。对夏季、冬季均要使用的空调系统，由于房间下部无法布置回风口（例如，车站的候车大厅、百货商场、层高较低的会议厅等），也采用这种形式。对有恒温要求的工艺性空调系统，精度不高时也可采用上送上回的气流分布形式。

（三）中送风

对于某些高大空间，实际的空调区处在房间的下部，没有必要将整个空间作为控制调节的对象，因此可采用中送风的方式。图 6-40（a）为中部送风、下部回风方式；图 6-40（b）为中部送风、下部回风加顶部排风的方式。

这种送风方式在满足室内温湿度要求的前提下，有明显的节能效果，但就竖向空间而言，存在着温度"分层"现象。其主要适用于高大的空间，如需设空调的工业厂房等，通常称为"分层空调"。

（四）下送风

图 6-41（a）为地面均匀送风、上部集中排风的方式。此种方式送风直接进入工作区，为满足生产或人的要求，送风温差必须小于上送风方式，因而加大了送风量。同时考虑到人的舒适要求，送风速度也不能大，一般不超过

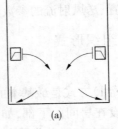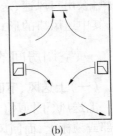

　　（a）　　　　　　　　　　（b）

图 6-40　中送风气流流型

0.5~0.7 m/s。这就必须增大送风口的面积或数量,给风口布置带来困难。此外,地面容易积聚脏物,将会影响送风的清洁度。但下送风方式能使新鲜空气首先通过工作区,同时由于是顶部排风,房间上部余热(照明散热、上部维护结构传热等)可以不进入工

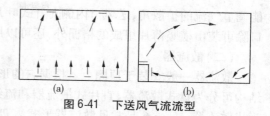

图 6-41　下送风气流流型

作区而直接排走,故具有一定的节能效果,同时有利于改善工作区的空气质量。

图 6-41(b)为送风口设于窗台下面、垂直向上送风的形式,这样可在工作区造成均匀的气流流动,同时能阻挡通过窗户进入室内的冷热气流直接进入工作区。工程中风机盘管和诱导系统常采用这种布置方式。

二、常见送风口的形式

送风口也称空气分布器。送风口按送出气流流动状况分为:

(1)扩散型风口。具有较大的诱导室内空气的作用,送风温差衰减快,射程短,如盘式散流器、片式散流器等。

(2)轴向型风口。诱导室内空气的作用小,空气的温度、湿度衰减慢,射程远,如格栅送风口、百叶送风口、喷口等。

(3)孔板送风口。即在平板上布满小孔的送风口,风速分布均匀、衰减快,用于洁净室或恒温室等空调精度要求较高的空调系统中。

按送风口的安装位置可分为侧送风口、顶送风口(向下送)、地面送风口(向上送)等。下面介绍几种常见的送风口。

(一)侧送风口

表6-5是常见的侧送风口形式。侧送风口通常装于管道或侧墙上。在百叶送风口内一般需要设置1~3层可转动的叶片。外层水平叶片用以改变射流的出口倾角,垂直叶片

表 6-5　常见侧送风口形式

序号	风口形式	风口名称	序号	风口形式	风口名称
1		格栅送风口:用于一般空调工程	4		三层百叶送风口:叶片可调节风量、送风方向和射流扩散角,用于高精度空调工程
2		单层百叶送风口:叶片可调节送风方向,用于一般空调工程	5		带出口隔板的条缝形风口:常用于车间变截面均匀送风管道上,用于一般精度空调工程
3		双层百叶送风口:叶片可调节风量和送风方向,用于较高精度空调工程	6		条缝形风口:常配合静压箱使用,用于一般精度的民用建筑空调工程

能调节气流的扩散角,送风口内侧对开式叶片则是为了调节送风量而设置的。格栅送风口除可装由横竖薄片组成的格栅外,还可以用薄板制成带有各种图案的空花格栅。

(二)散流器

散流器一般安装于顶棚上。根据它的形状可分为圆形、方形或矩形散流器。根据其结构可分为盘式散流器、直片式散流器和流线型散流器,另外还有将送风口做成一体的送吸式散流器。表 6-6 是常见散流器形式。盘式散流器的送风气流呈辐射状,比较适合于层高较低的房间。直片式散流器中,片的间距有固定的,也有可调的。采用可调叶片的散流器,它的送出气流可形成锥形或辐射形扩散,可满足冬、夏季不同的需要。

表 6-6 常见散流器形式

序号	风口形式	风口名称及气流流型	序号	风口形式	风口名称及气流流型
1		盘式散流器:属平送流型,用于层高较低的房间	3		直片式散流器:平送流型或下送流型
2		流线型散流器:属下送流型,适用于净化空调工程	4		送吸式散流器:属平送流型,可将送、回风口结合在一起

(三)孔板送风口

孔板送风是利用送风静压箱内静压的作用,通过开孔大面积向室内送风,如图 6-42 所示。

(四)喷射式送风口

喷射式送风口简称喷口,其主要部件是射流喷嘴,通过它将气流喷射出去。如图 6-43 所示为远程送风的喷口,它属于轴向型风口,送风气流诱导的室内风量少,可以送较远的距离,射程一般可达 10 ~ 30 m,甚至更远。通常在大空间体育馆、候机大厅中用做侧送风口。如风口既送冷风又送热风,应选用可调角度喷口,角度调节范围为 30°。送冷风时,风口水平或上倾;送热风时,风口下倾。

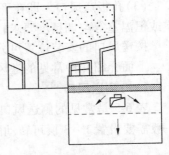

图 6-42 孔板送风方式

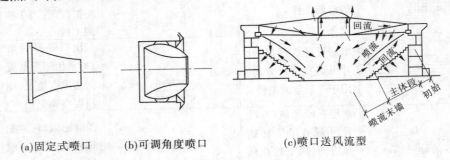

(a)固定式喷口　　(b)可调角度喷口　　(c)喷口送风流型

图 6-43 喷口

(五)旋流送风口

旋流送风口(见图6-44)依靠起旋器或旋流叶片等部件,使轴向气流起旋形成旋转射流。由于旋转射流的中心处于负压区,它能诱导周围大量空气与之相混合,然后送至工作区。

(a)顶送型旋流送风口　　　(b)地板送风旋流送风口　　　(c)安装旋流送风口专用地板

1—起旋器;2—旋流叶片;3—集尘箱;4—出风格栅

图6-44　旋流送风口

三、回风口

空调房间的气流流型主要取决于送风口,回风口位置对气流的流型与区域温差影响很小。因此,除高大空间或面积大的空调房间外,一般可仅在一侧集中布置回风口。

侧送方式的回风口一般设在送风口的同侧下方;孔板和散流器送风的回风口应设在房间的下部;高大厂房上部有一定余热量时,宜在上部增设排风口或回风口;有走廊的多间空调房间,如对消声、洁净度要求不高,室内又不排出有害气体,可在走廊端头布置回风口集中回风,而各空调房间与走廊邻接的门或内墙下侧应设置百叶栅口,以便回风通过,由此进入走廊。走廊回风时,为防外界空气侵入,走廊两端应设密闭性较好的门。

回风口的构造比较简单,类型也不多。常见的回风口形式有单层百叶风口、固定格栅风口、网板风口、篦孔或孔板风口等,也有与粗效过滤器组合在一起的网格回风口。

第六节　空调的制冷系统

一、概述

制冷就是使自然界的某物体或某空间达到低于周围环境温度,并使之维持这个温度。随着工业、农业、国防和科学技术现代化的发展,制冷技术在各个领域得到了广泛的应用,特别是空气调节和冷藏,直接关系到很多部门的生产和人们生活的需要。实现制冷可以通过两种途径:一是利用天然冷源,二是利用人工冷源。

天然冷源包括一切可能提供低于正常环境温度的天然物体,如深井水、深海水、天然冰等。早在公元前,我国就已有利用天然冷源防暑降温的记录。有些国家海滨建筑采用深海水作为天然冷源用于空调系统,这也是一项很好的建筑节能措施。天然冷源具有廉价和不需要复杂技术设备等优点,但是受到时间、地区等条件的限制,因而不可能经常满足空调工程的需要。当前世界上使用的冷源主要是人工冷源,即人工制冷。世界上第一台机械制冷装置诞生于19世纪中叶,之后,人类开始广泛采用人工冷源。根据制冷温度的不同,制冷技术大体可以分为三类:普通制冷,高于 - 120 ℃;深度制冷, - 120 ℃至 - 253 ℃;低温和超低温, - 253 ℃以下。空气调节用制冷技术属于普通制冷范围,主要采用液体汽化制冷法,其中以蒸气压缩式制冷、吸收式制冷应用最广。

二、制冷循环与制冷原理

制冷的本质是把热量从某物体中取出来,使该物体的温度低于环境温度,实现变"冷"的过程。根据能量守恒定律,这些取出来的热量不可能消失,因此制冷过程必定是一个热量的转移过程。根据热力学第二定律,不可能不花费代价把热量从低温物体转移到高温物体中,因此制冷的热量转移过程必定要消耗功。所以,制冷过程就是一个消耗一定量的能量,把热量从低温物体转移到高温物体或环境中去的过程。所消耗的能量在做功的过程中也转化成热量同时排放到高温物体或环境中去。

制冷过程的实现需要借助一定的介质——制冷剂来实现,制冷剂是制冷机中的工作介质,故又称制冷工质。利用"液体汽化要吸收热量"这一物理现象把热量从要排出热量的物体中吸收到制冷剂中来,又利用"气体液化要放出热量"的物理现象把制冷剂中的热量排放到环境或其他物体中去。由于需要排热的物体温度必然低于或等于环境或其他物体的温度,因此要实现制冷剂相变时吸热或放热过程,需要改变制冷剂相变时的热力工况,使液态制冷剂汽化时处于低温、低压状态,而气态制冷剂液化时处于高温、高压状态。实现这种不同压力变化的过程,必定要消耗功。根据实现这种压力变化过程的途径不同,制冷形式主要可分为压缩式、吸收式和蒸汽喷射式三种。目前应用得最多的是压缩式制冷和吸收式制冷。

(一)制冷剂与载冷剂

制冷剂在制冷机中循环流动,在蒸发器内吸取被冷却物体或空间的热量而蒸发,在冷凝器内将热量传递给周围介质而被冷凝成液体,制冷系统借助于制冷剂状态的变化,从而实现制冷的目的。

制冷剂的种类很多,但目前在冷藏、空调、低温试验箱等的制冷系统中采用的制冷剂也就是 R22、R13、R134a、R123、R142、R502、R717 等十几种。

在盐水制冰、冰蓄冷系统、集中空调等需要采用间接冷却方法的生产过程中,需使用载冷剂来传送冷量。载冷剂起到了运载冷量的作用,故又称为冷媒,是在间接供冷系统中用以传递冷量的中间介质。

载冷剂经泵在蒸发器中被制冷剂冷却,温度降低,送到冷却设备中吸收被冷却物质或空间的热量,温度升高,然后返回蒸发器将吸收的热量传递给制冷剂,载冷剂重新被冷却。如此不断循环,以达到连续制冷的目的。

使用载冷剂能使制冷剂集中在较小的循环系统中,而将冷量输送到较远的冷却设备中,这样可减少制冷剂的循环量,减少泄漏的可能性,从而增强了制冷系统的安全性,又易于解决冷量的控制和分配问题。由于使用了载冷剂,增加了制冷系统的复杂性,同时,制冷循环从低温热源获得热量时存在二次传热温差,即载冷剂与被冷却系统和载冷剂与制冷剂之间的传热温差,增大了制冷系统的传热不可逆损失,降低了制冷循环的制冷效率。

常用载冷剂有水、盐水、乙二醇等。

（二）制冷机组

制冷机组就是将制冷系统中的部分设备或全部设备配套组装在一起，成为一个整体，直接向用户提供冷媒水。这种机组结构紧凑，使用灵活，管理方便，而且占地面积小，安装简单，其中有些机组只需连接水源和电源即可，为基本建设工业化施工提供了有利条件。

常用的制冷机组有电动压缩式制冷机组（包括活塞式、螺杆式、离心式等）和溴化锂吸收式制冷机组（包括蒸汽和热水型溴化锂吸收式制冷机组、直燃型溴化锂吸收式冷（温）水机组）。

（三）压缩式制冷的基本原理

压缩式制冷系统由制冷压缩机、蒸发器、冷凝器和膨胀阀四个主要部件组成，并由管道连接，构成一个封闭的循环系统（见图6-45）。制冷剂在制冷系统中经历蒸发、压缩、冷凝和节流四个主要热力过程。低温低压的液态制冷剂在蒸发器中吸收被冷却介质（水或空气）的热量，产生相变，蒸发成为低温低压的制冷剂蒸气。在蒸发器中吸收热量，单位时间内吸收的热量也就是制冷机的制冷量。低温低压的制冷剂蒸气被压缩机吸入，经压缩成为高温

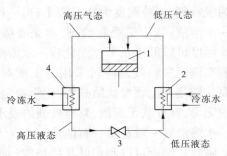

1—制冷压缩机；2—蒸发器；
3—节流膨胀阀；4—冷凝器

图6-45　压缩式制冷系统工作原理

高压的制冷剂蒸气后被排入冷凝器。在压缩过程中，压缩机消耗了机械功。在冷凝器中，高温的制冷剂蒸气被水或环境空气冷却，放出热量，相变成为高压液体。放出的热量相当于在蒸发器中吸收的热量与压缩机消耗的机械功转换成的热量的总和。从冷凝器中排出的高压液态制冷剂，经膨胀阀节流后变成低温低压的液体，再进入蒸发器进行蒸发制冷。

压缩式制冷常用的制冷剂有氨和氟利昂。氨（R717）除毒性大外，是一种廉价且效果很好的制冷剂，从19世纪70年代至今，一直被广泛应用。氨具有良好的热力学性能，其最大的优点是单位容积制冷量大，蒸发压力和冷凝压力适中，制冷效率高，而且对臭氧层无破坏。但氨的最大缺点是有强烈的刺激性，对人有危害，且氨是可燃物，当空气中氨的体积百分比达到16%～25%时，遇明火有爆炸危险。同时，当氨中含有水分时，对铜和铜合金有腐蚀作用。目前，氨多作为大型制冷设备的制冷剂用于生产企业。

氟利昂是饱和碳氢化合物卤族衍生物的总称，种类很多，其中很多具有良好的热力学、物理和化学特性。大多数氟利昂本身无毒、无臭、不燃、与空气遇火也不爆炸，氟利昂中不含水分时对金属无腐蚀作用，但氟利昂价格高，极易渗漏又不易发现，多用于中小型空调制冷系统中。

（四）吸收式制冷的基本原理

吸收式制冷循环原理与压缩式制冷基本相似，不同之处是用发生器、吸收器和溶液泵代替了制冷压缩机，见图6-46。吸收式制冷不是依靠消耗机械功来实现热量从低温物体向高温物体的转移的，而是靠消耗热能来完成这种非自发的过程。

在吸收式制冷机中，吸收器相当于压缩机的压出侧。低温低压液态制冷剂在蒸发器中吸热蒸发成为低温低压制冷剂蒸气后，被吸收器中的液态吸收剂吸收，形成制冷剂－吸

收剂溶液,经溶液泵升压后进入发生器。在发生器中,该溶液被加热、沸腾,其中沸点低的制冷剂变成高压制冷剂蒸气,与吸收剂分离,然后进入冷凝器液化、经膨胀阀节流,过程大体与压缩式制冷一致。

吸收式制冷目前通常有两种工质对:一种是溴化锂－水溶液,其中水是制冷剂,溴化锂为吸收剂,制冷温度为 0 ℃以上;另一种为氨－水溶液,其中氨是制冷剂,水是吸收剂,制冷温度可以低于 0 ℃。溴化锂－水溶液是目前空调用吸收式制冷机采用的工质对,无

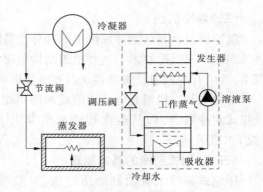

图 6-46 溴化锂吸收式制冷的基本原理

水溴化锂是无色颗粒状结晶物,化学稳定性好,在大气中不会变质、分解或挥发。此外,溴化锂无毒,对皮肤无刺激,具有极强的吸水性,对水制冷剂来说是良好的吸收剂。但溴化锂－水溶液对一般金属有腐蚀性。

吸收式制冷可以利用低品位热能(如 0.05 MPa 蒸气或者 80 ℃以上的热水)用于空调制冷,因此有利用余热或者废热的优势。比如在建筑热电冷联产系统中,利用溴化锂吸收式制冷技术将发电机余热转化为冷量和热量,近距离解决建筑物冷、热、电等能源需求,从而具有能源效率高、能源供应稳定可靠、运行成本低等优势。此外,吸收式制冷系统耗电量仅为离心式制冷机组的 1/5 左右,可以成为节电产品(但不一定是节能产品),在供电紧张地区使用可以发挥其节电的优势。

(五)空调制冷的管道系统

如图 6-47 所示,空调制冷的管道系统包括冷冻水循环系统和冷却水循环系统。图 6-48 为机械通风的冷却塔构造。

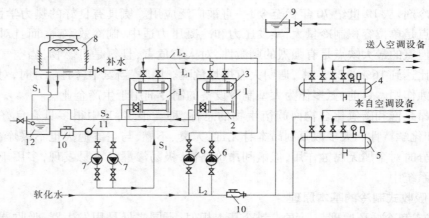

1—冷水机组;2—冷水机组冷凝器;3—冷水机组蒸发器;4—分水器;5—集水器;6—冷冻水循环泵;
7—冷却水循环泵;8—冷却塔;9—膨胀水箱;10—除污器;11—水处理设备;12—冷却水循环水箱
L_1,L_2—冷冻水供水及回水;S_1,S_2—冷却水供水及回水

图 6-47 中央空调水循环系统示意图

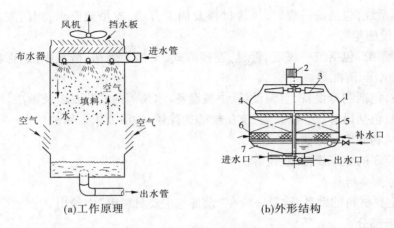

(a)工作原理　　　　　　　(b)外形结构

1—塔壳;2—电动机;3—风扇;4—布水器;5—填料层;6—过滤层;7—水槽

图 6-48　冷却塔

第七节　通风与空调工程施工图

一、通风与空调工程施工图的构成

通风与空调工程施工图一般由两大部分组成,即文字说明部分和图纸部分。文字部分包括图纸目录、设计施工说明、设备与主要材料表。图纸部分包括基本图和详图。基本图包括空调通风系统的平面图、剖面图、轴测图等。详图包括系统中某局部或部件的放大图、加工图、施工图等。如果详图中采用了标准图或其他工程图纸,那么在图纸目录中必须附有说明。

(一)文字说明部分

1. 图纸目录

其包括在工程中使用的标准图纸或其他工程图纸目录和该工程的设计图纸目录。在图纸目录中必须完整地列出该工程设计图纸名称、图号、工程号、图幅大小、备注等。

2. 设计施工说明

设计施工说明包括采用的气象数据、空调通风系统的划分及具体施工要求等。有时还附有风机、水泵、空调箱等设备的明细表。

具体地说,设计施工说明包括以下内容:

(1)空调通风系统所服务的建筑概况。

(2)空调通风系统采用的设计气象参数。

(3)空调房间的设计条件,包括冬季、夏季空调房间内空气的温度、相对湿度、平均风速、新风量、噪声等级、含尘量等。

(4)空调系统的划分与组成,包括系统编号、系统所服务的区域、送风量、设计负荷、空调方式、气流组织等。

(5)空调系统的设计运行工况(只有要求自动控制时才有)。

（6）风管系统，包括统一规定、风管材料及加工方法、支吊架要求、阀门安装要求、减振做法、保温设施等。

（7）水管系统，包括统一规定、管材、连接方式、支吊架做法、减振做法、保温要求、阀门安装、管道试压、清洗等。

（8）设备，包括制冷设备、空调设备、供暖设备、水泵等的安装要求及做法。

（9）油漆，包括风管、水管、设备、支吊架等的除锈、油漆要求及做法。

（10）调试和试运行方法及步骤。

（11）应遵守的施工规范、规定等。

3. 设备与主要材料表

设备与主要材料的型号、数量一般在"设备与主要材料表"中给出。

（二）图纸部分

1. 平面图

平面图包括建筑物各层面空调通风系统平面图、空调机房平面图、冷冻机房平面图等。

（1）空调通风系统平面图。空调通风系统平面图主要说明空调通风系统的设备、系统风道、冷（热）媒管道、凝结水管道的平面布置。它的内容主要包括：①风管系统；②水管系统；③空气处理设备；④尺寸标注。

此外，对于引用标准图集的图纸，还应注明所用的通用图、标准图索引号。对于恒温恒湿房间，应注明房间各参数的基准值和精度要求。

（2）空调机房平面图。空调机房平面图一般包括以下内容：①空气处理设备注明按标准图集或产品样本要求所采用的空调器组合段代号，空调箱内风机、加热器、表冷器、加湿器等设备的型号、数量，以及该设备的定位尺寸。②风管系统用双线表示，包括与空调箱相连接的送风管、回风管、新风管。③水管系统用单线表示，包括与空调箱相连接的冷（热）媒管道及凝结水管道。④尺寸标注包括各管道、设备、部件的尺寸大小，定位尺寸，其他的还有消声设备、柔性短管、防火阀、调节阀门的位置尺寸。

图 6-49 是某大楼底层空调机房平面图。

（3）冷冻机房平面图。冷冻机房与空调机房是两个不同的概念，冷冻机房内的主要设备为空调机房内的主要设备——空调箱提供冷媒或热媒。也就是说，与空调箱相连接的冷（热）媒管道内的液体来自于冷冻机房，而且最终又回到冷冻机房。因此，冷冻机房平面图的内容主要有制冷机组的型号与台数、冷冻水泵和冷却水泵的型号与台数、冷（热）媒管道的布置以及各设备、管道和管道上的配件（如过滤器、阀门等）的尺寸大小和定位尺寸。

2. 剖面图

剖面图总是与平面图相对应的，用来说明平面图上无法表明的情况。因此，与平面图相对应的空调通风施工图中的剖面图主要有空调通风系统剖面图、空调机房剖面图和冷冻机房剖面图等。至于剖面和位置，在平面图上都有说明。剖面图上的内容与平面图上的内容是一致的，有所区别的一点是：剖面图上还标注有设备、管道及配件的高度。

3. 系统图（轴测图）

系统图（轴测图）采用的是三维坐标，它的作用是从总体上表明所讨论的系统构成情况及各种尺寸、型号和数量等。

具体地说，系统图包括该系统中设备和配件的型号、尺寸、定位尺寸、数量以及连接于各设备之间的管道在空间的曲折、交叉、走向和尺寸、定位尺寸等。系统图上还应注明该系统的编号。

系统图可以用单线绘制，也可以用双线绘制。

4. 详图

通风与空调工程图所需要的详图较多。总的来说，有设备、管道的安装详图，设备、管道的加工详图，设备、部件的结构详图等。部分详图有标准图可供选用。

图 6-50 所示是风机盘管接管详图。

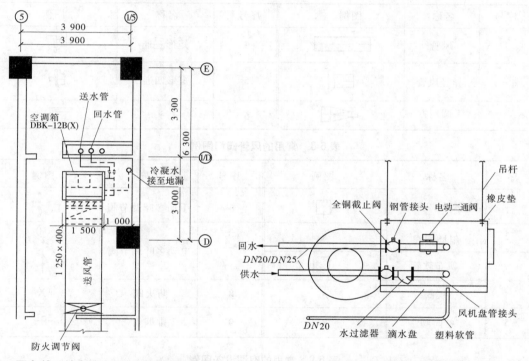

图 6-49　某大楼底层空调机房平面图　　　　　图 6-50　风机盘管接管详图

可见，详图就是对图纸主体的详细阐述，而这些是在其他图纸中无法表达但又必须表达清楚的内容。

以上是通风与空调工程施工图的主要组成部分。可以说，通过这几类图纸就可以完整、正确地表述出通风与空调工程的设计者的意图，施工人员根据这些图纸也就可以进行施工、安装了。在阅读这些图纸时，还需注意以下几点：

（1）空调通风系统平、剖面图中的建筑与相应的建筑平、剖面图是一致的，空调通风系统平面图是在本层天棚以下按俯视图绘制的。

（2）空调通风系统平、剖面图中的建筑轮廓线只是与空调通风系统有关的部分（包括有关的门、窗、梁、柱、平台等建筑构配件的轮廓线），同时还有各定位轴线编号、间距以及房间名称。

（3）空调通风系统平、剖面图和系统图可以按建筑分层绘制，或按系统分系统绘制，必要时对同一系统可以分段进行绘制。

二、空调通风施工图的特点

（1）空调通风施工图的图例（见表6-7～表6-10）。空调通风施工图上的图形不能反映实物的具体形象与结构，它采用了国家规定的统一图例符号来表示（如前一节所述），这是空调通风施工图的一个特点，也是对阅读者的一个要求：阅读前，应首先了解并掌握与图纸有关的图例符号所代表的含义。

表6-7　常用的管道图例

序号	名称	图例	序号	名称	图例
1	风管		4	矩形三通	
2	异径风管	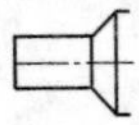	5	矩形四通	
3	天圆地方	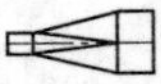	6	弯头	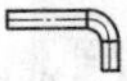

表6-8　常用的风管阀门图例

序号	名称	图例	序号	名称	图例
1	多叶调节阀	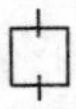	6	手动多叶调节阀	
2	斜插板阀		7	电动多叶调节阀	
3	帆布软管				
4	蝶阀		8	防火阀	
5	单向阀		9	排烟阀	

表6-9　常用的空调设备图例

序号	名称	图例	序号	名称	图例
1	贯流空气幕		3	轴流风机	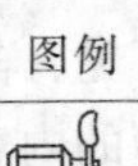
2	离心风机	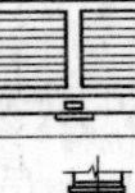	4	风机盘管	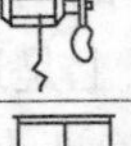

（2）风、水系统环路的独立性。在空调通风施工图中，风管系统与水管系统（包括冷冻水、冷却水系统）按照它们的实际情况出现在同一张平、剖面图中，但是在实际运行中，风管系统与水管系统具有相对独立性。因此，在阅读施工图时，首先将风管系统与水管系

统分开阅读,然后综合起来。

表 6-10 常用的空调风口图例

序号	名称	图例	序号	名称	图例
1	单层百叶风口		4	方形散流器	
2	圆形散流器		5	侧送风百叶风口	
3	条形风口				

(3)风、水系统环路的完整性。空调通风系统,无论是水管系统还是风管系统,都可以称之为环路,这就说明风、水管系统总是有一定来源,并按一定方向,通过干管、支管,最后与具体设备相接,多数情况下又将回到它们的来源处,形成一个完整的系统,如图 6-51 所示的冷媒管道系统。

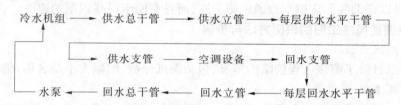

图 6-51 冷媒管道系统图

可见,系统形成了一个循环往复的完整环路。我们可以从冷水机组开始阅读,也可以从空调设备处开始,直至经过完整的环路又回到起点。

风管系统同样可以写出这样的环路(见图 6-52):

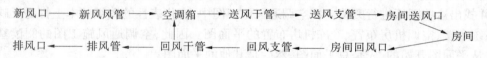

图 6-52 风管系统图

对于风管系统,可以从空调箱处开始阅读,逆风流动方向看到新风口,顺风流动方向看到房间,再至回风干管、空调箱,最后看回风干管到排风管、排风口这一支路,也可以从房间处看起,研究风的来源与去向。

(4)空调通风系统的复杂性。空调通风系统中的主要设备,如冷水机组、空调箱等,其安装位置由土建决定,这使得风管系统与水管系统在空间的走向往往是纵横交错的,在平面图上很难表示清楚。因此,空调通风系统的施工图中除大量的平面图、立面图外,还包括许多剖面图与系统图,它们对读懂图纸有重要帮助。

(5)与土建施工的密切性。空调通风系统中的设备、风管、水管及许多配件的安装都需要土建的建筑结构来容纳与支撑。因此,在阅读空调通风施工图时,要查看有关图纸,密切与土建配合,并及时对土建施工提出要求。

三、空调通风施工图的识图方法

(一)空调通风施工图识图的基础

空调通风施工图的识图,需要特别强调并掌握以下几点。

1. 空调调节的基本原理与空调系统的基本理论

这些是识图的理论基础,没有这些基本知识,即使有很高的识图能力,也无法读懂空调通风施工图的内容。因为空调通风施工图是专业性图纸,没有专业知识作为铺垫就不可能读懂图纸。

2. 投影与视图的基本理论

投影与视图的基本理论是任何图纸绘制的基础,也是任何图纸识图的前提。

3. 空调通风施工图的基本规定

空调通风施工图的一些基本规定,如线型、图例符号、尺寸标注等,直接反映在图纸上,有时并没有辅助说明,因此掌握这些规定有助于识图过程的顺利完成。掌握这些基本规定,不仅可以帮助我们认识空调通风施工图,而且有助于提高识图的速度。

(二)空调通风施工图的识图方法与步骤

1. 阅读图纸目录

根据图纸目录了解该工程图纸的概况,包括图纸张数、图幅大小及名称、编号等信息。

2. 阅读施工说明

根据施工说明了解该工程概况,包括空调系统的形式、划分及主要设备布置等信息。在这基础上,确定哪些图纸代表着该工程的特点、属于工程中的重要部分,图纸的阅读就从这些重要图纸开始。

3. 阅读有代表性的图纸

在第二步中确定了代表该工程特点的图纸,现在就根据图纸目录,确定这些图纸的编号,并找出这些图纸进行阅读。在空调通风施工图中,有代表性的图纸基本上都是反映空调系统布置、空调机房布置、冷冻机房布置的平面图。因此,空调通风施工图的阅读基本上是从平面图开始的,先是总平面图,然后是其他的平面图。

4. 阅读辅助性图纸

对于平面图上没有表达清楚的地方,就要根据平面图上的提示(如剖面位置)和图纸目录找出该平面图的辅助图纸进行阅读,包括立面图、侧立面图、剖面图等。对于整个系统可参考系统图。

5. 阅读其他内容

在读懂整个空调通风系统的前提下,再进一步阅读施工说明及设备与主要材料表,了解空调通风系统的详细安装情况,同时参考加工、安装详图,从而掌握图纸的全部内容。

(三)识图举例

某建筑共十二层,均为高级单身公寓房。室内是风机盘管加新风的空调系统,空调冷冻水由已有系统供给。

1. 系统轴测图的识读

(1)空调水系统图(见图6-53)。图中文字说明告诉我们,粗实线是冷冻水供水管,粗

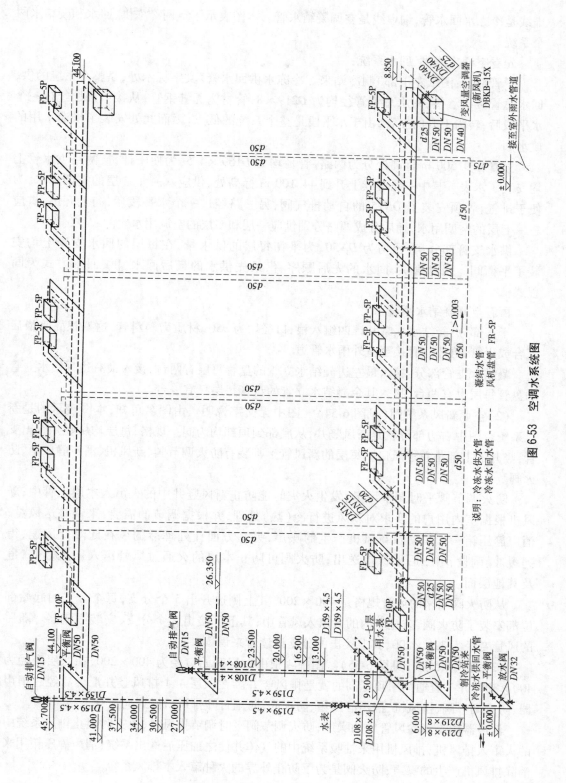

图 6-53 空调水系统图

虚线是冷冻水回水管,细虚线是空调凝结水管。本图表示了空调冷冻供、回水和凝结水两个系统。

先看空调冷冻供、回水系统:

干管部分:图纸左下部"制冷站来　冷冻水供回水管"文字标示处,是整个系统的供、回水总管接口。供、回水总管管径均为 $D219 \times 8$,管材为无缝钢管,从接口开始经过一个水平段后,转为上升的立管,由于水平段是整个系统的低点,因而此处安装了供泄水用的放水阀。

立管在 9.500 m 标高处分为两路,管径均为 $D159 \times 4.5$,为便于计量,两路供水管上均安装了水表。其中一路继续上升到 44.100 m 标高处,供应八~十二层的空调用水,为便于排气,管顶安装了 $DN15$ 的自动排气阀;另一路经过一个水平段后,向上开出,供应三~七层的空调用水,随后分成两路分别供应一层和二层的空调用水。

供水支管部分:管径均为 $DN50$,为平衡每层的供水量,在每层的回水支管上均安装了平衡阀。从盘管供、回水的先后顺序看,最先供水的最后回水,供、回水方式为同程式。

再看空调凝结水系统:

干管部分:凝结水立管共计四组八根,口径均为 $d50$,材质为塑料管,这八根立管最后汇合成干管,再经立管接至室外雨水管道。

凝结水支管部分:接入最左边凝结水立管的盘管每层有两台,接入最右边凝结水立管的盘管每层也有两台,接入其余凝结水立管的盘管每层只有一台。

(2)空调新风系统图(见图 6-54)。图中无文字说明。由图名可知,本图表示的是新风系统。图中右边部分就是新风竖井,从底部到顶部均为同一规格,每层均从竖井引出支管,竖井的上部是总进风口。每层的新风管上都装有防火调节阀、新风机、消声静压箱、防火阀。

防火调节阀平时调节风量,发生火灾时能防止新风竖井中的火窜入本层风管中;新风机根据室内用户的要求对新风进行冷(热)处理,并根据调节的需要,来调整送风量;消声静压箱一方面消除新风机产生的噪声,另一方面让处理后的风在此降低风速,得到缓冲、调整、增压后平稳地送出;防火阀可防止本层的火通过风管窜入新风竖井,危及其他层面。

从防火阀出来的风管规格是 400×200,其上侧边开出 5 个分支,每个分支的起始部位都安装了防火阀,防止室内的火窜入风管中;其下部接出 2 个分支,安装散流器。随后的风管变径为 320×200,其上接出的分支请读者来识读。

(3)排风系统图(见图 6-55)。图中 4 根由一层开始口径为 400×200,在八层变径为 400×300,并一直通向屋顶标高的就是排风竖井。在顶层 4 个排风竖井汇合后经过消声器、防火调节阀、排风机、消声静压箱、防火阀、防雨百叶排风口后通向大气。

消声器用来消除风管中的噪声;防火调节阀平时调节排风量,火灾时阻止排风系统中的火窜入排风机;排风机用来抽吸系统中的气体并使之加压后送出系统;消声静压箱用来消除排风机产生的噪声;防火阀是为了防止外界的火种窜入本排风系统。

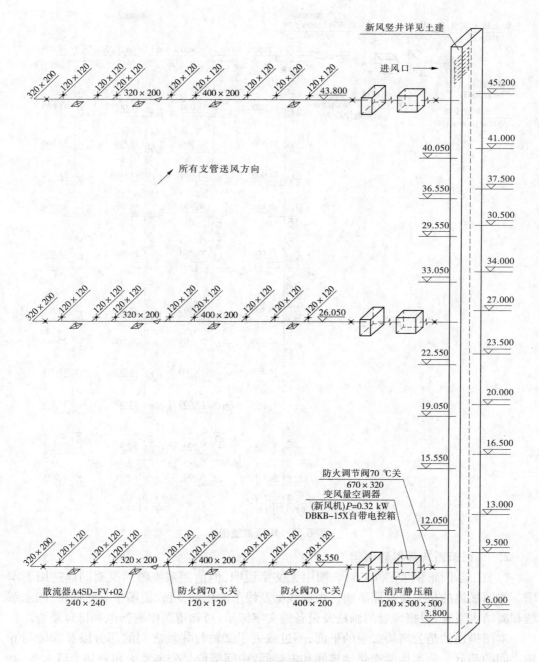

图 6-54　空调新风系统图

考察每层分支的情况:每根排风竖井在每层都有 2 个分支接入,每个分支的起始部位安装了排气扇,在分支进入竖井附近安装了防火阀。排气扇将室内浊气抽吸并排入排气竖井,防火阀防止室内的火窜入排风竖井。

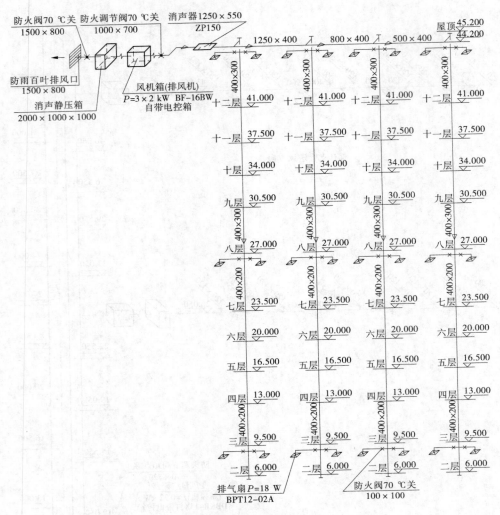

图 6-55 排风系统图

2. 平、剖面图及详图的识读

（1）二层平面图（见图 6-56）。图中无文字说明，但前面系统图的说明同样适用于本图。本图描述的是二层空调平面。根据线型及线条的粗细，可知道图中有空调供、回水系统和凝结水系统，根据风管的画法及设备的文字标示，可知道图中有新风和排风系统。

本图描述的是公寓楼二层的平面，不过截去了②轴与③轴之间的部分以及⑤轴与⑥轴之间的部分。公寓楼两端是楼梯间和电梯间，中间部位是公寓套房和公共走道。

水系统中的主要设备是风机盘管和新风机，位于合用前室的盘管型号是 FP - 10P。位于每套公寓内的盘管型号是 FP - 5P，其位于每套住房进门走道上部的位置。

新风管上的散流器型号已知，水平方向距其左侧柱子 2 850 mm。新风支管上的防火阀装在紧靠总风管的位置。排风系统的排气扇型号已知，其水平方向距管道井壁 600 mm，竖直方向距卫生间墙壁 500 mm。

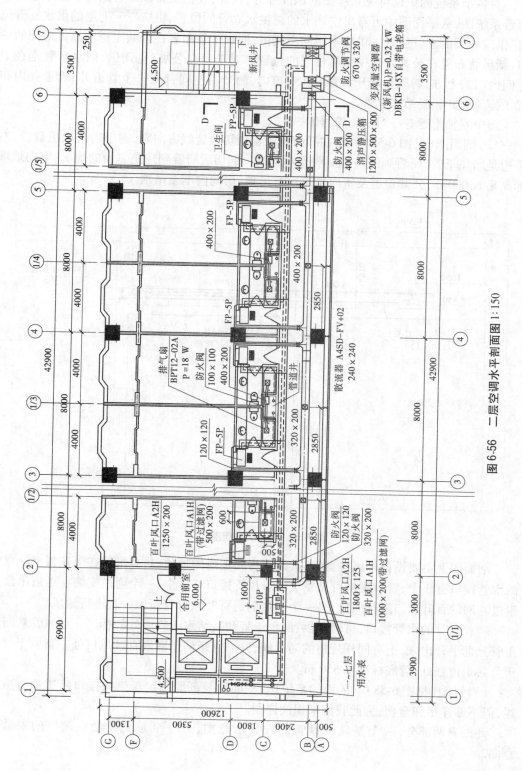

图 6-56 二层空调水平剖面图 1∶150

对各个系统的识读可见系统图的识读部分,在此,我们主要识读管道的平面布置。对照着系统图,从平面图中可看出空调水的总供水立管的位置、供应三~七层的供水立管位置、供应一层的立管位置。供应本层的空调供、回水干管布置在公共走道中靠近房间的一侧,新风管布置在公共走道中紧靠柱子的位置。对于每套公寓,空调供、回水水管走在卫生间内门的上方,新风管避开水管走在走道内,两个卫生间合用一个管道井,管道井内布置了排风竖井和凝结水立管。

图中⑥轴附近有一对剖切符号 $D—D$。

(2)剖面图(见图6-57)。站在平面图顺着剖切位置线方向看,右手边是风机盘管,左手边是新风干管,所看到的与剖面图是对应的。剖切后所看到建筑方面的情况:室内地坪标高是6.000 m,公共走道及室内走道均有吊顶,房间内不设吊顶。

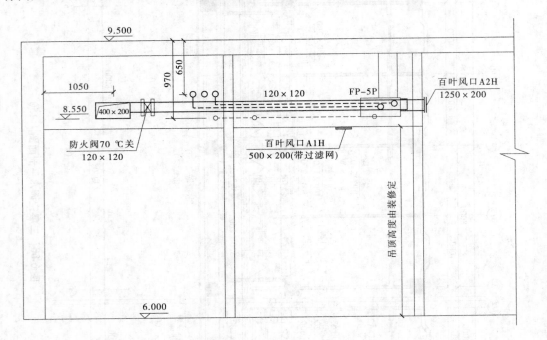

图6-57 D—D 剖面图

剖面图上主要设备是风机盘管,其位于房间走道的吊顶内,并吊装在天花板上。盘管的水管接口有3个,管口规格可见系统图。风管接口有2个,一个通过安装在走道吊顶下带过滤网的百叶风口进行回风,另一个通过侧送百叶风口与新风一起进行送风。

顺着盘管的水管接口,可看到供、回水干管和凝结水干管所处的标高。新风管从新风干管上部平开出来,上有同样规格的防火阀,并一直延伸至室内百叶风口处。新风干管位于公共走道壁处,管底标高 8.550 m。

(3)详图(见图6-58)。前面的系统图、平面图及剖面图对盘管的接口管道均有所表述,但不够详尽和全面,为此我们来识读详图。

此图有两部分,一个是风机盘管的安装示意图,另一个是变风量空调器的安装示意图。

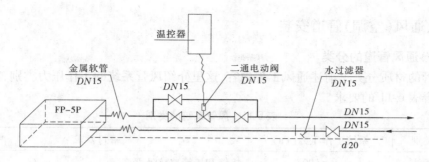

风机盘管安装示意图

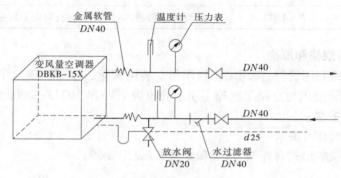

变风量空调器安装示意图

图 6-58　详图

　　盘管的管道接口有 3 个:进水管,进水通过阀门、过滤器、金属软管后接入盘管;出水管,盘管内水通过金属软管、电动阀组后流出;凝结水管,从盘管底部接出。电动阀与室内温控器连锁,来调节盘管的冷冻水供水量。为便于电动阀的维修,其前后各有一个阀门,关断后可与系统隔绝,为了不影响盘管的运行,这时可打开电动阀的旁路,使空调回水能正常流动。

　　空调器的管道接口也是 3 个:进水管,进水通过阀门、过滤器、金属软管后接入盘管,过滤器与金属软管之间的管路上安装了压力表和温度计,并在管道底部接出放水管,以便检修时排空盘管内的水;出水管,盘管内水通过金属软管、阀门后流出,金属软管与阀门之间的管路上安装了压力表和温度计;凝结水管,从盘管底部接出的凝结水管经过一个水封后排出,此水封可防止凝结水排水系统中的不良气体进入空调器。

　　至此,基本上识读完此套图纸,图中未提到的细节还请读者自己识读。

第八节　通风(空调)系统的安装

　　通风(空调)系统的安装包括:通风(空调)系统的风管及部件的制作与安装,通风(空调)设备的制作与安装;通风(空调)系统试运转及调试。

一、通风(空调)管道安装

(一)通风管道的分类

风管的材质分类见前述通风工程内容,这里介绍风管系统的工作压力类别,其类别划分应符合表6-11的要求。

表6-11 风管系统的类别

系统类别	系统工作压力(Pa)	密封要求
低压系统	$P \leqslant 500$	接缝和接管连接处严密
中压系统	$500 < P \leqslant 1500$	接缝和接管连接处增加密封措施
高压系统	$P > 1500$	所有的拼接缝和接管连接处,均应采取密封措施

(二)风管的规格和厚度

为最大限度地利用管材,实现风管制作和安装机械化、工厂化,确定了统一的通风管道规格和厚度(见《通风与空调工程施工质量验收规范》GB 50243—2002)。

(三)风管的安装

1. 风管支架制作与安装

常用风管支架的形式有托架、吊架和立管夹(见图6-59)。

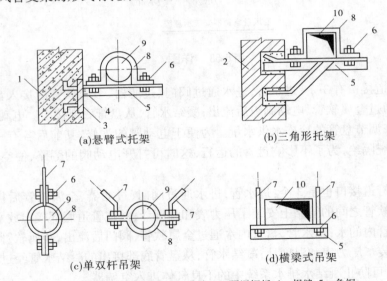

(a)悬臂式托架 (b)三角形托架

(c)单双杆吊架 (d)横梁式吊架

1—钢筋混凝土墙(柱);2—砖墙;3—预埋钢板;4—焊缝;5—角钢;
6—螺帽;7—吊杆;8—管卡;9—圆形风管;10—矩形风管

图6-59 通风系统支架种类

(1)托架的安装。通风管道沿墙壁或柱子敷设时,经常采用托架来支撑风管。

(2)吊架的安装。当风管敷设在楼板或桁架下面离墙较远时,一般采用吊架来安装风管。矩形风管的吊架由吊杆和横担组成。

(3)立管夹。垂直风管可用立管夹进行固定。

2.风管的制作与连接

1)制作

风管可现场制作或工厂预制,风管制作方法分为咬口连接、铆钉连接、焊接。

(1)咬口连接(见图6-60)。将要相互接合的两个板边折成能相互咬合的各种钩形,钩接后压紧折边。这种连接适用于厚度小于等于1.2 mm的普通钢板和镀锌薄钢板、厚度小于或等于1.0 mm的不锈钢板以及厚度小于或等于1.5 mm的铝板。

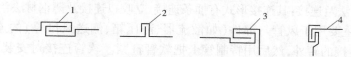

1—单咬口;2—立咬口;3—转角咬口;4—联合角咬口

图6-60 咬口形式

(2)铆钉连接。将两块要连接的板材板边相重叠,并用铆钉穿连铆合在一起的方法。

(3)焊接。通风(空调)风管密封要求较高或板材较厚不能用咬口连接时,板材的连接常采用焊接。常用的焊接方法有电焊、气焊、锡焊及氩弧焊。

对管径较大的风管,为保证断面不变形且减少由管壁振动而产生的噪声,需要加固。圆形风管本身刚度较好,一般不需要加固。当管径大于700 mm且管段较长时,每隔1.2 m,可用扁钢平加固。当矩形风管边大于等于630 mm、管段大于1.2 m时,均应采取加固措施。对边长小于等于800 mm的风管,宜采用棱筋、棱线的方法加固。当中、高压风管的管段大于1.2 m时,应采取加固框的形式加固。对高压风管的单咬口缝,应有加固、补强措施。

2)连接

风管连接有法兰连接和无法兰连接:

(1)法兰连接。主要用于风管与风管或风管与部件、配件间的连接。风管端的法兰装配如图6-61所示,法兰对风管还起加固作用。法兰按风管的断面形状,分为圆形法兰和矩形法兰。法兰按风管使用的金属材质,分为钢法兰、不锈钢法兰、铝法兰。

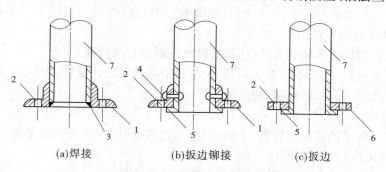

(a)焊接　　　　　(b)扳边铆接　　　　　(c)扳边

1—角钢法兰;2—螺栓孔;3—焊缝;4—铆钉;5—扳边;6—扁钢法兰;7—风管

图6-61 风管端的法兰装配

法兰连接时,按设计要求确定垫料后,把两个法兰先对正,穿上几个螺栓并戴上螺母,暂时不要紧固。待所有螺栓都穿上后,再把螺栓拧紧。为避免螺栓滑扣,紧固螺丝时应十字交叉、对称均匀地拧紧。连接好的风管,应以两端法兰为准,拉线检查连接是否平直。

不锈钢风管法兰连接用的螺栓,宜用同材质的不锈钢制成,如用普通碳素钢标准件,应按设计要求喷刷涂料。铝板风管法兰连接应采用镀锌螺栓,并在法兰两侧垫镀锌垫圈。硬聚氯乙烯风管和法兰连接,应采用镀锌螺栓或增强尼龙螺栓,螺栓与法兰接触处应加镀锌垫圈。

(2)无法兰连接。

圆形风管无法兰连接:其连接形式有承插连接、芯管连接及抱箍连接。

矩形风管无法兰连接:其连接形式有插条连接、立咬口连接及薄钢材法兰弹簧夹连接。

软管连接:主要用于风管与部件(如散流器、静压箱、侧送风口等)的连接。安装时,软管两端套在连接的管外,然后用特制管卡把软管箍紧。软管连接对安装工作带来很大方便,尤其在安装空间狭窄、预留位置难以准确的情况下更为便利,但系统的阻力较大。

风管安装连接后,在刷油、绝热前应按规范进行严密性、漏风量检测。

二、风管部件的安装

(一)风阀安装

通风(空调)系统安装的风阀有多叶调节阀、三通调节阀、蝶阀、防火阀、排烟阀、插板阀、止回阀等。风阀安装前应检查其框架结构是否牢固,调节装置是否灵活。安装时,应使风阀调节装置设在便于操作的部位。

(二)风口制作与安装

1. 风口的制作

风口的加工工艺基本上分为画线、下料、钻孔、焊接和组装成型。

(1)风口表面应平整,与设计尺寸的允许偏差不应大于 2 mm,矩形风口两对角线之差不应大于 3 mm,圆形风口任意正交直径的允许偏差不应大于 2 mm。

(2)风口的转动调节部位应灵活,叶片应平直,同边框不得碰擦。

(3)插板式及活动篦板式风口,其插板、篦板应平整,边缘光滑,抽动灵活。活动篦板式风口组装后应能达到完全开启和闭合。

(4)百叶式风口的叶片间距应均匀,两端轴的中心应在同一直线上。手动式风口的叶片与边框铆接应松紧适当。

(5)散流器的扩散环和调节环应同轴,轴向间距分布应匀称。

(6)孔板式风口,孔口不得有毛刺,孔径与孔距应符合设计要求。

(7)旋转式风口,活动件应轻便灵活。

2. 风口的安装

(1)风口与管道的连接应紧密、牢固;边框与建筑面贴实,外表面应平整不变形;统一房间内的相同风口的安装高度应一致,排列整齐。

(2)风口在安装前和安装后都应扳动一下调节柄或杆。

(3)安装风口时,应注意风口与房间的顶线和腰线协调一致。风管暗装时,风口应服从房间的线条。吸顶安装的散流器应与顶面平齐,散流器的每层扩散圈应保持等距,散流器与总管的接口应牢固可靠。

各种不同类型风口的安装,应按有关规定进行。

（三）排气罩安装

排气罩的安装位置应正确，牢固可靠，支架不得设置在影响操作的部位。用于排出蒸汽或其他气体的伞形排气罩，应在罩口内边采取排除凝结液体的措施。

（四）柔性短管安装

柔性短管用于风机与空调器、风机等设备与送风风管间的连接，以减少系统的机械振动。柔性短管的安装应松紧适当，不能扭曲。

三、通风（空调）设备安装

通风（空调）设备安装应按设计的型号、规格、位置进行，并执行相应的规范。

（一）风机盘管安装

风机盘管的安装形式有明装与暗装、立式与卧式、卡式与立柜式等。

（1）风机盘管在安装前对机组的换热器应进行水压试验，试验压力为工作压力的 1.5 倍，不渗漏即可。

（2）安装卧式机组时，应合理选择好吊杆和膨胀螺栓，并使机组的凝水管保持一定的坡度，以利于凝结水的排出。吊装的机组应平整牢固、位置正确。

（3）机组进出水管应加保温层，以免夏季使用时产生凝结水。机组进出水管与外接管路连接时必须对准，最好采用挠性接管（软接）或铜管连接，连接时切忌用力过猛造成管子扭曲。

（4）机组凝结水盘的排水软管不得压扁、折弯，以保持凝结水排出畅通。

（5）在安装时应保护换热器翅片和弯头，不得倒塌或碰漏。

（6）安装时不得损坏机组的保温材料，如有脱落的则应重新粘牢，与送风风管及风口的连接应严密。

（7）暗装卧式风机盘管时应留有活动检查门，便于机组能整体拆卸和维修。

（二）吊顶式新风空调箱安装

（1）吊顶式新风空调箱不同于其他类型机组，它不单独占据机房，而是吊装于楼板之下吊顶之上，因此机组高度尺寸较小。风机为低噪声风机，一般风量在 4 000 m³/h 以上的机组有两个或两个以上的风机，一般情况下吊装机组的风量不超过 8 000 m³/h。

（2）在机组风量和质量都不太大，振动又较小的情况下，吊杆顶部采用膨胀螺栓与楼板连接，吊杆底部采用螺扣加装橡胶减振垫与吊装孔连接的方法。对于大风量吊装式新风机组，质量较大，则应采取一定的保证措施。

（3）合理考虑机组振动，采取适当的减振措施。

（4）机组的送风口与送风管道连接时，应采取帆布软管连接形式。

（三）组装式空调箱安装

组装式空调箱是由各功能段装配组合而成的，通常在施工现场按设计图纸进行组装。其安装操作要点如下：

（1）安装前，按装箱清单进行开箱验货，检查各功能段部件的完好情况，检查风阀、风机等转动件是否灵活，核对部件数量是否与清单所列数量一致。

（2）将冷却段（水表冷段或直接蒸发表冷段）按设计图纸定位，然后安装两侧其他段的部件。段与段之间采用专用法兰连接,接缝用 7 mm 的乳胶海绵板作垫料。

(3)机组中的新、回风混合段,二次回风段,中间段,加湿段,喷淋段,电加热段等有左式、右式之分,应按设计要求进行安装。

(4)各段组装完毕后,则按要求配置相应的冷热媒管路、给水排水管路。冷凝水排出管应畅通。全部系统安装完毕后,应进行试运转,一般连续运行 8 h 无异常现象为合格。

(四)冷却塔的安装

(1)在冷却塔下方不另设水池时,冷却塔应自带盛水盘,盛水盘应有一定的盛水量,并设有自动控制的补给水管和溢水管及排污管。

(2)多台冷却塔并联时,为防止并联管路阻力不等、水量分配不均匀,以致水池发生漏流现象,各进水管上要设阀门,用以调节进水量;同时在各冷却塔的底池之间,用与进水干管相同管径的均压管(即平衡管)连接;此外,为使各冷却塔的出水量均衡,出水干管宜采用比进水干管大两号的集管,并用 45°弯管与冷却塔各出水管连接。

(3)冷却塔应安装在通风良好的地方,尽量避免装在有热量产生、粉尘飞扬的场所的下风向,并应布置在建筑的下风向。

(4)单列布置的冷却塔的长边应与夏季主导风向相垂直,而双列布置时长边应与主导风向平行。

(5)横流式抽风冷却塔若为双面进风,应为单列布置;若为单面进风,应为双列布置。

四、通风(空调)系统试运转及调试

通风(空调)系统安装完毕后,投入正式使用前,必须进行系统试运转及调试。其目的是使所有的通风(空调)设备及其系统按照设计要求,达到正常可靠地运行。同时,通过试运转及调试,可以发现并消除通风(空调)设备及其系统的故障、施工安装的质量问题以及工艺上不合理的部分。通风(空调)系统试运转及调试一般可分为准备工作、设备单体试运转、无生产负荷联合试运转、竣工验收、综合效能试验五个阶段进行。

(一)准备工作

准备工作包括熟悉资料、现场会检、编制调试计划、备好仪器工具和做好运行准备等。各项准备工作就绪和检查无误后,即可投入试运转及调试。

(二)设备单体试运转

其目的是检查单台设备运行或工作时,其性能是否符合有关规范规定以及设备技术文件的要求,如有不符,应及时处理,使设备保持正常运行或工作状态。设备单体试运转的主要内容包括:①通风机试运转;②水泵试运转;③制冷机试运转;④空气处理室表面换热器试运转;⑤带有动力的除尘器与空气过滤器的试运转。

(三)无生产负荷联合试运转

其测定与调整内容包括:①通风机风量、风压及转速测定,通风(空调)设备风量、余压与风机转速测定;②系统与风口的风量测定与调整,实测与设计风量的偏差不应大于10%;③通风机、制冷机、空调器噪声的测定;④检测制冷系统运行的压力、温度、流量等各项技术数据,应符合有关技术文件的规定;⑤防火排烟系统正压送风前室静压的检测;⑥空气净化系统应进行高效过滤器的检漏和室内洁净度级别的测定;⑦空调系统带冷、热源的正常联合试运转应大于 8 h,当竣工季节条件与设计条件相差较大时,仅做不带冷、热源的试运转。通风、除尘系统的连续试运转应大于 2 h。

（四）竣工验收

在通风(空调)系统无生产负荷联合试运转验收合格后,施工单位应向建设单位提交下列文件及记录,并办理竣工验收手续:①设计修改的证明文件和竣工图;②主要材料、设备、成品、半成品和仪表的出厂合格证明或试验报告;③隐蔽工程验收单和中间验收记录;④分项、分部工程质量检验评定记录;⑤制冷系统试验记录;⑥空调系统的联合试运转记录。

（五）综合效能试验

对通风(空调)系统带生产负荷条件下做的系统联合试运转的测定与调整,即综合效能试验。带生产负荷的综合效能试验,应进行下列项目的测定与调整:

（1）通风、除尘系统综合效能试验。包括:①室内空气中含尘浓度或有害气体浓度与排放浓度的测定;②吸气罩罩口气流特性的测定;③除尘器阻力和除尘效率的测定;④空气油烟、酸雾过滤装置净化效率的测定。

（2）空调系统综合效能试验。包括:①送、回风口空气状态参数的测定与调整;②空调机组性能参数的测定与调整;③室内空气温度与相对湿度的测定与调整;④室内噪声的测定。对于恒温恒湿空调系统、洁净空调系统、防火排烟系统,还应增加一些测定项目。

以上试验的测定与调整均应遵守现行国家有关标准的规定及有关技术文件的要求。

思考题与习题

1. 简述通风系统的分类、各种类型通风系统的特点和组成。

2. 画示意图表示全面排风系统和局部排风系统。

3. 什么是防火分区? 什么是防烟分区?

4. 机械排烟适用于哪些场合?

5. 简述通风与空调的区别。

6. 空调系统由哪几部分组成? 根据不同的分类方法分为哪几类? 各种空调系统的特点和适用场合是什么?

7. 空气处理方法有哪些? 各有哪些主要设备?

8. 什么是空调房间的气流组织? 空调系统常见的气流组织形式有哪几种?

9. 压缩式制冷、溴化锂吸收式制冷的基本原理各是什么?

10. 画图并说明空调工程水系统的工作流程。

11. 通风与空调工程施工图的内容有哪些?

12. 通风与空调系统安装的内容有哪些?

第七章　建筑电气系统概述

第一节　建筑电气的含义及分类

一、建筑电气的含义、作用和设备分类

（一）含义和作用

建筑电气设备是建筑设备工程中的重要组成部分之一。建筑电气的基本含义是：建筑物及其附属建筑的各类电气系统的设计与施工以及所用产品、材料与技术的生产和开发的总称。建筑电气工程的主要功能是输送和分配电能、应用电能和传递信息，为人们提供舒适、便利、安全的建筑环境。

电能可以方便地转换为机械能、热能、光能、声能等，也可以方便地改变电压等级、交直流转换等。作为信息载体，电的传输速度快、容量大、控制方便，广泛地应用于电话、电视、广播音响、计算机等领域。建筑电气是以电能、电气设备和电气技术为手段，创造、维持并改善建筑物内部空间环境的一门学科。利用电工学、电子学及计算机等科学的理论和技术，在建筑物内部人为地创造并合理保持理想的环境，以充分发挥建筑物功能的一切电工、电子、计算机等设备和系统，统称为建筑电气系统。

最近的 20 年是建筑电气步入高科技领域的 20 年，不仅原有的配电系统（如照明、供电等方面）技术不断更新，而且电子技术、自动控制技术与计算机技术也迅速进入建筑电气设计与施工的范畴，与之相适应的新技术与新产品也正以极快的速度被开发和应用，并且在不断地更新。近年来，建筑物向着高层和现代化的方向不断发展，智能建筑不断涌现，使得在建筑物内部电能应用的种类和范围日益增加和扩大。因此，无论是目前还是今后，建筑电气对于整个建筑物功能的发挥、建筑布置和构造的选择、建筑艺术的体现、建筑管理的灵活性以及建筑安全的保证等方面，都起着重要的作用。

（二）设备分类

根据电气设备在建筑中所起作用范围的不同，可将建筑电气设备分为如下几类。

1. 创造环境的设备

对居住者的直接感受影响最大的环境因素是光、温湿度、空气和声音等。这几方面的条件部分或全部由建筑电气所创造。显然，在进行相应建筑电气设计时，应依据设计要求达到某一标准。但是，无论从生理学，或从心理学上，都很难对建筑环境的各因素确定出一个定量的标准值。人们工作性质、生活习惯、文化程度等的不同也会形成对各环境因素的不同要求。因而，在设计中既不能无所依据，也不能死套标准。往往是根据适用于一般情况下的数据，结合实际情况加以修改，然后以此作为设计依据。

（1）创造光环境的设备。在人工采光方面，无论是以满足人们生理需要为主的视觉

照明,还是以满足人们心理需要为主的气氛照明,均是采用电气照明才得以完成的。

(2)创造温湿度环境的设备。为使室内温湿度不受外界自然条件的影响,可采用空调设备,而空调设备的工作是靠消耗电能才得以完成的。

(3)创造空气环境的设备。补充新鲜空气,排除臭气、烟气、废气等有害气体,可采用通风换气设备实现。而通风换气设备,多是靠电动机拖动才工作的。

(4)创造声音环境的设备。可以通过广播系统形成背景音乐,将悦耳的乐曲或所需的音响送入相应的房间、门厅、走廊等建筑空间。

2. 追求方便性的设备

方便生活和工作是建筑设计的重要目的之一。增加相应的建筑电气设备是实现这一目的的主要措施。

1)方便居住者、使用者的生活和工作的设施

(1)满足生活基本需要的给水排水设施,其中增压设备等都是由电动机拖动而运转的。

(2)进行垂直运输的电梯。

(3)保证随时随地使用的各种电插座,由此可接入所需要的各种用电设备。

2)缩短信息传递时间的系统

(1)人与人之间交换信息用的电话系统。

(2)个别人和群体、多用户间沟通信息用的广播系统。

(3)供各用户统一时间的辅助电钟和显示器系统。

(4)用于迅速传递火灾信息的报警系统。

(5)随时监测用户的人身和财产安全状况的防盗报警系统。

以上设备的设置均应和建筑物的功能、等级相适应。不见得设备装得越多越方便,应力求以最少的数量取得最大的效果,只有和建筑设计密切配合,才可充分发挥这些设备和系统的作用。

3. 增强安全性的设备

其按作用分为以下两类:

(1)保护人身与财产安全的设备,如自动排烟设备、自动灭火设备、消防电梯、事故照明等。

(2)提高设备和系统本身可靠性的设备,如备用电源的自投,过电流、欠电压、接地等多种保护方式。

4. 提高控制性能的设备

建筑物交付使用后,其使用寿命、维修费用、设备更新费用、能源(光、热、电等)消耗费用和管理费用等并没有一个准确的定量标准,而完全由建筑功能物的控制性能和管理性能决定。增设提高控制性能和管理性能的设备,可以使建筑物的使用寿命延长,并使各项费用降低。具有这样性能的设备是各种局部自动控制系统,如消火栓消防泵自动灭火系统、自动空调系统等。当考虑控制方案时,应树立对建筑物进行整体控制的观点,设置中心调度室,可把局部控制通过集中调度合理地协调统一起来。

此外,建筑电气设备还可提供生产工艺、办公设备、日用电器的能源。

综合可见,建筑电气不仅是建筑物必要和重要的组成部分之一,而且其作用和地位日益增强和提高,因而应引起建筑设计人员、施工人员和运行维护者越来越多的重视。

二、建筑电气系统的分类

从电能的供入、分配、输送和消耗使用的观点来看,全部建筑电气系统可分为供配电系统和用电系统两大类。

根据用电设备的特点和系统中所传送能量的类型,又可将用电系统分为建筑电气照明系统、建筑动力系统和建筑弱电系统3种。

(一)建筑供配电系统

建筑用电属于电力系统末梢的主要电力用户之一。接收由电力系统输入的电能,并进行检测、计量、变压,然后向建筑物各用电设备分配电能的系统称为建筑供配电系统。供配电系统主要包括电能的生产和输配、电力负荷的分级及供电要求、供电电源及电压级别的选择、常用供电方式及系统接线方式、线路及电气设备的选择等。

(二)建筑用电系统

1.建筑电气照明系统

应用可以将电能转换为光能的电光源进行采光,以保证人们在建筑物内正常从事生产和生活活动,以及满足其他特殊需要的照明设施,称为建筑电气照明系统。建筑电气照明系统由电气系统和照明系统组成。电气系统由电源、导线、控制和保护设备以及各种照明灯具组成,其本身属于建筑供配电系统的一部分。照明系统是指光能的产生、传播、分配和消耗吸收的系统,一般由电光源、控制器、室内空间、建筑内表面、建筑形状和工作面等组成。电气和照明是相互独立又紧密联系的两套系统,连接点就是灯具。

2.建筑动力系统

应用可以将电能转换为机械能的电动机拖动水泵、风机、电梯等机械设备运转,为整个建筑物提供舒适、方便的生产和生活条件而设置的各种系统,统称为建筑动力系统,如供暖、通风、制冷、给水排水、运输等系统。维持这些系统工作的机械设备如风机、空调机、水泵、电梯等,基本上是靠电动机拖动的,因此可以说,建筑动力系统实质上就是向电动机配电,以及对电动机进行控制的系统。因电动机类型不同,电动机拖动的设备要求不同,其配电方法和控制要求也各不相同。

3.建筑弱电系统

建筑弱电系统是建筑电气的重要组成部分。在电气应用技术中,人们习惯将建筑物的动力、照明等输送能量的电力称为"强电",其处理对象是能源,特点是电压高、电流大、功率大、频率低,主要考虑的问题是减少损耗、提高效率及安全用电;而把传输信号、进行信息交换的电能称为"弱电",其处理对象主要是信息,特点是电压低、电流小、功率小、频率高,主要考虑的问题是信息传递的效果问题,例如信息传递的保真度、速度、广度和可靠性等。建筑弱电系统主要包括:火灾自动报警与消防联动控制系统、电话通信系统、广播系统、公用天线电视系统、安全防范系统、办公自动化系统等。

以上仅对建筑电气系统作了简要介绍,详细说明见后续章节。实际建筑内的用电设备和系统不止这些。随着生产和生活水平的不断提高,建筑电气的应用范围和规模不断扩大,建筑和电气的关系必然日益加深和紧密。

第二节　电力系统基本概念

电力是现代工业的主要动力。随着生产的社会化、现代化,社会生活的各个领域也越来越离不开电,一旦电能供应中断,就可能使整个社会生产和生活瘫痪。因此,每位受现代教育并即将从事工程技术工作的人,不但要学会如何用电,而且有必要对电力的生产、输送、分配和使用的全过程有所了解。

火力、水力、核能等发电厂将各种类型的能量转化为电能,然后经变电→输电→变电→配电等过程,将电能分配到各个用电场所。由于电力不能大量储存,其生产、输送、分配和消费都是在同一时间内完成的,因此必须把发电厂、电力网、电力用户等有机地联结成一个整体,即电力系统。

电力网是电力系统的重要组成部分,它包括变电站、配电所及各种电压等级的电力线路。

一、发电厂

发电厂是将自然界蕴藏的各种一次能源转换为电能(二次能源)的工厂。根据所利用的一次能源的不同,发电厂可分为火力发电厂、水力发电厂、原子能发电厂、风力发电厂、地热发电厂、太阳能发电厂等类型。目前,在我国接入电力系统的发电厂主要是火力发电厂和水力发电厂。

二、变电站、配电所

变电站就是接受电能、变换电压的场所。为了实现电能的经济输送和满足用电设备对电压的要求,需要对发电机发出的电压进行多次的变换。根据任务的不同,变电站可分为升压变电站和降压变电站两大类。升压变电站将低电压变换为高电压,一般建立在发电厂厂区内;降压变电站将高电压变换成合适的电压等级,一般建立在靠近电能用户的中心地点。

单纯用来接受和分配电能而不改变电压的场所称为配电所。一般变电站和配电所建在同一地点。

三、电力线路

电力线路一般分为输电线路和配电线路,是输送电能的通道。因为火力发电厂多建在燃料产地,水力发电厂则建在水力资源丰富的地方,一般这些大型的发电厂距离电能用户都比较远,所以需要用各种不同电压等级的电力线路,作为发电厂、变电站和电能用户之间的联系纽带,使发电厂生产的电能源源不断地输送到电能用户。

通常,把发电厂生产的电能直接分配给用户,或由降压变电站分配给用户的 110 kV 及以下的电力线路称为配电线路;把电压在 220 kV 及以上的高压电力线路称为输电线路。

四、电能用户

在电力系统中,一切消耗电能的用电设备均称为电能用户。用电设备按其用途可分为动力用电设备(如电动机等)、工艺用电设备(如电解、冶炼、电焊等)、电热用电设备(如电炉、干燥箱等)以及生活与照明用电设备等,它们分别将电能转换为机械能、光能和热能等不同形式,以适应生产和生活对电能的需要。

图 7-1 所示是从发电厂、变电站、电力线路到电能用户的送电过程示意图。

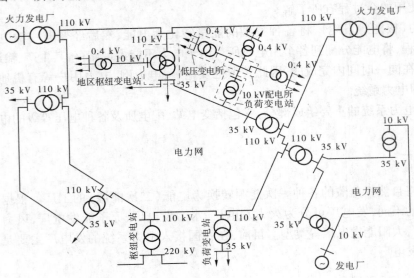

图 7-1　电力系统示意图

第三节　常见建筑电气设备

建筑电气设备主要包括高压电气设备、低压电气设备。高压电气设备是在 6~10 kV 的民用建筑供电系统中使用的电气设备,低压电气设备通常是指电压在 1 000 V 以下的电气设备。

建筑电气设备主要安装在配电柜(又称为开关柜)内,如图 7-2 所示。配电柜是一种标准的定型柜,安装高压设备的称高压开关柜,安装低压设备的称低压开关柜。

一、常用高压电气设备

(一)变压器

变压器是利用电磁感应原理来改变交流电压的装置,主要构件是初级线圈、次级线圈和铁芯(磁芯)。在电器设备和无线电路中,常

图 7-2　配电柜

用做升降电压、匹配阻抗、安全隔离等,如图7-3所示为一配电变压器。

建筑高压设备中采用的变压器主要是箱式变压器,如图7-4所示。箱式变压器将传统变压器集中设计在箱式壳体中,具有体积小、质量轻、噪声低、损耗低、可靠性高等优点,广泛应用于住宅小区、商业中心、机场、厂矿、企业、医院、学校等场所。

图7-3　配电变压器

图7-4　箱式变压器

(二)常用的高压配电设备

常用的高压配电设备有高压断路器、高压负荷开关、高压熔断器、高压隔离开关等,这些高压配电设备通常集成在若干个成套高压开关柜内,如图7-2所示。

高压开关柜按结构形式分,有固定式、活动式和手车式三种。固定式是柜内设备均固定安装,需到柜内进行安装维护,典型产品如 GG-1A 型开关柜。各开关柜均有厂家推荐的标准接线方案和固定的外形尺寸。

二、常用低压电气设备

在建筑工程中常见的低压电气设备有低压配电柜、配电盘(箱)、电表柜(箱)、照明灯具开关和插座等。

(一)低压配电柜

低压配电柜是按一定的接线方案将低压开关电器组合起来的一种低压成套配电装置,用在 500 V 以下的供配电系统中,做动力和照明配电之用。低压配电柜按维护的方式分,有单面维护式和双面维护式两种。单面维护式基本上靠墙安装(实际离墙0.5 m 左右),维护检修一般都在前面。双面维护式是离墙安装,柜后留有维护通道,可在前后两面进行维修。国内生产的双面维护式低压配电柜主要型号有 GGD、GDL、GHL、JK、MNS、GCS 等系列。

低压配电柜内的设备主要有刀开关、熔断器、低压断路器、接触器、电能表(电度表)等。

1.刀开关

刀开关是一种简单的手动操作电器,用于不频繁接通和切断容量不大的低压供电线路,并兼作电源隔离开关。刀开关的型号一般以 H 字母打头,种类规格繁多,并有多种衍生产品。按工作原理和结构,刀开关可分为开启式刀开关、开启式负荷开关、封闭式负荷开关、熔断式刀开关、组合开关等。

（1）开启式刀开关。开启式刀开关的最大特点是有一个刀形动触头，基本组成部分是闸刀（动触头）、刀座（静触头）和底板。开启式刀开关按操作方式分为单投和双投开关，按极数分为单极、双极和三极开关，按灭弧结构分为带灭弧罩和不带灭弧罩等。开启式刀开关常用于不频繁地接通或切断交流和直流电路，刀开关装有灭弧罩时可以切断负荷电流。常用型号有 HD 和 HS 系列。

（2）开启式负荷开关。开启式负荷开关是普遍使用的一种刀开关，又称胶盖闸刀开关。闸刀装在瓷质底板上，每相附有保险丝、接线柱，用胶木罩壳盖住闸刀，以防止切断电源时电弧烧伤操作者。开启式负荷开关价格便宜，使用方便，在建筑中广泛使用。三相开启式负荷开关在小电流配电系统中用来接通和切断电路，也可用于小容量三相异步电动机的全压启动操作；单相双极开关用在照明电路或其他单相电路上，其中熔丝提供短路保护。开启式负荷开关常用型号有 HK 系列。开启式负荷开关外形如图 7-5 所示。

（3）封闭式负荷开关。封闭式负荷开关主要由刀开关、熔断器和铁制外壳组成，又称铁壳开关。在刀闸断开处有灭弧罩，断开速度比开启式负荷开关快，灭弧能力强，并具有短路保护。它适用于各种配电设备，供不频繁手动接通和分断负荷电路之用，包括用做感应电动机的不频繁启动和分断。封闭式负荷开关的型号主要有 HH3、HH4、HH12 等系列，结构如图 7-6 所示。

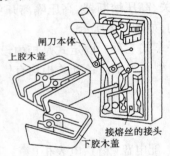

图 7-5　开启式负荷开关

闸刀本体
上胶木盖
接熔丝的接头
下胶木盖

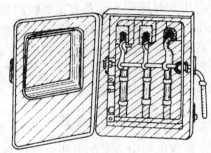

图 7-6　封闭式负荷开关

（4）熔断式刀开关。熔断式刀开关也称刀熔开关，熔断器装于刀开关的动触片中间。它的结构紧凑，可代替分列的刀开关和熔断器，通常装于开关柜及电力配电箱内，主要型号有 HR3、HR5、HR6、HR11 系列。

（5）组合开关。组合开关是一种多功能开关，可用来接通或分断电路，切换电源或负载，测量三相电压，控制小容量电动机正、反转等，但不能用做频繁操作的手动开关，主要型号有 HZ10 系列等。

除上述所介绍的各种形式的手动开关外，近几年来国内已有厂家从国外引进技术，生产出较为先进的新型隔离开关，如 PK 系列可拼装式隔离开关和 PG 系列熔断器多极开关。它的外壳采用陶瓷等材料制成，耐高温、抗老化、绝缘性能好。该产品体积小，质量轻，可采用导轨进行拼装，电气寿命和机械寿命都较长。它可代替前述的小型刀开关，广泛用于工矿企业、民用建筑等场所的低压配电电路和控制电路中。

2. 低压断路器

低压断路器又称低压空气开关或自动空气开关。低压断路器具有良好的灭弧性能，它能带负荷通断电路,可以用于电路的不频繁操作,同时它又能提供短路、过负荷和失压保护,是低压供配电线路中重要的开关设备。低压断路器主要由触头系统、灭弧系统、脱扣器和操作机构等部分组成。它的操作机构比较复杂,主触头的通断可以手动操作,也可以电动操作。低压断路器的结构原理如图7-7所示。一般低压空气开关在使用时要垂直安装,不能倾斜,以避免其内部机械部件运动不够灵活。接线时要上端接电源线,下端接负载线。有些低压空气开关自动跳闸后,需将手柄向下扳,然后向上推才能合闸,若直接向上推则不能合闸。

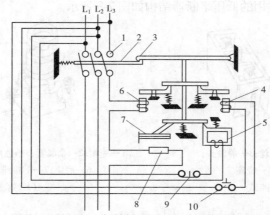

1—触头;2—跳钩;3—锁扣;4—分励脱扣器;5—欠电压脱扣器;6—过电流脱扣器;
7—双金属片;8—热元件;9—常闭按钮;10—常开按钮

图7-7　低压断路器原理图

低压空气断路器按照用途可分为配电用断路器、电机保护用断路器、直流保护用断路器、发电机励磁回路用灭磁断路器、照明用断路器、漏电保护断路器等。按照分断短路电流的能力可分为经济型、标准型、高分断型、限流型、超高分断型等。

万能式空气断路器又称框架式自动空气开关,它可以带多种脱扣器和辅助触头,操作方式多样,装设地点灵活。目前常用的型号有 AE(日本三菱)、DW12、DW15、ME(德国AEG)等系列。

塑料外壳式断路器又称装置式自动空气开关,它的全部元件都封装在一个塑料外壳内,在壳盖中央露出操作手柄,用于手动操作,在民用低压配电系统中用量很大。其种类繁多,常见的型号有 DZ13、DZ15、DZ20、C45、C65 等系列。

漏电保护断路器是在断路器上加装漏电保护器件,当低压线路或电气设备上发生人身触电、漏电和单相接地故障时,漏电保护断路器便快速自动切断电源,保护人身和电气设备的安全,避免事故扩大。按照动作原理,漏电保护断路器可分为电压型、电流型和脉冲型。按照结构,可分为电磁式和电子式。

漏电保护型的空气断路器在原有代号上再加字母 L,表示是漏电保护型的,如DZ15L-60 系列漏电断路器。漏电断路器的保护方式一般分为低压电网的总保护和低压电网的分级保护两种。

3. 交流接触器

接触器的工作原理是利用电磁吸力来使触头动作,它可以用于需要频繁通断操作的场合。接触器按电流类型不同,可分为直流接触器和交流接触器。在建筑工程中常用的是交流接触器。目前常见的交流接触器型号有 CJ12、CJ20、B、LCI - D 等系列。

4. 低压熔断器

低压熔断器是常用的一种简单保护电器。与高压熔断器一样,主要作为短路保护用,在一定条件下也可起过负荷保护的作用。低压熔断器工作原理同高压熔断器一样,当线路中出现故障时,通过的电流大于规定值,熔体产生过量的热而被熔断,电路由此被分断。

低压熔断器常用的有瓷插式(RC1A)、螺旋式(RL7)、密闭管式(RM10)、填充料式(RT20)等多种类型。常用的低压熔断器结构如图 7-8 所示。

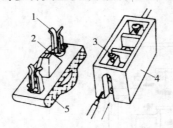

1—动触头;2—熔丝;3—静触头;
4—瓷盒;5—瓷座

(a)瓷插式

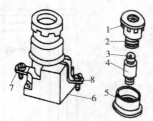

1—瓷帽;2—金属管;3—色片;4—熔丝管;5—瓷套;
6—底座;7—下接线端;8—上接线端

(b)螺旋式

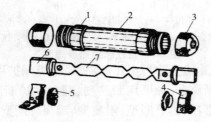

1—黄铜圈;2—纤维管;3—黄铜帽;4—刀座;5—特种垫圈;6—刀形接触片;7—熔片

(c)密闭管式

图 7-8　常用低压熔断器结构

瓷插式灭弧能力差,只适用于故障电流较小的线路末端。其他几种类型的熔断器均有灭弧措施,分断电流能力比较强。密闭管式结构简单,螺旋式更换熔管时比较安全,填充料式的断流能力更强。

(二)配电盘(箱)

配电盘(箱)内主要装有所管辖范围内的全部用电设备的控制和保护设备,其作用是接受和分配电能。在整个建筑内部的公共场所和房间内大量设置有配电盘(箱)。

(1)配电盘的布置。从技术性考虑,应保证每个配电盘的各相供电负荷均衡,其不均匀程度小于 30% ,在总盘的供电范围内,各相负荷的不均匀程度小于 10% 。

从可靠性考虑,供电总干线中的电流一般为 60 ~ 100 A。每个配电盘的单相分支线不应超过 6 ~9 路;每路分支线上设一个空气开关或熔断器;每支路所接设备(如灯具和插座等)总数不宜超过 20 个(最多不超过 25 个),花灯、彩灯、大面积照明灯等回路除外。

从经济性考虑,配电盘应位于用电负荷的中心,以缩短配电线路,减少电压损失。一般规定,单相配电盘供电半径 30 m,三相配电盘供电半径 60 ~ 80 m。各层配电盘的位置在多层建筑中应在相同的平面位置处,以利于配线和维护,且应设置在操作维护方便、干燥通风、采光良好处,并注意不要影响建筑美观和结构合理的配合。

(2)盘面布置及尺寸。根据盘内设备的类型、型号和尺寸,结合供电工艺情况对设备作合理布置,按照设计手册的相应规定,确定各设备之间的距离,即可确定盘面的布置和尺寸。为方便设计和施工,应尽量采用设计手册中所推荐的典型盘面布置方案。

(三)电表柜(箱)

在建筑供配电系统中,通常将同个楼层的电表及支路开关集中安装在同一个箱柜内,即电表柜(箱),如图 7-9 所示。

电表柜(箱)内的主要设备是电能表,简称电表,如图 7-10 所示。电能表是用来测量电能的仪表,又称电度表、火表、千瓦时表。

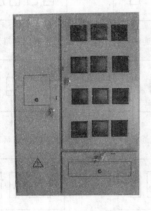

图 7-9　电表柜

图 7-10　电能表

电能表在用电管理中是不可缺少的,凡是计量用电的地方均应设电能表。目前应用较多的是感应式电能表,它是利用固定的交流磁场与由该磁场在可动部分的导体中所感应的电流之间的作用力而工作的,主要由驱动元件(电压元件、电流元件)、转动元件(铝盘)、制动元件(制动磁铁)和积算元件等组成。

(四)照明灯具开关和插座

低压电气设备还包括照明灯具开关和电源插座,主要用来控制用电设备的开和关,并为低压用电设备提供单相或三相电源。

1. 照明灯具开关

照明灯具开关用于对单个或多个灯具进行控制,工作电压为 250 V,额定电流有 6 A、10 A 等,有拉线式和翘板式等多种形式,翘板式又有明装和暗装、单极和多极、单控和双控之分。

对于影剧场、歌舞厅、大会场、大商场以及车间厂房等大空间场所的照明,往往用一个开关控制较多的灯具,常采用断路器在照明配电箱内直接集中控制。而对于小空间房间,灯具数量少,电流小(一般在 5 A 以下),为控制方便和节约用电,一般采用专用的照明灯具开关就近控制,而照明配电箱内的断路器只作为配电之用。

2.电源插座

在生活、工作及某些生产场所,需要对大量的小型移动电器供电,对这类电器的供电一般采用电源面板插座。一般插座是长期带电的,在设计和使用时要注意。插座根据线路的明敷设和暗敷设的要求,也有明装式和暗装式两种。插座按所接电源相数分三相和单相两类。单相插座按孔数可分二孔、三孔。二孔插座的左边是零线、右边是相线;三孔也一样,只是中间孔接保护线。

近年来国内生产灯具开关和电源面板插座的厂家很多,品种型号也各有不同,但面板规格尺寸国家有统一标准。图 7-11 所示为部分面板开关、插座外形示意图,图 7-12 为插座配线示意图。

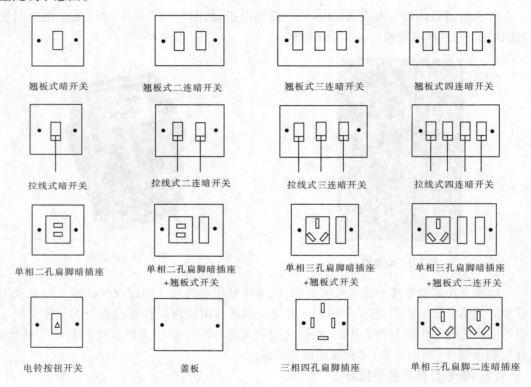

图 7-11 部分面板开关、插座外形

3.照明灯具开关和电源插座接线要求

(1)照明灯具开关应接于相线上。

(2)明装或暗装翘板式开关,安装标高距地 1.4 m。

(3)拉线式开关,安装标高距地 2.0~3.0 m 或距顶 0.2 m。

(4)明装插座,安装标高距地 1.8 m。

(5)暗装插座,安装标高距地 0.3 m 或 1.8 m。

(6)插座导线连接方法:面向插座面板,单相二孔为左接零线右接相线;单相三孔为左接零线右接相线,上孔接保护线;三相四孔插座中间及下面三孔接相线,顶孔接零线或保护线。

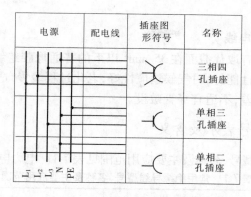

电源	配电线	插座图形符号	名称
			三相四孔插座
			单相三孔插座
L_1 L_2 L_3 N PE			单相二孔插座

图 7-12 插座配线示意图

第四节 常用电线电缆

在建筑供配电系统中,电线、电缆的导体材料一般为铜芯和铝芯。

一、常用电线、电缆

(一)油浸纸绝缘电力电缆

油浸纸绝缘电力电缆有铅、铝两种护套。铅护套质软,韧性好,易弯曲,化学性能稳定,熔点低,便于制造及施工;但价格贵、质量重,且膨胀系数小于浸渍纸绝缘电缆,线芯发热时电缆内部产生的应力可能使铅包变形。铝护套质量轻,成本低,但制造及施工困难。

油浸纸绝缘电力电缆的优点是耐热能力强,允许运行温度较高,介质损耗低,耐电压强度高,使用寿命长;缺点是不能在低温场所敷设,且电缆两端水平差不宜过大,民用建筑内配电不宜采用。

(二)聚氯乙烯绝缘及护套电力电缆

该电缆主要优点是制造工艺简单,没有敷设高差限制,质量轻,弯曲性能好,接头制造简便,耐油、耐酸碱腐蚀,不延燃,价格便宜,因此普遍使用于民用建筑低压配电系统。

(三)交联聚乙烯绝缘聚氯乙烯护套电力电缆

该电缆性能优良,结构简单,制造工艺不复杂,外径小,质量轻,载流量大,敷设水平高差不受限制,但是价格较贵,且有延燃缺点。

(四)橡胶绝缘电力电缆

其优点是弯曲性能好,耐寒能力强,特别适用于水平高差大和垂直敷设的场合,橡胶绝缘橡胶护套软电缆还可用于直接移动式电气设备;缺点是允许运行温度低,耐油性能差,价格较贵,一般室内配电使用不多。

(五)塑料绝缘电线

该电线绝缘性能好,制造方便,价格便宜,可取代橡胶绝缘电线;缺点是对气候适应性较差,低温时易变硬发脆,高温或日光下绝缘老化加快。因此,该电线不宜在室外敷设。

(六)橡胶绝缘电线

该电线根据玻璃丝或棉纱的货源情况配置编织层材料,现已逐步被塑料绝缘电线取代,一般不宜采用。

（七）氯丁橡胶绝缘电线

氯丁橡胶绝缘电线有取代截面在 35 mm² 以下的普通橡胶绝缘电线的趋势。其优点是不易霉,不延燃,耐油性能好,对气候适应性好,老化过程缓慢,适应在室外架空敷设;缺点是绝缘层机械强度较差,不适宜穿管敷设。

二、电线、电缆型号表示及含义

配电线路常用导线型号、名称及主要应用范围见表 7-1。电力电缆型号含义见表 7-2。

表 7-1　常用绝缘导线型号、名称及主要应用范围

型号	名称	主要应用范围
BV	铜芯聚氯乙烯塑料绝缘线	户内明敷或穿管敷设
BLV	铝芯聚氯乙烯塑料绝缘线	
BX	铜芯橡胶绝缘线	户内明敷或穿管敷设
BLX	铝芯橡胶绝缘线	
BVV	铜芯聚氯乙烯塑料护套线	户内明敷或穿管敷设
BLVV	铝芯聚氯乙烯塑料护套线	
BVR	铜芯聚氯乙烯塑料绝缘软线	用于要求柔软电线的地方,可明敷或穿管敷设
BLVR	铝芯聚氯乙烯塑料绝缘软线	
BVS	铜芯聚氯乙烯塑料绝缘双绞软线	用于移动式日用电器及灯头连接线
RVB	铜芯聚氯乙烯塑料绝缘扁平软线	
BBX	铜芯橡胶绝缘玻璃纺织线	户内外明敷或穿管敷设
BBLX	铝芯橡胶绝缘玻璃纺织线	

表 7-2　电力电缆型号含义

类别	导体	内护套	特征	外护套
Z:油浸纸绝缘	L:铝芯	Q:铅包	P:滴干式	01:纤维外被
V:聚氯乙烯绝缘	T:铜芯	L:铝包	D:不滴流式	02:聚氯乙烯套
Y:聚乙烯绝缘	（一般不	V:聚氯乙烯	F:分相铜铅包	03:聚乙烯套
YJ:交联聚乙烯绝缘	注）	护套	式	20:裸钢带铠装
X:橡胶绝缘		Y:聚乙烯护套		22:钢带铠装聚氯乙烯套
				23:钢带铠装聚乙烯套
				30:裸细钢丝铠装
				32:细圆钢丝铠装聚氯乙烯套
				33:细圆钢丝铠装聚乙烯套
				41:粗圆钢丝铠装纤维外被

例如,ZQ22 - 10(3×70)表示油浸纸绝缘内铅包护套外钢带铠装聚氯乙烯套铜芯电

缆,耐压等级 10 kV,三芯,导线标称截面为 70 mm²。

　　VV22 - 1.0(3 × 95 + 1 × 50)表示聚氯乙烯绝缘与护套钢带铠装铜芯电缆,耐压等级 1 kV,四芯,相线三芯标称截面为 95 mm²,中性线标称截面为 50 mm²。

思考题与习题

　1. 建筑电气系统是如何分类的?

　2. 什么是高压电气设备和低压电气设备?

　3. 常用的低压电气设备主要有哪些?

　4. 低压断路器有哪些功能?

　5. 配电箱的作用是什么?

　6. 二孔插座和三孔插座如何接线?

　7. YJV22 - 1.0(3 × 35 + 1 × 10)表示什么含义?

第八章　建筑供配电系统及照明系统

第一节　建筑供配电系统

工业与民用建筑,一般是从城市电力网取得高压 10 kV 或低压 380 V/220 V 作为电源供电,然后将电能分配到各用电负荷处配电。电源和负荷用各种设备(变压器、配电柜、配电箱等)与各种材料、元件(导线、电缆、开关等)连接起来,即组成了建筑物的供配电系统。

一、电源的引入方式

建筑用电属于动力系统的一部分,低压供配电系统的供电线路包括低压电源引入及主接线等,常以引入线(通常为高压断路器)和电力网分界。

根据建筑物内的用电量大小和用电设备的额定电压数值等因素,电源的引入方式可以分为以下三种:

(1)建筑物较小或用电设备的容量较小,而且均为单相低压用电设备时,可由电力系统的柱上变压器引入单相 220 V 的电源。

(2)建筑物较大或用电设备的容量较大,但全部为单相和三相低压用电设备时,可由电力系统的柱上变压器引入三相 380 V/220 V 的电源。

(3)建筑物很大或用电设备的容量很大时,虽全部为单相和三相低压用电设备,但从技术和经济因素考虑,应由变电站引入三相高压 6 kV 或 10 kV 的电源,经降压后供用电设备使用。并且在建筑物内设置变压器,布置变电室。若建筑物内有高压用电设备,应引入高压电源供其使用,同时装置变压器,满足低压用电设备的电压要求。

二、建筑供电系统方案选择

供配电系统的运行统计资料表明,系统中各个环节以电源对供电可靠性的影响最大,其次是供配电线路等其他因素。建筑供电系统应依照建设单位要求,由设计者根据工程负荷量,区分各个负荷的级别和类别,确定供电方案,并经供电部门同意。

(一)三级负荷

三级负荷可由单电源供电,如图 8-1(a)所示。

(二)二级负荷

二级负荷一般应由上一级变电站的两段母线上引双回路进行供电,以保证变压器或线路发生常见故障而中断供电时,能迅速恢复供电,如图 8-1(b)所示。

(三)一级负荷

为保证供电的可靠性,对于一级负荷应由两个独立电源供电,如图 8-1(c)所示。即双路独立电源中任一个电源发生故障或停电检修时,都不至于影响另一个电源的供电。对于一级负荷中特别重要的负荷,除双路独立电源外,还应增设第三电源或自备电源(如发电机组、蓄电池),如图 8-1(d)所示。根据用电负荷对停电时间的要求,确定应急电源接入方式。蓄电池为不间断电源,也称 UPS,适用于停电时间为毫秒级的线路。允许中断供电时间大于电源切换时间的供电,可采用带有自动投入装置的专门馈电线路接入。当允许 15 s 以上中断供电时间时,可采用快速自动启动柴油发电机组。

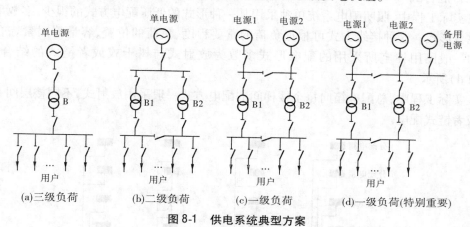

图 8-1　供电系统典型方案

三、建筑低压配电系统的配电方式

建筑低压配电系统由配电装置(配电盘)及配电线路(干线及分支线)组成。常见的低压配电方式有放射式、树干式、链式及混合式四种,如图 8-2 所示。

(一)放射式

由总配电箱直接供电给分配电箱或负载的配电方式称为放射式,如图 8-2(a)所示。

放射式的优点是各个负荷独立受电,因而故障范围一般仅限于本回路。各分配电箱与总配电箱(柜)之间为独立的干线连接,各干线互不干扰,当某线路发生故障需要检修时,只切断本回路而不影响其他回路,同时回路中电动机启动引起的电压波动,对其他回路的影响也较小。其缺点是所需开关和线路较多,系统灵活性较差。

放射式配电方式适用于容量大、要求集中控制的设备,要求供电可靠性高的重要设备配电回路,以及有腐蚀性介质和爆炸危险等场所的设备。

(二)树干式

树干式是从总配电箱(柜)引出一条干线,各分配电箱都从这条干线上直接接线,如图 8-2(b)所示。

树干式的优点是投资省,结构简单,施工方便,易于扩展;缺点是供电可靠性较差,一旦干线任一处发生故障,都有可能影响到整条干线,故障影响的范围较大。这种配电方式常用于明敷设回路,容量较小、对供电可靠性要求不高的设备。

(三)链式

链式也是在一条供电干线上连接多个用电设备或分配电箱,与树干式不同的是,其线路的分支点在用电设备上或分配电箱内,即后面设备的电源引自前面设备的端子,如图 8-2(c)所示。该方式的优点是线路上无分支点,适合穿管敷设或电缆线路,节省有色金属;缺点是线路或设备检修以及线路发生故障时,相连设备全部停电,供电的可靠性差。

这种配电方式适用于暗敷设线路,供电可靠性要求不高的小容量设备,一般串联的设备不宜超过 3~4 台,总容量不宜超过 10 kW。

(四)混合式

在实际工程中,照明配电系统单独采用某一种形式的低压配电方式的很少,多数采用的是混合形式。这种接线方式可根据负荷的重要程度、负荷的位置、容量等因素综合考虑。如一般民用住宅所采用的配电形式多数为放射式与树干式或者链式的结合,如图 8-2(d)所示。

在实际工程中,总配电箱向每个楼梯间的配电方式一般采用放射式,不同楼层间为树干式或者链式配电。

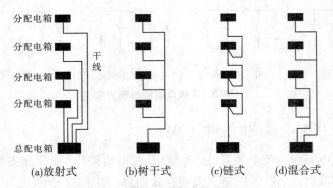

图 8-2　低压配电系统的配电方式

四、建筑低压配电线路

(一)架空线路

当市电为架空线路时,建筑物的电源宜采用架空线路引入方式。

架空线路主要由导线、电杆、横担、绝缘子和线路金具等组成。其优点是设备材料简单,成本低,容易发现故障,维护方便;缺点是易受外界环境的影响,供电可靠性较差,影响环境的整洁美观等。

(二)电缆线路

当市电为地下电缆线路时,建筑物的电源常采取地下电缆引入方式。

电缆线路的优点是不受外界环境影响,供电可靠性高,不占用土地,有利于环境美观;缺点是材料和安装成本高。在低压配电线路中广泛采用电缆线路。

电缆主要由线芯、绝缘层、外护套三部分组成。根据电缆的用途不同,可分为电力电缆、控制电缆、通信电缆等;按电压不同可分为低压电缆、高压电缆两种。电缆的型号中包含其用途类别、绝缘材料、导体材料、保护层等信息。目前,在低压配电系统中常用的电力电缆有 YJV(交联聚乙烯绝缘、聚氯乙烯护套)电力电缆和 VV(聚氯乙烯绝缘、聚氯乙烯护套)电力电缆等,一般优选 YJV 电力电缆。

电缆敷设有直埋、电缆沟、排管、架空等方式,直埋电缆必须采用有铠装保护的电缆,埋设深度不小于0.7 m。电缆敷设应选择路径最短、转弯最少、受外界因素影响小的路线。地面上在电缆拐弯处或进建筑物处要埋设标示桩,以备日后施工维护时参考。

五、建筑低压配电系统

(一)照明配电系统

照明配电系统的特点是按建筑物的布局选择若干配电点,一般情况下,在建筑物形成的每个沉降与伸缩区内设1~2个配电点,其位置应使照明支路线路的长度不超过40 m,如条件允许最好将配电点选在负荷中心。

建筑物为平房时,一般按所选的配电点连接成树干式配电系统。

当建筑物为多层楼房时,可在底层设进线电源配电箱或总配电室,其内设置可切断整个建筑照明供电的总开关和3只单相电度表,作为紧急事故或维护干线时切断总电源和计量建筑用电用。建筑的每层均设置照明分配电箱,设置分配电箱时要做到三相负荷基本平衡。

分配电箱内设照明支路开关及便于切断各支路电源的总开关,考虑短路和过流保护均采用空气开关或熔断器,并要考虑设置漏电保护装置。每个支路开关应注明负荷容量、计算电流、相别及照明负荷的所在区域。当支路开关不多于3个时,也可不设总开关。

如图8-3所示为某公寓楼宿舍内的配电箱配电系统。配电箱进线引至底层配电柜,经宿舍配电箱后引出4条支路,分别是照明、插座、热水器、空调支路。

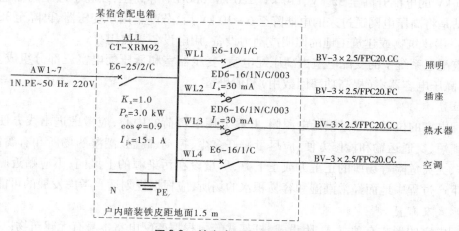

图8-3 某宿舍配电箱配电系统

以上所述为一般照明的配电系统,当有事故照明时,需与一般照明的配电分开,另按消防要求自成系统。

(二)动力配电系统

动力负荷的电价为两种,即非工业电力电价及照明电价。动力负荷的使用性质分为多种,如建筑设备(电梯、自动门等)、建筑设备机械(水泵、通风机等)、各种专业设备(炊事、医疗、实验设备等)。动力负荷的配电需按电价、使用性质归类,按容量及方位分线路。对集中负荷采取放射式配电干线;对分散负荷采取树干式配电,依次连接各个动力负荷配电盘。

　　多层建筑物当各层均有动力负荷时,宜在每个伸缩沉降区的中心每层设置动力配电点,并设分总开关作为检修或紧急事故切断电源用。电梯设备的配电,一般直接由总配电装置引至屋顶机房。图8-4所示为某动力控制中心的配电系统。

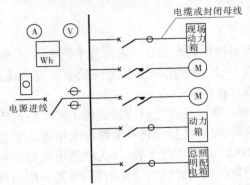

A—额定电流表；V—额定电压表；M—电动机；Wh—电能表

图8-4　某动力控制中心的配电系统

(三)变配电室(所)

它的作用是从电力系统接受电能、变换电压及分配电能。

　　变配电所可以分为升压变电站和降压变电站两大类型。升压变电站是将发电厂生产的6～10 kV的电能升高至35 kV、110 kV、220 kV、500 kV等高压,以利于远距离输电;降压变电站是将高压电网送过来的电能降至6～10 kV后,分配给用户变压器,再降至380 V或220 V,供建筑物或建筑工地的照明或动力设备、用电设备等使用。

　　建筑配电系统中的变配电室由高压配电室、变压器室和低压配电室三部分组成。此外,还有高压电容器室(提高功率因数用)和值班室。

　　1.位置

　　变配电室的位置应尽量接近电源侧,并靠近用电负荷的中心;应考虑进出线方便、顺直且距离短、交通运输和检修方便;应尽量避开多尘、振动、高温、潮湿的场所和有腐蚀气体、爆炸、火灾危险等场所的正上方或正下方,尽量设在污染源的上风向;不应贴近厕所、浴室或生产过程中地面经常潮湿和容易积水的场所,应根据规划适当考虑发展的可能性。

　　2.形式及布置

　　变配电室的形式有独立式、附设式、杆架式等。根据变配电室本身有无建筑物以及该建筑与用电建筑间的相互位置关系,附设式又分内附式和外附式。

　　其布置原则为:具有可燃性油的高压开关柜,宜单独布置在高压配电室内,但当高压开关柜的数量少于5台时,可和低压配电屏置于同一房间。不具有可燃性的高、低压配电装置和非油浸电力变配电器及非可燃性油浸电容器可置于同一房间内。有人值班的变配电室应单独设值班室,只具有低压配电室时,值班室可与低压配电室合并,但应保证值班人员工作的一面或一端到墙的距离不小于3.0 m。单独值班室与高压配电室应直通户外或通向走廊。独立变配电室宜为单层布置。当采用二层布置时,变压器应设在首层,二层变配电室应有吊装设备和吊装平台及吊装孔。各室之间及各室内部应合理布置,便于设备的操作、巡视、搬运、检修和试验,并应考虑发展的可能性。

3. 对建筑的要求

(1)可燃性油浸电力变配电室应按一级耐火等级建筑设计,而非燃或难燃介质的电力变压器室、高压配电室、高压电容器室的耐火等级应等于二级或二级以上,低压配电室和低压电容器室的建筑耐火等级不应低于二级。

(2)变压器室的门窗应具有防火耐燃性能,门一般采用防火门。通风窗应采用非燃材料。变压器室及配电室门宽宜大于设备的不可拆卸宽度 0.3 m,高度应高于设备不可拆卸高度 0.3 m。变压器室、配电室、电容器室的门应外开并装弹簧锁,对相邻设置电气设备的房间,若设门时应装双向开启门或门向低压方向开。

(3)高压配电室和电容器室窗户下沿距室外地面高度宜大于或等于 1.8 m,其临街面不宜开窗,所有自然采光窗不能开启。

(4)变配电室长度大于 8.0 m 时,应在房间两端设有两个出口,二层变配电室至少应有一个出口通向室外平台或通道。

(5)变配电室(所)所有门窗,当开启时不应直通酸、碱、粉尘、蒸汽和噪声污染严重的相邻建筑。门、窗、电缆沟等应能防止雨、雪以及鼠、蛇类小动物进入。

第二节　建筑施工现场的电力供应

建筑施工现场的电力供应是指为建筑施工工地现场提供电力,以满足工程建设用电的需求。这种用电需求一般由两大部分组成:一种是建筑工程施工设备的用电,另一种是施工现场照明用电。当建设工程施工在正常进行时,这个供电系统必须能保证正常工作,以满足施工用电的要求;当建设工程施工完成时,这个供电系统的工作也告结束。它特别明显地具有临时供电的性质,所以施工现场的电力供应是临时性供电。

建筑施工现场供电虽然是临时的,但从电源引进一直到用电设备,仍然形成了一个完整的供电系统。

随着社会发展的需要,建设项目越来越多,规模大的项目也不少,故施工现场的用电量也越来越大,再加上施工现场的环境比较恶劣,用电设备流动性大,临时性强,负荷变化大,供配电有其特殊性。

一、施工现场供配电

电力系统是由供电系统和配电系统两部分组成的。供电系统包括供电电源(如变压器等)和主接线,配电系统一般由配电装置及配电线路组成。施工现场的电力系统应满足用电设备对供电可靠性、供电质量及供电安全的要求,接线方式应力求简单可靠、操作方便及安全。

(一)施工现场的电源(即施工现场的供电形式)

施工现场供电的形式有多种,具体采用哪一种应根据项目的性质、规模和供电要求确定。下面介绍施工现场供电的几种常用形式。

（1）独立变配电所供电。对一些规模比较大的项目,如规划小区、新建学校、新建工厂等工程,可利用配套建设的变配电所供电。即先建设好变配电所,由其直接供电,这样可避免重复投资,造成浪费。永久性变配电所投入使用,从管理的角度上看比较规范,供电的安全性有了基本的保障。变配电所主要由高压配电屏(箱、柜、盘)、变压器和低压配电屏(箱、柜、盘)组成。

（2）自备变压器供电。目前,城市中高压输电的电压一般为 10 kV,而通常用电设备的额定电压为 220 V/380 V。因此,对于建筑施工现场的临时用电,可利用附近的高压电网,增设变压器等配套设备供电。变电站的结构型式一般可分为户内与户外变电站两种,为了节约投资,在计算负荷不是特别大的情况下,施工现场的临时用电均采用户外变电站。户外变电站又以采用杆上变电站居多。

户外变电站的结构比较简单,主要由降压变压器、高压开关、低压开关、母线、避雷装置、测量仪表、继电保护等组成。

（3）低压 220 V/380 V 供电。对于电气设备容量较小的建设项目,若附近有低压 220 V/380 V 电源,在其余量允许的情况下,可到有关部门申请,采用附近低压 220 V/380 V 直接供电。

（4）借用电源。若建设项目电气设备容量小,施工周期短,可采取就近借用电源的方法,解决施工现场的临时用电。如借用就近原有变压器供电或借用附近单位电源供电,需征得有关部门审核批准方可。

（二）施工现场的配电线路

建筑工地的供电方式,绝大多数采用三相五线制,便于变压器中性点接地、用电设备保护接零和重复接地。在小型施工工地,一般采用树干式供电系统供电。在大型工地,用电量较大,采用放射式供电系统供电。

施工现场配电线路可分为架空线配线和电缆配线两种。

1. 架空线配线

架空线配线由于投资费用低,施工方便,分支容易,所以得到广泛应用,特别是在建筑施工现场。但架空线受气候、环境影响较大,故供电可靠性较差。

建筑工地上的低压架空线主要由导线、横担、拉线、绝缘子和电杆组成。

架空线必须架设在专用电杆上,即木杆和钢筋混凝土杆,严禁架设在树木、脚手架及其他设施上。钢筋混凝土杆不得有露筋、宽度大于 0.4 mm 的裂纹和扭曲,木杆不得腐朽,其梢径不应小于 140 mm。

架空线必须采用绝缘导线,导线截面的选择应符合规范要求。架空线路必须采取短路保护和过载保护措施。

2. 电缆配线

电力电缆可采用埋地敷设和在电缆沟内敷设两种,它与架空线相比,供电可靠,受气候、环境影响小,且线路上的电压损失也比较小,故是一种比较安全可靠的供配电线路。但是,由于电力电缆成本较高,且线路分支困难,检修不方便,所以选择时应多方面考虑而定。

电缆中必须包含全部工作芯线和用做保护零线或保护线的芯线。需要三相四线制配电的电缆必须采用五芯电缆。五芯电缆必须包含淡蓝、绿/黄两种颜色的绝缘芯线。淡蓝色芯线必须用做 N 线,绿/黄双色芯线必须用做 PE 线,严禁混用。

电缆线路应采用埋地或架空敷设,严禁沿地面明设,并应避免机械损伤和介质腐蚀。埋设电缆的路径应设方位标志。

电缆类型应根据敷设方式、环境条件选择。埋地敷设宜选用铠装电缆;当选用无铠装电缆时,应能防水、防腐。架空敷设宜选用无铠装电缆。

电缆直接埋地敷设的深度不应小于 0.7 m,并应在电缆紧邻上、下、左、右侧均匀敷设不小于 50 mm 厚的细砂,然后覆盖砖或混凝土板等硬质保护层。

埋地电缆在穿越建筑物、构筑物、道路、易受机械损伤、介质腐蚀场所及引出地面从 1.8 m 高到地下 0.2 m 处,必须加设防护套管,防护套管内径不应小于电缆外径的 1.5 倍。

在建工程内的电缆线路必须采用埋地引入,严禁穿越脚手架引入。电缆垂直敷设应充分利用在建工程的竖井、垂直孔洞等,并宜靠近用电负荷中心,固定点每楼层不得少于一处。电缆水平敷设宜沿墙或门口刚性固定,最大弧垂距地面不得小于 2.0 m。

装饰装修工程或其他特殊阶段,应补充编制单项施工用电方案。电源线可沿墙角、地面敷设,但应采取防机械损伤和防火措施。

室内配线必须采用绝缘导线或电缆,非埋地明敷主干线距地面高度不得小于 2.5 m。

室内配线所用导线或电缆的截面应根据用电设备或线路的计算负荷确定,但铜线截面不应小于 1.5 mm²,铝线截面不应小于 2.5 mm²。

电缆配线必须有短路保护和过载保护。

（三）建筑施工电力负荷计算

建筑施工现场的电力负荷分为动力负荷和照明负荷两大类。动力负荷主要指各种施工机械用电;照明负荷是指施工现场及生活照明用电,一般占工地总电力负荷的比重很小,通常在动力负荷计算后,再加 10% 作为照明负荷。

常用施工机械额定功率见表 8-1。

表 8-1　常用施工机械额定功率

机械名称	功率（kW）	机械名称	功率（kW）
振动沉桩机	45	混凝土输送泵	32.3
螺旋钻孔机	30	插入式振动器	1.1
塔式起重机	55.5	钢筋切断机	7
卷扬机	7	交流电焊机	38.6
混凝土搅拌机	10	木工圆锯	3

（四）配电变压器的选择

建筑工地用电的特点是临时性强,负荷变化大。首先考虑利用建设单位需要的配电变压器,把临时供电与长期计划统一规划。建筑工地的配电变压器一般采用户外安装,位置应尽量靠近负荷中心或在大容量用电设备附近,并符合防火、防雨雪、防小动物的要求。附近不得堆放建筑材料和土方。低压配电室和变压器应尽量靠近,以减小低电压、大电流时的损失。

二、施工现场的电力供应

施工现场的用电设备主要包括照明和动力两大类，在确定施工现场电力供应方案时，首先应确定电源形式，再确定计算负荷、导线规格型号，最后确定配电室、变压器位置及容量等内容。下面针对某学校教学楼的具体项目，来确定施工现场电力供应的方案。

该学校教学楼施工现场临时电源由附近杆上 10 kV 电源供给。根据施工方案和施工进度的安排，需要使用下列机械设备：

国产 JZ350 混凝土搅拌机一台，总功率 11 kW；

国产 QT25 - 1 型塔吊一台，总功率 21.2 kW；

蛙式打夯机四台，每台功率 1.7 kW；

电动振捣器四台，每台功率 2.8 kW；

水泵一台，电动机功率 2.8 kW；

钢筋弯曲机一台，电动机功率 4.7 kW；

砂浆搅拌机一台，电动机功率 2.8 kW；

木工场电动机械，总功率 10 kW。

根据以上给定的这些条件以及施工总平面图，就可以作出如下的施工现场供电的设计方案。

（一）施工现场的电源确定

施工现场的电源要视具体情况而定，本例中给出了架空线 10 kV 的电源，故可采取安装自备变压器的方法引出低压电源。电杆上一般应配备高压油开关或跌落式熔断器、避雷器等，这些工作应与电力主管部门协商解决。

（二）估算施工现场的总用电量

施工现场实际用电负荷即计算负荷，可以采用需要系数法、估算法来计算。

（三）选用变压器和确定变电站位置

根据生产厂家制造的变压器等级，以及选择变压器的原则，查有关变压器产品目录，选用满足要求的电力变压器。

本例中，工地东北角较偏僻，离人们工作活动中心较远，比较隐蔽和安全，并且接近高压电源，距各机械设备用电地点也较适中，交通也方便，而且变压器的进出线和运输较方便，故工地变电站位置设在工地东北角是较合适的。

（四）供电线路的布置

从经济、安全的角度考虑，供电线路采用 BLXF 型橡胶绝缘线架空敷设。根据设备布置情况，在初步设计的供电平面图中，1 号配电箱控制的设备有钢筋弯曲机和木工场电动机械，总功率为 14.7 kW；2 号配电箱控制的设备有塔吊，总功率为 21.2 kW；3 号配电箱控制的设备有打夯机和振捣器，总功率为 18.0 kW；4 号配电箱控制的设备有水泵，总功率为 2.8 kW；5 号配电箱控制的设备有混凝土搅拌机和砂浆搅拌机，总功率为 13.8 kW。

（五）配电箱的数量和位置的确定

配电系统应设置配电柜或总配电箱、分配电箱、开关箱，实行三级配电。根据设备布置情况，共设分配电箱 5 个。

（六）绘制施工现场电力供应平面图

在施工平面图上,应标明变压器位置、配电箱位置、低压配电线路的走向、导线的规格、电杆的位置(电杆档距不大于 35 m)等。施工现场电力供应平面图如图 8-5 所示。

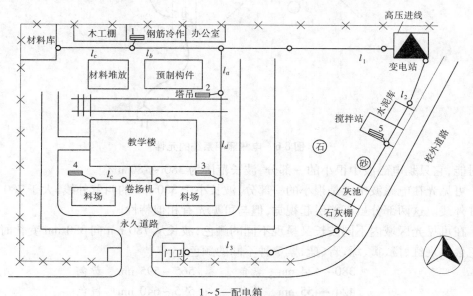

1~5—配电箱
图 8-5　某教学楼供电平面图

施工现场临时用电应严格执行《施工现场临时用电安全技术规范》(JGJ 46—2005)的规定及国家现行有关强制性标准的规定。施工现场临时用电必须有施工组织设计,并经审批。根据临时用电设备负荷,选择总配电箱,再选择导线,满足施工用电要求,采取措施确保施工用电可靠,合理节约能源。

第三节　照明系统

照明是人们生活和工作不可缺少的条件,良好的照明有利于人们的身心健康,可以保护视力,提高劳动生产率及保证生产安全。照明又能对建筑进行装饰,发挥和表现建筑环境的美感,因此照明已经成为现代建筑的重要组成部分。

照明系统由照明装置及其电气部分组成。照明装置主要指灯具及其附件,照明系统的电气部分指照明配电盘、照明线路及照明开关等。

一个完整的照明装置的主要元件如图 8-6 所示。灯是产生光的元件,一般被装入一个设备,这个组合就是通常人们所指的灯具。灯具提供多种功能,比如提供物理的遮挡、重新分配光线等。我们可以通过一个镇流器来启动和控制电流,给灯供电;还可通过各种形式的照明控制设备进行电源的切换。

一、照明系统的基本概念

（一）光

光是电磁波,在空间以电磁波的形式传播。可见光是人眼所能感觉到的那部分电磁

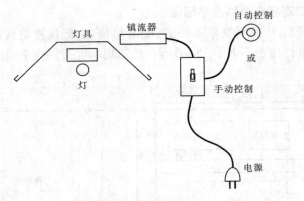

图 8-6　电气照明系统的元件

辐射能,它只是电磁波中很小的一部分,波长范围为 380 ~ 780 nm。

可见光在电磁波中仅是很小的一部分,波长小于 380 nm 的叫紫外线,大于 780 nm 的叫红外线。这两部分虽不能引起视觉,但与可见光有相似特性。

在可见光区域内不同波长又呈现不同的颜色,波长从 780 nm 向 380 nm 变化时,光的颜色会出现红、橙、黄、绿、青、蓝、紫 7 种不同的颜色。

380 ~ 424 nm	紫色	565 ~ 595 nm	黄色
424 ~ 455 nm	蓝色	595 ~ 640 nm	橙色
455 ~ 492 nm	青色	640 ~ 780 nm	红色
492 ~ 565 nm	绿色		

当然,各种颜色的波长范围不是截然分开的,而是由一个颜色逐渐减少,另一个颜色逐渐增多渐变而成的。

(二)光通量

光源在单位时间内向周围空间辐射出的使人眼产生光感觉的能量称为光通量,以字母 Φ 表示,单位是流明(lm)。

(三)发光强度

光源在给定方向上、单位立体角内辐射的光通量,称为在该方向上的发光强度,以字母 I 表示,单位是坎德拉(cd)。发光强度是表示光源(物体)发光强弱程度的物理量。

(四)照度

被照物体表面单位面积上接收到的光通量称为照度,以字母 E 表示,单位是勒克斯(lx)。照度只表示被照物体上光的强弱,并不表示被照物体的明暗程度。

合理的照度有利于保护人的视力,提高劳动生产率。《建筑照明设计标准》(GB 50034—2004)规定了常见民用建筑的照度标准。

为了对照度有一些感性认识,现举例如下:

(1)晴天:阳光直射时照度约为 10 000 lx,室内照度为 100 ~ 500 lx。

(2)满月晴空:月光下照度约为 0. 2 lx。

(3)在 40 W 白炽灯下 1 m 远处的照度为 30 lx。

(4)1 lx 照度是比较小的,在这样的照度下人们仅能勉强地辨识周围的物体,要区分细小的物体是很困难的。

（5）照度为 5 ~ 10 lx 时,看一般书籍比较困难,阅览室和办公室的照度一般要求不低于 50 lx。

（五）亮度

一个单元表面在某一方向上的光强密度称为亮度。亮度表示测量到的光的明亮程度,它是一个有方向的量。当一个物体表面被光源(比如一根蜡烛)照亮时,我们在物体表面上所能看到的就是光的亮度。

二、常用电光源

我们把将电能转换为光能的设备称为电光源,有时简称为电灯。托马斯·爱迪生在 1879 年发明了白炽灯泡,这是人类最早的电光源,它的出现对人类社会的发展产生了深远的影响。

（一）电光源分类

电光源按发光原理分为热辐射光源和气体放电光源。

1. 热辐射光源

热辐射光源是利用电流将灯丝加热到白炽程度而产生热辐射发光的一种光源。例如白炽灯和卤钨灯,都是以钨丝作为辐射体,通电后使之达到白炽程度而产生可见光。

2. 气体放电光源

气体放电光源是利用气体处于电离放电状态而产生可见光的一种光源,常用的气体放电光源有荧光灯、霓虹灯、氙灯、钠灯、荧光高压汞灯和金属卤化物灯等。气体放电光源具有发光效率高、使用寿命长等特点。气体放电光源一般应与相应的附件配套才能接入电源使用。气体放电光源按放电的形式分为弧光放电灯和辉光放电灯。

电光源的分类如图 8-7 所示。

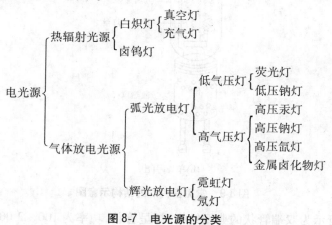

图 8-7　电光源的分类

（二）常见电光源

常见电光源如下。

1. 白炽灯

（1）构造。白炽灯是由钨丝、支架、引线、玻璃泡和灯头等部分组成的,如图 8-8 所示。

（2）工作原理。白炽灯是靠电流通过钨丝加热至白炽状态，利用热辐射而发出可见光的。为了防止钨丝氧化，常将大功率白炽灯抽成真空后冲入氩气或氮气等惰性气体。

（3）特性。白炽灯具有紧凑小巧、使用方便、可以调光、能瞬间点燃、无频闪现象、显色性能好、价格便宜等优点，但发光效率低、光色较差、抗震性能不佳，平均寿命一般只有1 000 h。

（4）应用。白炽灯使用时受环境影响很小，因而应用很广，通常用于日常生活照明，工矿企业照明，剧场、宾馆、商店、酒吧等地方，特别是在需要直射光束的场合。

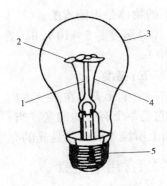

1—支架；2—钨丝；
3—玻璃泡；4—引线；5—灯头

图8-8 普通白炽灯结构示意图

2. 卤钨灯

卤钨灯也属于热辐射光源，工作原理基本上与普通白炽灯一样，但结构上有较大的差别，最突出的差别就是卤钨灯泡内所填充的气体含有部分卤族元素或卤化物。

（1）卤钨灯的结构。卤钨灯由钨丝、充入卤素的玻璃和灯头等构成。卤钨灯有双端、单端和双泡壳之分。图8-9所示为常见卤钨灯的结构示意图。

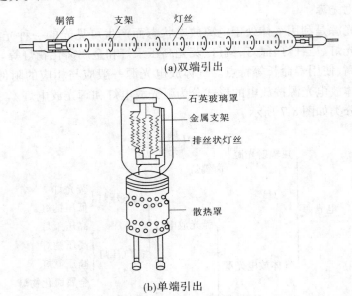

(a)双端引出

(b)单端引出

图8-9 常见卤钨灯的结构示意图

图8-9(a)所示为双端管状的典型结构，灯呈管状，功率为100~2 000 W，灯管的直径为8~10 mm，长80~330 mm，两端采用磁接头，需要时在磁管内还装有保险丝。这种灯主要用于室内外泛光照明。

图8-9(b)所示为单端引出的卤钨灯，这类灯的功率有75W、100 W、150 W和250 W等多种规格，灯的泡壳有磨砂的和透明的，单端型灯头采用E27。

500 W 以上的大功率卤钨灯一般制成管状。为了使生成的卤化物不附在管壁上,必须提高管壁的温度,所以卤钨灯的玻璃管一般用耐高温的石英玻璃或高硅氧玻璃制成。

目前,国内用的卤钨灯主要有两类:一类是灯内充入微量的碘化物,称为碘钨灯;另一类是灯内充入微量的溴化物,称为溴钨灯。

(2)卤钨灯的工作原理。当充入卤素物质的灯泡通电工作时,从灯丝蒸发出来的钨,在灯泡壁区域内与卤素化合,形成一种挥发性的卤钨化合物。卤钨化合物在灯泡中扩散运动,当扩散到较热的灯丝周围区域时,卤钨化合物分解成卤素和钨,释放出来的钨沉积在灯丝上,而卤素再继续扩散到其温度较低的灯泡壁区域与钨化合,形成卤钨循环,从而提高发光效率。

(3)卤钨灯的特性。卤钨灯与白炽灯相比,具有光效高、体积小、便于控制且具有良好的色温和显色性、寿命长、输出光通量稳定、输出功率大等优点。但在使用过程中,由于其工作温度高,要注意散热,绝不允许采用电扇等人工冷却方式;另外,卤钨灯在安装时必须保持水平,倾斜角度不得大于4°,否则会严重影响寿命;抗震性能较差。

(4)卤钨灯的应用。卤钨灯广泛应用于大面积照明及定向投影照明场所。比如卤钨灯的显色性好,特别适用于电视播放照明、舞台照明以及摄影、绘图照明等;卤钨灯能够瞬时点燃,适用于要求调光的场所,如体育馆、观众厅等。

3.荧光灯

荧光灯俗称日光灯,是一种低气压汞蒸气弧光放电光源。

(1)荧光灯的构造。荧光灯由荧光灯管、镇流器和启辉器组成。

荧光灯管的基本构造如图 8-10 所示,其典型的外形如图 8-11 所示。

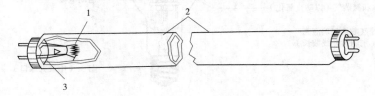

1—电极;2—玻璃管(内表面涂荧光粉);3—水银

图 8-10 荧光灯管的基本构造示意图

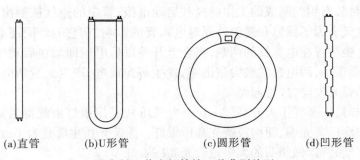

(a)直管　　(b)U形管　　(c)圆形管　　(d)凹形管

图 8-11 荧光灯管的 4 种典型外形

(2)荧光灯的工作原理。荧光灯是利用汞蒸气在外加电压作用下产生弧光放电时发出大量的紫外线和少许的可见光,再靠紫外线激励涂覆在灯管内壁的荧光粉,从而发出可见光来。

由于荧光粉的配料不同,发出可见光的光色不同。根据荧光粉的化学成分,可以产生的颜色有日光色、白色、蓝色、黄色、绿色、粉红色等。

荧光灯管是具有负电阻特性的放电光源,需要镇流器和启辉器才能正常工作。

(3)荧光灯的特性。荧光灯具有结构简单、制造容易、光色好、发光效率高、平均寿命长和价格便宜等优点,其发光效率比白炽灯高3倍,寿命可达3 000 h。但是荧光灯在低温或者高温环境下启动困难,另外荧光灯由于有镇流器,功率因数较低,受电网电压影响很大,如果电网电压偏移太大,会影响光效和寿命,甚至不能启动。

(4)荧光灯的应用。荧光灯具有良好的显色性和光效,因此被广泛地应用于室内一般环境照明,如图书馆、教室、隧道、地铁、商店、办公室及其他对显色性要求较高的照明场所。

开关频繁的室内场所以及室外不宜采用荧光灯。

4.高压汞灯

(1)构造。高压汞灯主要由灯头、石英密封电弧管和玻璃泡壳组成。高压汞灯的基本构造如图8-12所示。

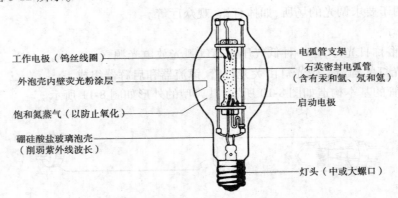

工作电极(钨丝线圈)
外泡壳内壁荧光粉涂层
饱和氮蒸气(以防止氧化)
硼硅酸盐玻璃泡壳
(削弱紫外线波长)
电弧管支架
石英密封电弧管
(含有汞和氩、氖和氦)
启动电极
灯头(中或大螺口)

图8-12 高压汞灯的基本构造示意图

(2)工作原理。高压汞灯的主要部分是石英密封电弧管,是由耐高温的石英玻璃制成的管子,里面封装有钨丝制成的工作电极和启动电极,管中的空气被抽出,充有一定量的汞和少量的氩气。为了保温和避免外界对电弧管的影响,在它的外面还有一个硬质玻璃外壳。工作电极装置在电弧管的两端,当合上开关以后电压即加在启动电极和工作电极之间,因其间距很小,两电极的极尖被击穿,发生辉光放电,产生大量的电子和离子,在两个主电极尖的弧光发电,灯管起燃。

电弧管工作时,汞蒸气压力升高(2~6个大气压),高压汞灯由此得名。在高压汞灯外玻璃泡的内壁涂以荧光粉,便构成荧光高压汞灯。涂荧光质主要是为了改善光色,还可以降低灯泡的亮度,所以做照明的大多是荧光高压汞灯。

(3)特点。高压汞灯具有光效高、抗震性能好、耐热、平均寿命长、节省电能等优点,其有效寿命可达5 000 h。但是存在尺寸较大、显色性差、不能瞬间点燃、受电压波动影响大等缺点。

（4）应用。主要用于街道、广场、车站、施工场所等不需要分辨颜色的大面积场所的照明。高压汞灯的光色呈蓝绿色，缺少红色成分，因而显色性差，照到树叶上很鲜明，但照到其他物体上，就变成灰暗色，失真很大，故室内照明一般不采用。

高压汞灯不宜用在开关频繁和要求迅速点亮的场所。因为高压汞灯的再启时间较长，灯熄灭后，不能立刻再启动，必须等待冷却以后，一般 5~10 min 后才能再次启动。

高压汞灯由于使用了一定量的汞，不利于环保，已经逐步被钠灯取带。

5.高压钠灯

钠灯是利用钠蒸气放电发光的气体放电灯，按钠蒸气的工作压力分为高压钠灯和低压钠灯，我们主要介绍高压钠灯。

（1）高压钠灯的构造。高压钠灯与高压汞灯相似，由灯头、玻璃泡壳、陶瓷电弧管（电弧管）等组成，并且需外接镇流器。

高压钠灯的基本构造如图 8-13 所示。

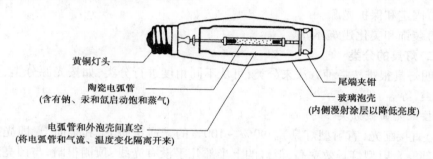

黄铜灯头

陶瓷电弧管
（含有钠、汞和氙启动饱和蒸气）

电弧管和外泡壳间真空
（将电弧管和气流、温度变化隔离开来）

尾端夹钳
玻璃泡壳
（内侧漫射涂层以降低亮度）

图 8-13　高压钠灯的构造示意图

（2）高压钠灯的工作原理。细而长的电弧管是由半透明多晶氧化铝陶瓷制成的，因为这种陶瓷在高温时具有良好抗钠腐蚀性能，而玻璃或石英玻璃在高温下容易受钠腐蚀。陶瓷电弧管在抽真空后充入钠之外，还充入一定量的汞，以改善灯的光色和提高光效，管内封装一对电极，玻璃外壳内抽成真空，并充入氩气。

当开关合上时，启动电流通过加热线圈和双金属片，加热线圈发热使双金属片角点断开，在这瞬间镇流器产生高压自感电动势，使电弧管击穿放电，启动后借助电弧管的高温使双金属片保持断开状态。高压钠灯从启动到正常稳定工作需 4~8 min，在这一过程中，灯光的光色在变化，起初是很暗的红白色辉光，很快变为亮蓝色，随后发出单一黄光，随着钠蒸气压力的增高，发出金白色光。高压钠灯还有电子触发器启动的方式。

（3）高压钠灯的特性。高压钠灯具有发光效率高、寿命长、体积小、节省电能、紫外线辐射小、透雾性能好、抗震性能好等优点，平均寿命可达 5 000 h。但高压钠灯存在显色性能较差、启动时间长等缺点。

（4）高压钠灯的应用。适用于需要高亮度、高效率的大场所照明，如高大厂房、车站、广场、体育馆，特别是城市主要交通道路、飞机场跑道、沿海及内河港口城市的路灯照明。由于其不能瞬间点燃、启动时间长，故不宜作事故照明灯用。

三、灯具

简而言之,灯是照明之源。灯具是一种控制光源发出的光,并将其进行再分配的装置,它与光源共同组成照明器,但在实际应用中,灯具与照明器并无严格的界限。

(一)灯具的作用

(1)合理配光。即将光源发出的光通量重新分配,以达到合理利用光通量的目的。

(2)限制眩光。在视野内,如果出现很亮的东西,会产生刺眼感。这种刺眼的亮光,称为眩光。眩光对视力危害很大,会引起不舒适感或视力降低。限制眩光的方法是使灯具有一定的保护角,并配合适当的安装位置和悬挂高度或者限制灯具的表面亮度。

(3)提高光源的效率。灯具的效率是反映灯具的技术经济效果的指标,从一个灯具射出的光通量 Φ_2 与灯具光源发出的光通量 Φ_1 之比,称为灯具的效率 n。因为 $\Phi_2 < \Phi_1$,所以 $n < 1$。

(4)固定和保护光源。

(5)装饰和美化建筑环境。

(二)灯具的分类

照明灯具很难按一种方法来分类,可从不同角度进行分类,如按光源分类、根据安装方法分类,等等。

1.按配光曲线分类

(1)直接配光(直射型灯具)。90%~100%的光通量向下,其余向上,即光通量集中在下半部。直射型灯具效率高,但灯的上半部几乎没有光线,顶棚很暗,与照亮灯光容易形成对比眩光;又由于某种原因,它的光线集中,方向性强,产生的阴影也较浓。

(2)半直接配光(半直射型灯具)。60%~90%的光通量向下,其余向上,向下光通量仍占优势。它能将较多的光线照射到工作面上,又使空间环境得到适当的亮度,阴影变淡。

(3)均匀扩散配光(漫射型灯具)。40%~60%的光通量向下,其余向上,向上和向下的光通量大致相等。这类灯具用漫射透光材料制成封闭式灯罩,造型美观、光线柔和,但光的损失较多。

(4)半间接配光(半间接型灯具)。10%~40%的光通量向下,其余向上。这种灯具上半部用透明材料,下半部用漫射透光材料做成。由于上半部光通量的增加,增强了室内反射光的照明效果,光线柔和,但灯具的效率低。

(5)配光(间接型灯具)。0~10%的光通量向下,其余向上。这类灯具全部光线都由上半球射出,经顶棚反射到室内,光线柔和,没有阴影和眩光,但光损失大,不经济,适用于剧场、展览馆等。

按配光曲线分类的各种类型灯具的光通量分配情况见图8-14。

2.按结构特点分类

灯具按结构特点分,主要有下列几种:

(1)开启型。其光源与外界环境直接相通,如图8-15(a)所示。

(2)闭合型。透明灯具是闭合型,透光罩把光源包合起来,但是罩内外空气仍能自由

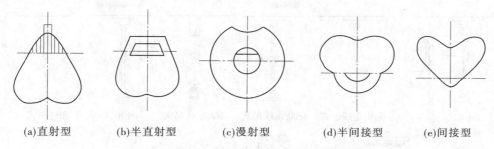

(a)直射型　　(b)半直射型　　(c)漫射型　　(d)半间接型　　(e)间接型

图 8-14　光通量在上、下空间半球分配比例示意图

流通,如乳白玻璃球形灯等,如图 8-15(b)所示。常作为天棚灯和庭院灯等。

(3)密闭型。透明灯具固定处有严密封口,内外隔绝可靠,如防水、防尘灯等,如图 8-15(c)所示。可作为需要防潮、防水和防尘场所照明灯具。

(4)防爆型。符合《防爆型电气设备制造检验规程》的要求,能安全地在有爆炸危险的场所中使用,如图 8-15(d)所示。

(5)安全型。安全型灯具透光罩将灯具内外隔绝,在任何条件下,都不会因灯具引起爆炸的危险,如图 8-15(e)所示。这种灯具使周围环境中的爆炸气体不能进入灯具内部,可避免灯具正常工作中产生的火花而引起爆炸。它适用于在不正常情况下有可能发生爆炸危险的场所。

(6)隔爆型。隔爆型灯具结构特别坚实,并且有一定的隔爆间隙,即使发生爆炸也不易破裂,如图 8-15(f)所示。它适用于在正常情况下有可能发生爆炸的场所。

(a)开启型　　(b)闭合型　　(c)密闭型　　(d)防爆型　　(e)安全型　　(f)隔爆型

图 8-15　照明灯具按结构特点分类

3.按安装方式分类

灯具按安装方式,分为吊式、固定线吊式、防水线吊式、人字线吊式、杆吊式、链吊式、座灯头式、吸顶式、壁式和嵌入式、落地式、台式、庭院式、道路广场式等,如图 8-16 所示。

(三)灯具的选择

照明灯具的选择是电气照明设计的基本内容之一,应考虑按以下几方面进行。

1.电光源的选择

根据建筑物各房间的不同照度标准、对光色和显色性的要求、环境条件(温度、湿度等)、建筑特点、对照明可靠性的要求,结合考虑基建投资情况、长年运行费用(包括电费、更换光源费、维护管理费和折旧费等),再根据电源电压等因素,确定电光源的类型、功率、电压和数量。

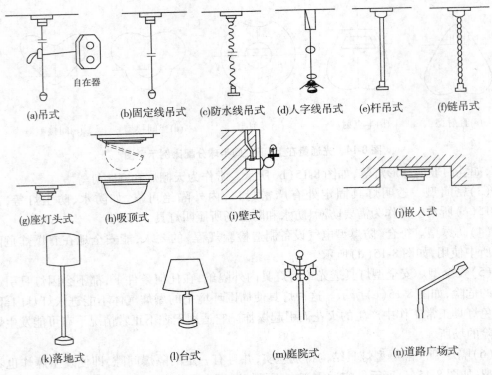

图 8-16　灯具的安装方式

（1）可靠性要求高的场所,需选用便于启动的白炽灯。

（2）高大的房间宜选用寿命长、效率高的光源。

（3）办公室宜选用光效高、显色性好、表面亮度低的荧光灯做光源。

2. 按配光曲线选择灯具

（1）一般生活和工作场所,可选择直接型、半直接型、漫射型灯具。

（2）在高大建筑物内,灯具安装高度在 4 ~ 6 m 时,宜采用深照型、配照型灯具,也可选用广照型灯具。安装高度超过 6 m 时,宜选用特深照型灯具。

（3）室外照明,一般选用广照型灯具,道路照明可选用投光灯。

3. 根据环境条件选择灯具

（1）在正常环境中,可选用开启型灯具。

（2）在潮湿、多灰尘的场所,应选用密闭型防水、防潮、防尘灯。

（3）在有爆炸危险的场所,可根据爆炸危险的级别适当地选择相应的防爆灯具。

（4）在有化学腐蚀的场所,可选用由耐腐蚀性材料制成的灯具。

（5）在易受机械损伤的环境中,应采用带保护网罩的灯具。

总之,应根据不同工作环境条件,灵活、实用、安全地选用开启型、防尘型、封闭型、防爆型、防水型以及直接型和半直接型等多种形式的灯具。有关手册中给出了各种灯具的选型表,供选择时参考。

4. 灯具形状应与建筑物风格相协调

（1）建筑物的建筑艺术风格可分为古典式和现代式、中式和欧式等。若建筑物为现代式建筑风格,其灯具应采用流线型、具有现代艺术的造型灯具。灯具外形应与建筑物相协调,不要破坏建筑物的艺术风格。

(2)按结构型式,建筑物又有直线形、曲线形、圆形等。选择灯具时应根据建筑结构的特征合理地选择和布置灯具,如在直线形结构的建筑物内,宜采用直管日光灯组成的直线光带或矩形布置,突出建筑物的直线形结构特征。

(3)按功能,建筑物又分为民用建筑物、工业建筑物和其他用途建筑物等。在民用建筑物照明中,可采用照明与装饰相结合的照明方式,而在工业建筑物照明中,则以照明为主。

(4)灯具的选择应和建筑特点、功能相适应。特别是临街建筑的灯光,应和周围的环境相协调,以便创造一个美丽和谐的城市夜景。根据不同功能要求选择灯具是比较复杂的,但对从事建筑设计的人员来说,又是十分重要的一项工作。建筑的多样性、环境的差异性和功能的复杂性,决定了满足这些要求的灯具选型很难确定一个统一的标准,但一般来说应恰当考虑灯具的光、色、型、体和布置,合理运用光照的方向性、光色的多样性、照度的层次性和光点的连续性等技术手段,起到渲染建筑、烘托环境和满足各种不同需要的作用。如大阅览室中采用三相均匀布置的荧光灯,创造明亮、均匀而无闪烁的光照条件,以形成安静的读书环境;宴会厅以组合花灯或大吊灯为中心,配上高亮度的无影白炽灯具,产生温暖而明朗的光照条件,形成一种欢快热烈的气氛。

(5)灯具与建筑艺术的配合。在民用建筑中,除合理地选择和布置光源及灯具外,常常利用各种灯具与建筑艺术的配合,构成各种形式的照明方式。如发光顶棚、光带、光梁、光檐、光柱等,就是利用建筑艺术手段,将光源隐蔽起来,构成间接型灯具。这样可增加光源面积,增强光的扩散性,使室内眩光、阴影得以完全消除,使得光线均匀柔和,衬托出环境气氛,形成舒适的照明环境。此外,还可采用艺术壁灯、花吊灯等技术手段。

此外,在选择灯具时还应考虑经济性。应选用效率高、使用寿命长和节能型灯具,降低运行成本。

(四)灯光照明在建筑装饰中的作用

现代建筑物非常重视电气装饰对室内空间环境所产生的美学效果以及由此对人们所产生的心理效应。因此,一切居住、娱乐、社交场所的照明设计的主要任务便是艺术主题和视觉的舒适性。电光源的迅速发展,使现代照明设计不但能提供良好的光照条件,而且在此基础上可利用光的表现力对室内空间进行艺术加工,从而共同创造现代生活的文明。

空间的不同效果,可以通过光的作用充分表现出来。实验证明,室内空间的开敞性与光的亮度成正比,亮的房间感觉要大一点,暗的房间感觉要小一点,充满房间的无形漫射光,也使空间有无限的感觉,而直接光能加强物体的阴影和光影对比,能加强空间的立体感。不同光的特性,通过室内亮度的不同分布,使室内空间显得更有生气。可以利用光的作用,来加强希望注意的地方,也可用来削弱不希望被注意的次要地方,从而进一步使空间得到完善和净化。许多商店为了突出新产品,在那里用较高亮度的重点照明,而相应地削弱次要的部位,以获得良好的照明艺术效果。照明也可以使空间变得具有实和虚的效果,例如许多台阶照明、家具的底部照明,都能使物体和地面"脱离",形成悬浮的效果,而使空间更显得通透、轻盈。

建筑装饰照明设计的基本原则应该是"安全、适用、经济、美观"。

(1)安全性。所谓安全性,主要是针对用电事故考虑的。一般情况下,线路、开关、灯具的设置都需有可靠的安全措施。诸如配电盘和照明线路一定要有专人管理,电路和配电方式要符合安全标准,不允许超载。在危险地方要设置明显标志,以防止漏电、短路等火灾和伤亡事故发生。

(2)适用性。所谓适用性,是指能提供一定数量和质量的照明,保证规定的照度水平,满足工作、学习和生活的需要。灯具的类型、照度的高低、光色的变化等,都应与使用要求相一致。

一般生活和工作环境,需要稳定柔和的灯具,使人们能适应这种光照环境而不感到厌倦。

(3)经济性。照明设计的经济性有两个方面的含义:一是采用先进技术,充分发挥照明设施的实际效益,尽可能以较小的费用获得较大的照明效果;二是在确定照明设施时要符合我国当前在电力供应、设备和材料方面的生产水平。

(4)美观。照明装置具有装饰房间、美化环境的作用。特别是装饰性照明,更应有助于丰富空间的深度和层次,显示被照物体的轮廓,表现材质美,使色彩和图案更能体现设计意图,达到美的意境。但是,在考虑美化作用时应从实际出发,注意节约。对于一般性生产、生活设施,不能过度为了照明装饰的美观而花费过多的资金。

(五)灯具的布置

照明灯具的合理布置是电气照明设计的重要内容,是保证照明质量的重要技术措施。

照明灯具布置分为高度布置和水平布置。灯具布置时,应满足工作面上照度均匀,光线入射方向合理,不产生眩光和阴影,并做到整齐美观,与建筑环境协调一致,满足建筑美学的要求。

1.灯具的高度布置

灯具的悬挂高度 H = 房间高度 H_a - 灯具的垂度(灯具的悬挂长度),如图 8-17 所示。

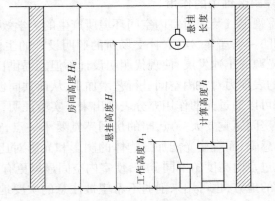

图 8-17　灯具的高度布置

灯具的垂度一般为 0.3 ~ 1.5 m,一般取 0.7 ~ 1 m。灯具垂度过大易使灯具摆动,影响照明质量。一般房间的高度在 2.8 ~ 3.5 m,考虑灯具的检修和照明的效率,悬挂高度一般在 2.2 ~ 3.0 m。

灯具的悬挂高度不能小于表 8-2 中的最低悬挂高度。确定灯具最低悬挂高度是为了防止灯具产生眩光,并考虑发生碰撞和发生触电危险的可能性。

表 8-2　室内一般照明灯具的最低悬挂高度

光源种类	灯具形式	灯具保护角度	光源功率(W)	最低悬挂高度(m)
白炽灯	搪瓷反射罩或镜面反射罩	10°~30°	100 及以下	2.5
			150~200	3.0
			300~500	3.0
	乳白玻璃漫射罩		100 及以下	2.0
			150~200	2.5
			300~500	3.0
高压汞灯	搪瓷或镜面深罩型	10°~30°	250 及以下	5.0
			400 及以上	6.0
荧光灯			40 以下	2.0
碘钨灯	搪瓷反射罩或铝抛光反射罩	30°及以上	500	6.0
			1 000~2 000	7.0

2. 灯具的水平布置

灯具的水平布置也称平面布置,一般分为均匀布置和选择布置两种形式。

(1)灯具的均匀布置。灯具均匀布置不考虑房间和工作场所内的设备、设施的具体位置,只考虑房间或工作场所内照度均匀性,将灯具均匀排列。

灯具均匀布置常见方案有三种,分别是正方形、矩形和菱形布置,如图 8-18 所示。

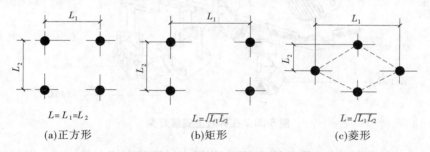

图 8-18　灯具均匀布置的三种方案

(2)灯具的选择布置。灯具的选择布置是根据房间或工作场所内的设备、设施部位,有选择地确定灯具位置,以保证这些部位的照度达到要求。

3. 灯具合理布置

灯具布置是否合理,主要取决于室内照度的均匀度。照度的均匀度又取决于灯具的间距 L 与其计算高度 h 的比值(距高比)是否合适。

各种灯具都有各自最大允许距高比。满足灯具的最大允许距高比,就基本能保证照度的均匀度。各灯具厂家生产的不同型号的灯具都在产品样本中标明其最大允许距高比,供我们参考。

（六）灯具的安装

灯具的安装应牢固,便于维修和更换,不应将灯具安装在高温设备表面或有气流冲击等地方。普通吊线灯只适用于灯具质量在 1 kg 以内,超过 1 kg 的灯具或吊线长度超过 1 m 时,应采用吊链或吊杆,此时吊线不应受力。吊挂式灯具及其附件的质量超过 3 kg 时,安装时应采取加强措施,通常除使用管吊或链吊灯具外,还应在悬吊点采用预埋吊钩等措施固定。大型灯具的吊杆、吊链应能承受灯具自重 5 倍以上的拉力,需要人上去检修的灯具,还要另加 1 960 N 拉力。大多数嵌入式灯具可以在顶棚的表面上吸顶安装,如图 8-19 所示。

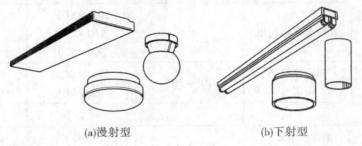

(a)漫射型　　　　　　(b)下射型

图 8-19　吸顶安装灯具

在博物馆、歌剧院、礼堂等场所,经常把灯具安装在导轨上,导轨本身可以是吸顶安装或者悬挂的,如图 8-20 所示。

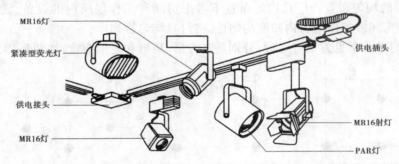

图 8-20　在导轨上安装灯具

灯具(比如枝形吊灯)采用悬挂式安装,使得光线可以直接上射、下射、漫射或者是它们之间的组合,具有很高的装饰性,且光效好,如图 8-21 所示。

四、照明的种类

（一）按光照的形式不同分类

(1)直接照明。直接照明是指绝大部分灯光直接照射到工作面上。其特点是光效高、亮度大、构造相对简单、适用范围广,常用于对光照无特殊要求的整体环境照明和局部地点需要高照度的局部照明。

(2)间接照明。间接照明是指光线通过折射、反射后再照射到被照射物体上。其特点是光线柔和,没有很强的阴影,光效低,一般以烘托室内气氛为主,是装饰照明和艺术照

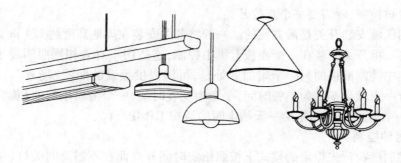

图 8-21　悬挂式灯具

明常用的方式之一。

(3)混合照明。由直接照明和间接照明以及其他照明方式组合而成,以满足多种不同的照明要求。

(二)按照明的用途分类

(1)正常照明。正常工作时使用的照明。它一般可单独使用,也可与事故照明、值班照明同时使用,但控制线路必须分开。

(2)应急照明(事故照明)。在正常照明因故障熄灭后,可供事故情况下继续工作或安全通行、安全疏散的照明。应急照明灯宜布置在可能引起事故的设备、材料的周围,以及主要通道入口。应急照明必须采用能瞬时点亮的可靠光源,一般采用白炽灯或卤钨灯。

(3)警卫照明。担任一些特殊警卫任务的照明,比如监狱的探照灯等。

(4)值班照明。在非工作时间内,供值班人员使用的照明叫值班照明。值班照明可利用正常照明中能单独控制的一部分,或应急照明的一部分或全部。值班照明应该有独立的控制开关。

(5)障碍照明。为了保证飞机在空中飞行的安全或船只在水运航道中航行的安全,在高建筑物或构筑物的顶端或在水运航道的两边设置的照明,如航标灯等。

(6)装饰照明。为美化、装饰或烘托某一特定空间环境而设置的照明。一般由装饰性零部件围绕着电光源组合而成,具有优美的造型和华丽的外观,能起到美化环境或制造特殊氛围的效应。

(7)艺术照明。是通过运用不同的灯具、不同的投光角度和不同的光色,制造出一种特定的空间气氛的照明。

五、照明的控制系统

人们通常根据不同的天气条件、视觉效果等在不同的地点来控制照明数量和质量,比如晚上上楼时通常要先打开梯灯。控制照明最有效、最节能的方式是当不需要灯光时简单地把灯关闭。控制照明的方式通常有以下几种。

(一)手动开关控制

在几乎所有的照明系统中都安装了手动开关控制,除可以进行开、关操作外,通常还可以进行调光。典型的手动开关是一个单级开关,用以连通或切断电路。如果电路需要在两个位置被控制,就需要一个双控开关。

在使用区域安装开关是最方便的。一般将开关安装在离地高度约1.4 m且靠近入口处。可以将一批开关安装在一个面板上集中控制,这适用于有着相同照明要求区域的成组控制。集中控制面板的另一个附加好处是,可以提供预设的照明"场景"。例如,一个餐馆可能有一个预设场景为午餐时间,一个为晚餐时间,一个为娱乐时间(舞台的预设场景),以及一个"全开"的场景给一天结束时的清扫工作用。

(二)时钟控制

时钟控制能在预先设定的模式下按照给定时间开灯而在不需要时关灯(或调光到一个低照度水平)。时钟控制常用于景观照明、安全照明、路灯照明等。时钟控制可以是机械的或是电子的,时间计划可以基于24 h,7 d 或者一年。

(三)人员流动传感器(运动传感器)

通过传感器可以探测人员流动的情况从而开灯或关灯,采用人员流动传感器一般会节省电能费用35% ~45%,并能延长灯的寿命。

人员流动传感器控制系统如图8-22 所示,传感器可以探测红外热辐射或者室内声波反射(超声或微波)的变化。

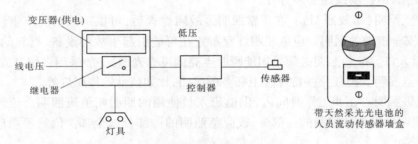

图8-22　人员流动传感器控制系统

最常用的传感器是被动式红外传感器(PIR)和超声传感器。

PIR 传感器能够探测人体发出的红外热辐射。因此,传感器必须"看见"热源,不能探测到角落或隔断背后的停留者。PIR 传感器使用一个多面的透镜从而产生一个接近圆锥形的热感应区域,当一个热源从一个区域穿过进入另一个区域时,这个运动就能被探测到。该传感器有一些缺陷:对垂直方向的运动探测不如对水平方向的敏感,离传感器越远,传感器灵敏度越低。

超声传感器不是被动的,它们发出高频信号并探测反射声波的频率。这种探测器没有缺口间隙或盲点。虽然超声传感器比 PIR 传感器贵,但它能够探测到角落或隔断背后的停留者,更敏感,但增强的灵敏度可能会导致空调送风系统或风的误触发。

对于开放式有隔断的区域,传感器可以安装在顶棚上,信号覆盖区域更大,比如小型的开放式办公室、文档室、复印室、会议室等;对于私人办公室、住宅、厕所,传感器一般安装在墙上。

(四)光电控制

光电控制系统使用光电元件感知光线。当自然光对一个指定区域能提供充足的环境照明时,光电池便调低或关闭电光源。其概念是维持一个足够的照明数量而不管光源是什么。除可以根据自然光调节电气光源发出的光外,光电池还可以在灯老化时维持照度水平。

光电调光系统如图 8-23 所示。

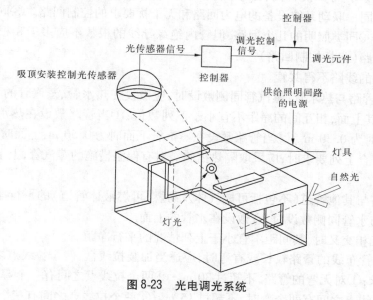

图 8-23　光电调光系统

六、室内照明配电线路的敷设

电线、电缆的敷设应根据建筑物的性质、要求、用电设备的分布及环境特征等因素确定,应避免外部热源、灰尘聚集及腐蚀或污染物存在对布线系统带来的影响,并应防止在敷设及使用过程中因受冲击、振动和建筑物伸缩、沉降等各种外界应力作用而带来的损害。

线路敷设方式分明敷和暗敷两种。明敷是导线由支持件支撑或者在管子、线槽等保护体内,敷设于墙壁、顶棚的表面及桁架、支架等处;暗敷是导线在管子、线槽等保护体内,敷设于墙壁、顶棚、地坪及楼板等内部,或者在混凝土板孔内敷线等。

金属管、塑料管及金属线槽、塑料线槽等布线,应采用绝缘导线和电缆。

(一)瓷(塑料)线夹、鼓形绝缘子、针式绝缘子布线

其适用于正常环境的室内外场所和挑檐下。

(二)绝缘导线直接敷设

直接敷设布线应采用护套绝缘电线,其截面面积不宜大于 6 mm²;布线的固定点间距不应大于 0.30 m;电线垂直敷设离地面 1.80 m 以下部分,应穿管保护;不得将绝缘电线直接埋入墙壁、顶棚的抹灰层内。

(三)绝缘导线穿管敷设

(1)管材选择。在潮湿场所明敷或埋地敷设的金属管布线,应采用水、煤气钢管;明、暗敷于干燥场所的布线,可采用电线管或半硬聚氯乙烯塑料管。

(2)2 根绝缘导线穿于同一根管内时,管内径不应小于 2 根导线外径之和的 1.35 倍

（立管可取 1.25 倍）；3 根及以上绝缘导线穿于同一管内时，导线的总截面面积不应大于管内净面积的 40%。各类电线穿于不同管材时，其管径选择可参见有关手册。

（3）穿管的交流回路，应将同一回路的所有相线和中性线穿于同一根管内。不同回路的线路不应穿于同一根管内，但下列情况可以除外：①电压为 50 V 及以下的回路。②同一设备或同一联动系统设备的电力回路和无干扰要求的控制回路。③同一照明花灯的几个回路。④同类照明的几个回路，但管内绝缘导线的根数不应多于 8 根。⑤一台电动机的所有回路（包括控制回路）。

互为备用的线路不得共管。

（4）导线管路与热水管、蒸汽管同侧敷设时，应敷设在热水管、蒸汽管的下面，有困难时，可敷设在其上面，相互间的净距不宜小于下列数值：①当管路敷设在热水管下面时为 0.20 m，上面时为 0.30 m。②当管路敷设在蒸汽管下面时为 0.50 m，上面时为 1.00 m。

当不能符合上列要求时，应采取隔热措施。对有保温措施的蒸汽管，上下净距均可减小至 0.20 m。

导线管路与其他管道（不包括可燃气体及易燃、可燃液体管道）的平行净距不应小于 0.10 m。当与水管同侧敷设时，宜敷设在水管的上面。

当管路互相交叉时，其间距不宜小于上列情况的平行净距。

（5）金属管布线的管路较长或有弯时，应适当加装拉线盒，两个拉线点之间的距离应符合以下要求：①对无弯的管路，不超过 30 m。②两个拉线点之间有一个弯时，不超过 20 m。③两个拉线点之间有两个弯时，不超过 15 m。④两个拉线点之间有三个弯时，不超过 8 m。当加装拉线盒有困难时，也可适当加大管径。

（6）暗敷于地下的管路不宜穿过设备基础，在穿过建筑物基础时，应加保护管保护；在穿过建筑物伸缩、沉降缝时，应采取保护措施。

（四）线槽布线

线槽布线分金属线槽、塑料线槽及地面内暗装金属线槽等三种，其布线要求见表 8-3。

表 8-3　线槽布线的一般要求

序号	线槽类别	一般要求
1	金属线槽	适用于室内正常环境明敷，但对金属有严重腐蚀的场所不应采用，若线槽加封闭槽盖，可在建筑顶棚敷设。 线槽内导线总截面面积（包括外护层）不应超过线槽内截面面积的 20%，载流导线不宜超过 30 根，控制及信号线与其相类似的线路，导线的总截面面积不应超过线槽内截面面积的 50%，导线根数不限。 线槽吊点及支持点的距离，应根据工程具体条件确定，一般应在下列部位设置吊具或支架： 直线段不大于 3 m 或线槽接头处； 线槽首端、终端及进出接线盒 0.50 m 处； 线槽转角处

序号	线槽类别	一般要求
2	塑料线槽	适用于正常环境的室内场所,但在高温和易受机械损伤的场所不宜采用,弱电线路可采用难燃型带盖塑料线槽在建筑顶棚内敷设。 线槽内导线的总截面及根数与金属线槽要求相同。 槽底固定点间距应根据线槽规格而定,一般为 0.8~1.0 m
3	地面内暗装金属线槽	适用于正常环境下大空间且隔断变化多、用电设备移动性大或敷有多种功能线路的场所,暗敷于现浇混凝土地面、楼板或楼板垫层内。 线槽内导线总截面面积(包括外护层)不应超过线槽内截面面积的 40%。 由配电箱、电话分线箱及接线端子箱设备等引至线槽的线路,宜采用金属管布线方式引入线盒,或以终端连接器直接引入线槽。 线槽出线口和分线盒不得突出地面且应做好防水密封处理。 在设计时应与土建专业密切配合,以便根据不同的结构型式和建筑布局,合理确定线路路径和设备选型

(五)电缆布线

1. 电缆的敷设方式

工业与民用建筑中采用的电缆敷设方式有直接埋地、电缆沟敷设、沿墙敷设和电缆桥架(托盘)敷设等几种。此外,在大型发电厂和变电所等电缆密集的场合,还采用电缆隧道、电缆排管和专用电缆夹层等方式。

(1)直接埋地。这种敷设方式投资省、散热好,但不便检修和查找故障,且易受外来机械损伤和水土侵蚀,一般用于户外电缆不多的场合。

(2)电缆沟敷设。如图 8-24 所示,沟内可敷设多根电缆,占地少,且便于维修。

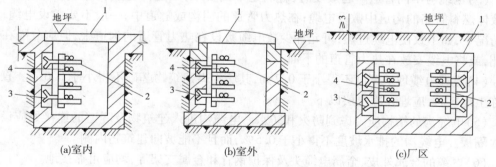

(a)室内　　　　　　　(b)室外　　　　　　　(c)厂区

1—盖板;2—电缆支架;3—预埋铁件;4—电缆

图 8-24 电缆沟

(3)沿墙敷设。一般用于室内环境正常的场合。

(4)电缆桥架敷设。图 8-25 所示为电缆桥架的一种,它由支架、托臂、线槽及盖板组成。电缆桥架在户内和户外均可使用,采用电缆桥架敷设的线路,整齐美观、便于维护,槽内可以使用价廉的无铠装全塑电缆。电缆桥架亦称电缆托盘,有全封闭与半封闭等型式。

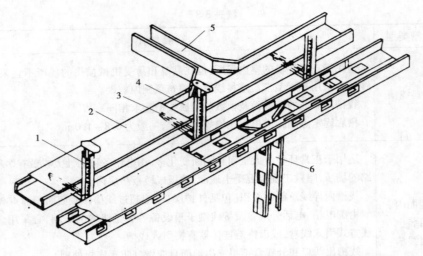

1—支架;2—盖板;3—托臂;4—线槽;5—水平分支线槽;6—垂直分支线槽

图 8-25　电缆桥架

2. 电缆敷设的一般要求

敷设电缆时应严格遵守有关技术规程的规定和设计要求。竣工之后,要按规定的要求进行检查和试验,确保线路的质量。部分重要的技术要求如下:

(1)为防止电缆在地形发生变化时受过大的拉力,电缆在直埋敷设时要比较松弛,可作波浪形埋设。电缆长度可考虑 1.5% ~2% 的余量,以便检修。

(2)下列地点的电缆应穿管保护:电缆进出建筑物或构筑物;电缆穿过楼板及主要墙壁处;从电缆沟道引出至电杆或沿墙敷设的电缆距地面 2.0 m 以下及地下 0.3 m 深度的一段;电缆与道路、铁路交叉的一段,所用保护管内径不得小于电缆外径的 1.5 倍。

(3)电缆与不同管道一起敷设时,应满足下列要求:不允许在敷设煤气管、天然气管及液体燃料管路的沟道中敷设电缆;在热力管道的明沟或隧道中,一般不要敷设电缆;个别情况下,如不致使电缆过热,可允许少数电缆敷设在热力管道的沟道中,但应分隔在不同侧,或将电缆安放在热力管道的下面。

(4)直埋电缆埋地深度不得小于 0.7 m,其壕沟离建筑物基础不得小于 0.6 m。直埋于冻土地区时,应埋在冻土层以下。

(5)电缆沟的结构应考虑到防火和防水。电缆沟进入建筑物及隧道的连接处应设置防火隔板。电缆沟的排水坡度不得小于 0.5%,而且不能坡向建筑物内侧。

(6)电缆的金属外皮、金属电缆头及保护钢管和金属支架等,均应可靠接地。

(六)封闭式母线槽

封闭式母线槽具有结构紧凑、安装方便、使用安全、载流量大等优点。它按绝缘方式可分为空气绝缘型和密集绝缘型,当载流量大于 630 A 时可优先选用密集绝缘型。母线槽适用于高层建筑中的供电干线,树干式配电时分支处可采用插接式连接,还可以用于变压器与配电屏之间的连接。图 8-26 所示为封闭式母线槽安装示意图。

（七）竖井内布线

高层民用建筑内垂直干线普遍采用竖井内布线，对竖井内布线的要求如下：

竖井的位置和数量应根据建筑物规模、用电负荷性质、供电半径、建筑物的沉降缝设置和防火分区等因素确定。

选择竖井位置时，应考虑下列因素：

（1）宜靠近用电负荷中心，减少干线电缆沟道的长度。

（2）不得和电梯井、管道井共用同一竖井。

（3）避免邻近烟道、热力管道及其他散热量大或潮湿的设施。

竖井的井壁应是耐火极限不低于 1 h 的非燃烧体。竖井在每层楼应设维护检修门，并开向公共走廊，其耐火等级不应低于丙级。楼层间应做防火密封隔离，隔离措施如下：

（1）封闭式母线、电缆桥架及金属线槽在穿过楼板处采用防火隔板及防火堵料隔离。

（2）电缆和绝缘电线穿钢管布线时，应在楼层间预埋钢管，布线后两端管口空隙应做密封隔离。

（3）竖井大小除满足布线间隔及端子箱、配电箱布置所必需尺寸外，宜在箱体前留有不小于 0.80 m 的操作、维护距离。

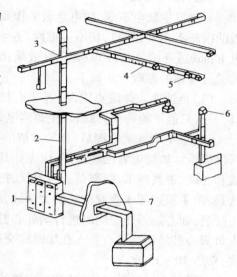

1—配电柜；2—垂直母线；3—垂直 X 形母线；
4—水平母线；5—分线盒；6—终端封盒；
7—过墙用配件

图 8-26　封闭式母线槽安装示意图

（4）竖井内高压、低压和应急电源的电气线路，相互之间应保持 0.30 m 及以上距离或采取隔离措施，并且高压线路应设有明显标志。强电或弱电线路，有条件时宜分别设置在不同竖井内。如受条件限制必须合用，强电与弱电线路应分别布置在竖井两侧或采取隔离措施，以防止强电对弱电的干扰。

（5）竖井内应敷有接地干线和接地端子。竖井内不应有与其无关的管道通过。

七、安全用电

（一）安全电压

当工频（$f = 50$ Hz）电流流过人体时，安全电流为 0.008 ~ 0.01 A。人体的电阻，主要集中在厚度 0.005 ~ 0.02 mm 的角质层，但该层易损坏和脱落，去掉角质后的皮肤电阻为 800 ~ 1 200 Ω，则可求出安全电压 $U = IR = 0.01$ A $\times$ 1 200 Ω $= 12$ V，故我国确定安全电压为 12 V。当空气干燥，工作条件好时，可使用 24 V 和 36 V。12 V、24 V 和 36 V 为我国规定的安全电压三个等级。

（二）触电的种类

按照触电事故的性质，触电事故可分为电击和电伤。

（1）电击：电击是电流对人体内部组织的伤害，是最危险的一种伤害，绝大多数（85%

以上)的触电死亡事故都是由电击造成的。

(2)电伤:电伤是由电流的热效应、化学效应、机械效应等效应对人体造成的伤害。触电伤亡事故中,85%以上的触电死亡事故是电击造成的,但其中大约70%的触电事故含有电伤成分。对专业电工自身的安全而言,预防电伤具有更加重要的意义。

（三）触电急救

一旦发生触电事故,触电急救工作要做到镇静、迅速、方法得当(触电的情况不同,急救的措施不完全相同),切不可惊慌,必须争分夺秒进行急救,时间就是生命。据统计,触电 1 min 后开始急救,90% 有良好效果,6 min 后,10% 有良好效果,12 min 后的效果微乎其微。具体的急救方法如下:

(1)迅速使人体脱离电源,方法有拉闸、拔插销、切断电线(应使用有绝缘手柄的工具,一次只能切断一根导线,以免短路电弧伤人),用绝缘工具将电线与人体分离开。

(2)触电者脱离电源后,如神志清醒,应先让其安静休息,不要走动,然后请医生或送医院诊治。如触电者已经昏迷,应先让其仰卧,解开衣扣、衣领、腰带,细心判断是否有呼吸和心跳,观察胸部、腹部是否有起伏,把手放在鼻孔处是否感到有气流。判断心跳的方法是:用手摸颈部或腹股沟处的大动脉,或把耳朵放在左胸区。如呼吸停止应立即进行人工呼吸,如心跳停止应同时进行胸外心脏挤压。有两人在场时,一人负责人工呼吸,另一人负责心脏挤压。只有一人在场时应交替进行人工呼吸和胸外心脏挤压,每次吹气 2~3次,挤压 10~15 次。

在进行上述抢救工作的同时,应尽快请医生或送医院。采用人工呼吸或心脏挤压一时收不到效果要坚持不懈,不要半途而废,即使在送医院的途中也不要停止抢救。如果触电者身上出现尸斑或身体变冷,方可放弃抢救。经人工呼吸、胸外心脏挤压抢救脱险的触电者为数已经不少,事实证明该方法是有效的。

第四节　建筑防雷与接地

一、雷电的形成及其危害

（一）雷电的形成

雷电现象是自然界大气层在特定条件下形成的。雷云对建筑物及大地自然放电的现象,称为雷击。雷击产生的破坏力极大,它对地面上的建筑物、电气线路、电气设备和人身都可能造成直接或间接的危害,因此必须采取适当的防范措施。

（二）雷电的危害

(1)直击雷。直击雷就是雷云直接通过建筑物、地面设备或树木对地放电的过程。强大的雷电流通过被击物时产生大量的热量,凡是雷电流流过的物体,金属被熔化,树木被烧焦,建筑物被炸裂。尤其是雷电流流过易燃易爆物体时,还会引起火灾或者爆炸,造成建筑物倒塌、设备损坏以及人身伤害等重大事故。其后果在雷电危害的三种方式中最为严重。

(2)感应雷。感应雷是附近有雷云或落雷所引起的电磁作用的结果,分为静电感应和电磁感应两种。静电感应是由于雷云靠近建筑物,使建筑物顶部由于静电感应积聚起极性相反的电荷,雷云对地放电后,这些电荷来不及扩散到大地,因而形成很高的对地电位,能在建筑物内部引起火花。电磁感应是当雷电流通过金属导体流散大地时,形成迅速变化的强大磁场,在附近的金属导体内感应出电势,而在导体回路的缺口处引起火花,发生火灾或爆炸,并危及人身安全。

(3)雷电波侵入。雷电波侵入是由于架空线路或金属管道遭受直击雷或感应雷所引起的,雷云放电所形成的高电压将沿着架空线路或金属管道进入室内,破坏建筑物和电气设备。据调查统计,供电系统中由于雷电波侵入而造成的雷害事故,占整个雷害事故的50%~70%,因此对雷电波侵入的防护应予以足够的重视。

二、建筑物防雷分类

建筑物防雷分类是根据建筑物的重要性、使用性质、发生雷电事故的可能性以及影响后果等来划分的。建筑电气设计中,民用建筑按照防雷等级分为三类。

(一)第一类防雷民用建筑物

(1)具有特别重要用途和重大政治意义的建筑物,如国家级会堂、办公机关建筑,大型体育馆、展览馆建筑,特等火车站,国际性的航空港、通信枢纽,国宾馆、大型旅游建筑等。

(2)国家级重点文物保护建筑物。

(3)超高层建筑物。

(二)第二类防雷民用建筑物

(1)重要的或人员密集的大型建筑物,如省、部级办公楼,省级大型的体育馆、博览馆,交通、通信、广播设施,商业大厦、影剧院等。

(2)省级重点文物保护建筑物。

(3)19层及以上的住宅建筑和高度超过50 m的其他民用建筑。

(三)第三类防雷民用建筑物

(1)建筑群中高于其他建筑物或处于边缘地带的高度为20 m以上的建筑物,在雷电活动频繁地区高度为15 m以上的建筑物。

(2)高度超过15 m的烟囱、水塔等孤立建筑物。

(3)历史上雷电事故严重地区的建筑物或雷电事故较多地区的重要建筑物。

(4)建筑物年计算雷击次数达到几次及以上的民用建筑。

因第三类防雷建筑物种类较多,规定也比较灵活,应结合当地气象、地形、地质及周围环境等因素确定。

三、避雷装置

避雷装置主要由接闪器、引下线和接地装置等组成。避雷装置的作用是:将雷云电荷或建筑物感应电荷迅速引入大地,以保护建筑物、电气设备及人身免遭雷击。

(一)接闪器

接闪器是用来接受雷电流的装置。接闪器的类型主要有避雷针、避雷线、避雷带、避雷网和避雷器等。

（1）避雷针。避雷针是安装在建筑物突出部位上或独立装设的针形导体,在发生雷击时能够吸引雷云放电保护附近的建筑物设备。避雷针一般用镀锌圆钢或镀锌钢管制成,其长度在 1 m 以下时,圆钢直径不小于 20 mm;长度在 1~2 m 时,圆钢直径不小于 16 mm,钢管直径不小于 25 mm;烟囱顶上的避雷针,圆钢直径不小于 20 mm,钢管直径不小于 40 mm。

（2）避雷线。避雷线一般采用截面面积不小于 35 mm^2 的镀锌钢绞线,架设在架空线路上方,用来保护架空线路免遭雷击。

（3）避雷带。避雷带是沿建筑物易受雷击的部位(如屋脊、屋角等)装设的带形导体。避雷带在建筑物上的做法如图 8-27 所示。

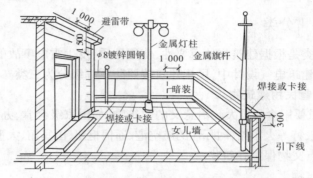

图 8-27　建筑物的避雷带

（4）避雷网。避雷网是由屋面上纵横交错敷设的避雷带组成的网格形状导体。避雷网一般用于重要的建筑物防雷保护。对于高层建筑,常把建筑物内的钢筋连接成笼式避雷网,如图 8-28 所示。

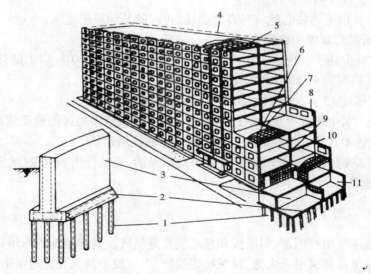

1—基柱;2—承台梁;3—内横墙板;4—周圈式避雷带;5—屋面板钢筋;6—各层楼板钢筋;
7—内纵墙板;8—外墙板;9—内墙板连接节点;10—内外墙板钢筋连接点;11—地下室

图 8-28　高层建筑的笼式避雷网

避雷带和避雷网一般采用镀锌圆钢或扁钢制成。

（5）避雷器。避雷器用来防止雷电波沿线路侵入建筑物内,以免电气设备损坏。常用避雷器的类型有阀式避雷器、管式避雷器等。

《建筑电气工程施工质量验收规范》（GB 50303—2002）中要求:建筑物顶部的避雷针、避雷带等必须与顶部外露的其他金属物体连成一个整体的电气通路,且与避雷引下线连接可靠。

（二）引下线

引下线是将雷电流引入大地的通道。引下线的材料多为镀锌扁钢或镀锌圆钢。引下线的敷设方式分为明敷和暗敷两种。明敷引下线应平直、无急弯,与支架焊接处应刷油漆防腐,且无遗漏。明敷引下线的支持件间距应均匀,水平直线部分为 0.5～1.5 m,垂直直线部分为 1.5～3 m,弯曲部分为 0.3～0.5 m。暗敷在建筑物抹灰层内的引下线应由卡钉分段固定。引下线的安装路径应短直,其紧固件及金属支持件均应采用镀锌材料,在引下线距地面 1.8 m 处设断接卡子。明敷安装时,应在引下线地面上 1.7 m 至地面下 0.3 m 的一段加装竹管、塑料管或钢管保护,其做法如图 8-29 所示。

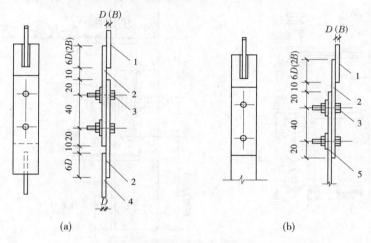

D—圆钢直径;B—扁钢宽度;

1—圆钢引下线;2——25×4,L=90×6D 连接板;3—M8×30 镀锌螺栓;

4—圆钢接地线;5—扁钢接地线

图 8-29　避雷装置引下线的安装

（三）接地装置

接地装置包括接地体和接地线。接地装置的作用是把引下线引下的雷电流迅速扩散到大地土壤中。接地体的材料多为镀锌角钢或镀锌圆钢,接地线的材料选用镀锌扁钢。

四、建筑物防雷措施

对于第一类、第二类防雷民用建筑物,应有防直接雷击和防雷电波侵入的措施;对于第三类防雷民用建筑物,应有防止雷电波沿低压架空线路侵入的措施,至于是否需要防止直接雷击,应根据建筑物所处的环境特性、建筑物的高度以及面积来判断。

（一）防直击雷的措施

民用建筑的防雷措施,原则上是以防直击雷为主要目的。防止直击雷的装置一般由接闪器、引下线和接地装置三部分组成。

其作用原理是:接闪器接受雷电流后通过引下线进行传输,最后经接地装置使雷电流流入大地,从而保护建筑物免遭雷击。由于防雷装置避免了雷电流对建筑物的危害,所以把各种防雷装置和设备称为避雷装置和避雷设备,如避雷针、避雷带、避雷器等。

（二）防雷电波侵入的措施

防止雷电波侵入的一般措施是:凡进入建筑物的各种线路及金属管道均采用全线埋地引入的方式,并在入户处将其有关部分与接地装置相连接。当低压线全线埋地有困难时,可采用一段长度不小于 50 m 的铠装电缆直接埋地引入,并在入户端将电缆的金属外皮与接地装置相连接。当低压线采用架空线直接入户时,应在入户处装设阀型避雷器,该避雷器的接地引下线应与进户线的绝缘子铁脚、电气设备的接地装置连在一起。避雷器能有效地防止雷电波由架空管线进入建筑物,阀型避雷器的安装如图 8-30 所示。

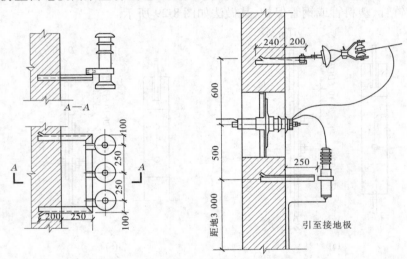

图 8-30　阀型避雷器在墙上的安装及接线

（三）防雷电反击的措施

除上述两项防雷措施外,还应防止雷电流流经引下线产生的高电位对附近金属物体的反击。当防雷装置接受雷电流时,在接闪器、引下线和接地体上都会产生很高的电位,如果防雷装置与建筑物内外的电气设备、电线或其他金属管线之间的绝缘距离不符合要求,它们之间就会发生放电,该现象称为反击。反击会造成电气设备绝缘破坏、金属管道烧穿,甚至引起火灾和爆炸。防止雷电反击的措施有以下两种:

（1）将建筑物的金属物体(含钢筋)与防雷装置的接闪器、引下线分隔开,并且保持一定的距离。

（2）在施工中如果将防雷装置与建筑物内的钢筋、金属管道分隔开有一定的难度,可将建筑物内的金属管道系统的主干管道与靠近的防雷装置相连接,有条件时宜将建筑物内每层的钢筋与所有的防雷引下线连接。

（四）现代建筑的防雷特点

现代工业与民用建筑大多采用钢筋混凝土结构,建筑物内的各种金属物和电气设备种类繁多。例如,建筑物内的暖气、煤气、自来水等管道以及家用电器、电子设备愈来愈多,若以上设备不采取合适的防雷措施,易发生雷电事故。因此,在考虑防雷措施时,不仅要考虑建筑物本身的防雷,还要考虑到建筑物内部设备的防雷。对于工业与民用建筑,所采取的防雷措施主要取决于不同建筑物的防雷分类。

五、建筑工地防雷

高大建筑物施工工地的防雷问题值得重视。由于高层建筑物施工工地四周的起重机、脚手架等突出很高,木材堆积很多,万一遭受雷击,不单施工人员的生命有危险,而且很容易引起火灾和造成事故。高层楼房施工期间应该采取如下措施:

（1）施工时应提前考虑防雷施工程序,为了节约钢材,应按照正式设计图纸的要求,首先做好全部接地装置。

（2）在开始架设结构骨架时,应按图纸规定,随时将混凝土柱子内的主筋与接地装置连接起来,以备施工期间柱顶遭到雷击时,使雷电流安全入地。

（3）沿建筑物的四角和四边竖起的杉木脚手架或金属脚手架,应做数根避雷针,并直接接到接地装置上,保护全部施工面积,保护角可按 60° 计算,针长最少应高出杉木30 cm,以免接闪时燃烧木材。在雷雨季节施工时,应随杉木的接高,及时加高避雷针。

（4）施工用的起重机最上端必须装设避雷针,并将起重机下面的钢架连接于接地装置上,接地装置应尽可能利用永久性接地系统。

（5）应随时使施工现场正在绑扎钢筋的各层构成一个等电位面,以避免使人遭受雷击产生跨步电压的危险;由室外引来的各种金属管道及电缆外皮,都要在进入建筑物的进口处,就近接在接地装置上。

六、接地的类型和作用

在日常生活和工作中难免会发生触电事故。用电时人体与用电设备的金属结构（如外壳）相接触,如果电气装置的绝缘损坏,导致金属外壳带电,或者由于其他意外事故,使金属外壳带电,则会发生人身触电事故。为了保证人身安全和电气系统、电气设备的正常工作需要,采取保护措施是非常有必要的,最常用的保护措施就是保护接地或保护接零。根据电气设备接地不同的作用,可将接地类型分为以下几种。

（一）工作接地

在正常情况下,为保证电气设备的可靠运行,并提供部分电气设备和装置所需要的相电压,将电力系统中的变压器低压侧中性点通过接地装置与大地直接相连,这种接地方式称为工作接地。

（二）保护接地

为了防止电气设备绝缘损坏而造成触电事故,将电气设备的金属外壳通过接地线与接地装置连接起来,这种保护人身安全的接地方式称为保护接地。其连接线称为保护线（PE）或保护地线、接地线。

（三）工作接零

单相用电设备为获取相电压而接的零线，称为工作接零。其连接线称中性线（N）或零线，与保护线共用的称为 PEN 线。

（四）保护接零

为了防止电气设备绝缘损坏而使人身遭受触电危险，将电气设备的金属外壳与电源的中性线（俗称零线）用导线连接起来，称为保护接零。其连接线也称为保护线（PE）或保护零线。

（五）重复接地

当线路较长或要求接地电阻值较低时，为尽可能降低零线的接地电阻，除变压器低压侧中性点直接接地外，将零线上一处或多处再进行接地，则称为重复接地。

（六）防雷接地

防雷接地的作用是将雷电流迅速安全地引入大地，避免建筑物及其内部电器设备遭受雷电侵害。

（七）屏蔽接地

由于干扰电场的作用会在金属屏蔽层感应电荷，而将金属屏蔽层接地，使感应电荷导入大地，称屏蔽接地，如专用电子测量设备的屏蔽接地等。

（八）专用电子设备的接地

如医疗设备、电子计算机等的接地，即为专用电气设备的接地。电子计算机的接地主要有直流接地（即计算机逻辑电路、运算单元、CPU 等单元的直流接地，也称逻辑接地）和安全接地。一般电子设备的接地有信号接地、安全接地、功率接地（即电子设备中所有继电器、电动机、电源装置、指示灯的接地）等。

（九）接地模块

接地模块是近年来在施工中推广的一种接地方式。接地模块顶面埋深不小于 0.6 m，接地模块间距不应小于模块长度的 3~5 倍。接地模块埋设基坑，一般为模块外形尺寸的 1.2~1.4 倍，且应在开挖深度内详细记录地层情况。接地模块应垂直或水平就位，不应倾斜设置，保持与原土层接触良好。接地模块应集中引线，用干线把模块接地并联焊接成一个环路，干线的材质与接地模块焊接点的材质应相同，钢制的采用热浸镀锌扁钢，引出线不少于两处。

（十）建筑物等电位联结

建筑物等电位联结作为一种安全措施多用于高层建筑和综合建筑中。

《建筑电气工程施工质量验收规范》（GB 50303—2002）中要求：建筑物等电位联结干线应从与接地装置有不少于 2 处直接连接的接地干线或总等电位箱引出，等电位联结干线或局部等电位箱间的联结线形成环形网路，环形网路应就近与等电位联结干线或局部等电位箱连接。支线间不应串联连接。

等电位联结的线路最小允许截面为：铜干线 16 mm²，铜支线 6 mm²；钢干线 50 mm²，钢支线 16 mm²。

七、低压配电保护接地系统

低压配电系统按保护接地形式分为 TN 系统、TT 系统、IT 系统。其中，TN 系统是我国广泛采用的中性点直接接地的运行方式,按照中性线与保护线的组合情况,TN 系统又分为 TN – C 系统、TN – S 系统和 TN – C – S 系统。

(一)TN – C 系统

整个系统的中性线(N)和保护线(PE)是共用的,该线又称为保护中性线(PEN)线,如图 8-31 所示。其优点是节省了一条导线,但在三相负载不平衡或保护中性线断开时会使所有用电设备的金属外壳都带上较高的电压。在一般情况下,如保护装置和导线截面选择适当,TN – C 系统是能够满足要求的。TN – C 系统现在已经很少采用,尤其是在民用配电中已基本上不允许采用。

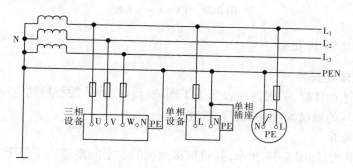

图 8-31　TN – C 系统

(二)TN – S 系统

整个系统的 N 线和 PE 线是分开的,如图 8-32 所示。其优点是 PE 线在正常情况下没有电流通过,因此不会对接在 PE 线上的其他设备产生电磁干扰。此外,由于 N 线与 PE 线分开,N 线断线也不会影响 PE 线的保护作用,但 TN – S 系统耗用的导电材料较多,投资较大。TN – S 系统是目前我国应用最为广泛的低压配电系统,新建的大型民用建筑和住宅小区大多数采用该系统。

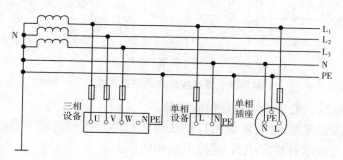

图 8-32　TN – S 系统

(三)TN – C – S 系统

系统中前一部分中性线和保护线是合一的,而后一部分是分开的,且分开后不允许再合并,如图 8-33 所示。该系统兼有 TN – C 系统和 TN – S 系统的特点,常用于配电系统末端环境较差或对抗电磁干扰要求较高的场所。

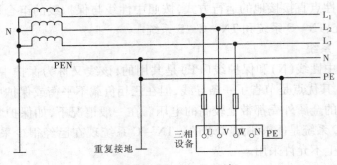

图 8-33　TN－C－S 系统

八、接地装置的安装

(一)接地体及安装

安装人工接地体时,一般应按设计施工图进行。接地体的材料均应采用镀锌钢材,并应充分考虑材料的机械强度和耐腐蚀性能。

1. 垂直接地体

(1)布置形式:如图 8-34 所示,其每根接地极的水平间距应大于等于 5 m。

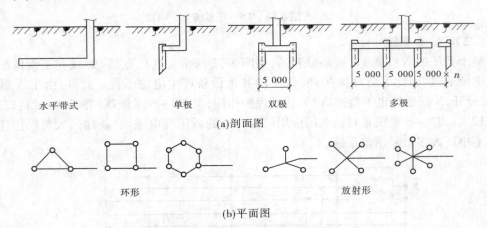

(a)剖面图

(b)平面图

图 8-34　垂直接地体的布置形式

(2)接地体制作:一般采用镀锌角钢或圆钢。

(3)安装:一般要先挖地沟,再采用打桩法将接地体打入地沟以下,接地体的有效深度不应小于 2 m;按要求打桩完毕后,连接引线和回填土。

垂直接地体间多采用扁钢连接。当接地体打入地中后,即可将扁钢侧放于沟内,依次将扁钢与接地体用焊接的方法连接,经过检查确认符合要求后将沟填平。

2. 水平接地体

(1)布置形式:分为带形、环形、放射形三种,如图 8-35 所示。

(2)接地体制作:一般采用镀锌圆钢或扁钢。

(3)安装:水平接地体的埋设深度一般应在 0.7 ~ 1 m。

（二）接地线的敷设

（1）人工接地线的材料。人工接地线一般包括接地引线、接地干线和接地支线等。为了使连接可靠并有一定的机械强度，人工接地线一般采用镀锌扁钢或镀锌圆钢制作。移动式电气设备或钢质导线连接困难时，可采用有色金属作为人工接地线，但严禁使用裸铝导线作接地线。

（2）接地干线与支线的敷设。接地干线与支线的敷设分为室外和室内两种。室外的接地干线和支线供室外电气设备接地用，一般敷设在沟内；室内的接地干线和支线供室内的电气设备接地用，一般采用明敷，敷设在墙上、母线架上、电缆桥架上。

(a)带形　　　　(b)环形　　　　(c)放射形

图 8-35　水平接地体的布置形式

（三）自然接地装置的安装

电气设备接地装置的安装，应尽可能利用自然接地体和自然接地线，有利于节约钢材和减少施工费用。自然接地体有以下几种：金属管道、金属结构、电缆金属外皮、构筑物与建筑物钢筋混凝土基础等。自然接地线有以下几种：建筑物的金属结构、生产设备的金属结构、配线用的钢管、电缆金属外皮、金属管道等。

（四）接地电阻的测量

接地装置安装完毕后，必须进行接地电阻的测量工作，以确定接地装置的接地电阻值是否符合设计和规范要求。

测量接地电阻的方法通常为接地电阻测试仪测量法，有时也采用电流表 – 电压表测量法。常用的接地电阻测试仪有 ZC8 型和 ZC28 型，以及新型的数字接地电阻测试仪。

第五节　建筑电气施工图

施工图是整个建筑工程设计的重要组成部分，是建设单位编制标底及施工单位编制施工图预算进行投标和结算的依据。同时，它也是施工单位进行施工和监理单位进行工程质量监控的重要工程文件。如何正确识读和绘制电气施工图是本节所要重点阐述的。

一、常用电气施工图的图例

为了简化作图，国家有关标准制定部门和一些设计单位有针对性地对常见的材料构件、施工方法等规定了一些固定的画法式样，有的还附有文字符号标注。下列图表是在实际电气施工图中常用的一些图例画法，根据它们可以方便地读懂电气施工图。表 8-4 为线路走向方式代号，表 8-5 为灯具类型代号，表 8-6 为照明开关在平面布置图上的图形符号，表 8-7 为插座在平面布置图上的图形符号，表 8-8 为接线原理图图形符号。

电气图纸中的图例如果是由国家统一规定的称为国标符号，由有关部委颁布的称为部标符号。另外,一些大的设计院还有其内部的补充规定,即所谓院标,或称之为习惯标注符号。我国的电气图形符号原来是沿用苏联的标准,后来颁布了 GB 312—64 等标准,而《电气图用图形符号》(GB 4728)的制定参照采用了国际标准 IEC 617。

目前,我国的全部电气产品、制图书刊均已采用 GB 4728 标准,但如果电气设计图纸里采用了非标准符号,那么应列出图例。

表 8-4　线路走向方式代号

序号	名称	图形符号	说明	序号	名称	图形符号	说明
1	向上配线		方向不得随意旋转	5	由上引来		
2	向下配线		宜注明箱、线编号及来龙去脉	6	由上引来向下配线		
3	垂直通过			7	由下引来向上配线		
4	由下引来						

表 8-5　灯具类型代号

序号	名称	图形符号	说明	序号	名称	图形符号	说明
1	灯		灯或信号灯一般符号	7	吸顶灯		
2	投光灯			8	壁灯		
3	荧光灯	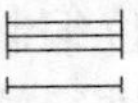	示例为 3 管荧光灯	9	花灯		
4	应急灯		自带电源的事故照明灯装置	10	弯灯		
5	气体放电灯辅助设施		公用于与光源不在一起的辅助设施	11	安全灯		
6	球形灯			12	防爆灯		

表8-6 照明开关在平面布置图上的图形符号

序号	名称	图形符号	说明	序号	名称	图形符号	说明
1	开关	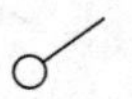	开关一般符号	5	单级拉线开关	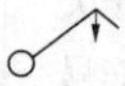	
2	单级开关		分别表示明装、暗装、密闭（防水）、防爆	6	单级双控拉线开关	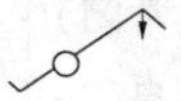	
				7	双控开关	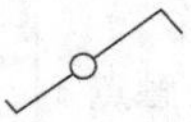	
3	双级开关		分别表示明装、暗装、密闭（防水）、防爆	8	带指示灯开关		
				9	定时开关	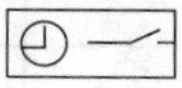	
4	三级开关		分别表示明装、暗装、密闭（防水）、防爆	10	多拉开关	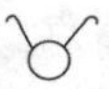	

表8-7 插座在平面布置图上的图形符号

序号	名称	图形符号	说明	序号	名称	图形符号	说明
1	插座		插座的一般符号	4	多孔插座		示出三个
2	单相插座		分别表示明装、暗装、密闭（防水）、防爆	5	三相四孔插座		分别表示明装、暗装、密闭（防水）、防爆
3	单相三孔插座		分别表示明装、暗装、密闭（防水）、防爆	6	带开关插座		带一单级开关

表 8-8 接线原理图图形符号

序号	名称	图形符号	说明	序号	名称	图形符号	说明
1	多级开关一般符号		动合(常开)触点	7	隔离开关一般符号		
2	动断(常闭)触点		水平方向上开下闭	8	负荷开关一般符号		
3	转换触点		先断后合	9	接触器一般开关		
4	双向触点		中间断开	10	热继电器一般符号		
5	动合触点形式(一)		操作器件被吸合时延时闭合	11	有功功率表	Wh	
6	动合触点形式(二)			12	无功功率表	var	

二、电气施工图的内容

(一)施工图的深度

施工图主要是将已经批准的初步设计图,按照施工的要求予以具体化。施工图的深度应能满足下列要求:

(1)根据图纸,可以进行施工和安装。

(2)根据图纸,修正工程概算或编制施工预算。

(3)安排设备、材料,提出其详细规格和数量的订货要求。

(4)根据图纸,对非标准产品进行制作。

(二)施工图内容

一套完整的施工图,内容以图纸为主,一般包括下列内容:

(1)图纸目录。列出新绘制的图纸、所选用的标准图纸或重复利用的图纸等的编号及名称。

(2)设计总说明(即首页)。内容一般包括施工图的设计依据;设计指导思想;本工程项目的设计规模和工程概况;电气材料的用料和施工要求说明;主要设备规格、型号;采用新材料、新技术或者特殊要求的做法说明;系统图和平面图中没有交代清楚的内容,例如,进户线的距地标高、配电箱的安装高度、部分干线和支线的敷设方式和部位、导线种类和规格及截面大小等内容。对于简单的工程,可在电气图纸上写成文字说明。

(3)配电系统图。它能表示整体电力系统的配电关系或配电方案。从配电系统图中能够看到该工程配电的规格、各级控制关系、各级控制设备和保护设备的规格容量、各路负荷用电容量及导线规格等。

（4）平面图。它表征了建筑各层的照明、动力、电话等电气设备的平面位置和线路走向。它是安装电器和敷设支路管线的依据。根据用电负荷的不同有照明平面图、动力平面图、防雷平面图、电话平面图等。

（5）大样图。表示电气安装工程中的局部做法明晰图，例如舞台聚光灯安装大样图、灯头盒安装大样图等。在电气设备安装施工图册中有大量的标准做法大样图。

（6）二次接线图。它表示电气仪表、互感器、继电器及其他控制回路的接线图。例如，加工非标准配电箱就需要配电系统图和二次接线图。

（7）设备材料表。为了便于施工单位计算材料、采购电气设备、编制工程概（预）算和编制施工组织计划等，电气工程图纸上要列出主要设备材料表。表中应列出主要电气设备材料的规格、型号、数量以及有关的重要数据，要求与图纸一致，而且要按照序号编号。设备材料表是电气施工图中不可缺少的内容。

此外，还有电气原理图、设备布置图、安装接线图等。

电气施工图根据建筑物功能不同，电气设计内容有所不同。通常可分为内线工程和外线工程两大部分：

内线工程。包括照明系统图、动力系统图、电话工程系统图、共用天线电视系统图、防雷系统图、消防系统图、防盗保安系统图、广播系统图、变配电系统图、空调配电系统图。

外线工程。包括架空线路图、电路线路图、室外电源配电线路图。

三、电气施工图的识读方法

要正确识读电气施工图，要做到以下几点：

（1）要熟知图纸的规格、图标、设计中的图线、比例、字体和尺寸标注方式等。①图纸的规格。设计图纸的图幅尺寸有五种标准规格，分别是 A0、A1、A2、A3、A4。②图标。图标一般放在图纸的右下角，其主要内容可能因设计单位的不同而有所不同，大致包括：图纸的名称、比例、设计的单位、制图人、设计人、专业负责人、工程负责人、校对人、审核人、审定人、完成日期等。工程设计图标均应设置在图纸的右下角，紧靠图框线。③尺寸和比例。工程图纸上标注的尺寸通常采用毫米（mm）为单位，在总平面图和首层平面图上标明指北针。图形比例应该遵守国家制图标准。标准序列为：1:10、1:20、1:50、1:100、1:150、1:200、1:400、1:500、1:1 000、1:2 000。普通照明平面图多采用 1:100 的比例，特殊情况下，也可使用 1:50 和 1:200。大样图可适当放大比例。电气接线图可不按比例绘制示意图。

（2）根据图纸目录，检查和了解图纸的类别及张数，应及时配齐标准图和重复利用图。

（3）按图纸目录顺序，识读施工图，对工程对象的建设地点、周围环境、工程范围有一个全面的了解。

（4）阅图时，应按先整体后局部，先文字说明后图样，先图形后尺寸等原则仔细阅读。

一般应按照"室外电源（小区电源室或箱式变压器等）→住宅总配电柜 AP→楼层电表箱 AW→住户配电箱 AL→各用电设备"的顺序阅读图纸。

（5）注意各类图纸之间的联系，以避免发生矛盾而造成事故和经济损失。例如，配电系统图和平面图可以相互验证。

（6）认真阅读设计施工说明书，明确工程对施工的要求，根据材料清单做好订货的准备。

四、电气设备安装工程识图举例

（一）土建工程概况

以某临街商住楼工程为例。该工程共四层，其中一层为商场，二～四层为住宅，住宅部分共分三个单元，每单元为一梯两户，两户的平面布置是对称的。建筑物主体结构为底层框架结构，二层及以上为砖混结构，楼板为现浇混凝土楼板。建筑物底层层高为 4.50 m，二～四层层高为 3.00 m。

（二）电气设计说明

（1）本工程电源采用三相四线制（380 V/220 V）供电，系统接地形式采用 TN-CS 系统。进户线采用 VV22-1000（3×35+1×16）电力电缆，穿焊接钢管 SC80 埋地引入至总电表箱 AW，室外埋深 0.7 m。进户电缆暂按长 20 m 考虑。

（2）在电源进户处设置重复接地装置一组，接地极采用镀锌角钢∟50×50×5，长 2 500，接地母线采用镀锌扁钢—40×4，接地电阻不大于 4 Ω。

（3）室内配电干线，电表箱 AW 至各层用户配电箱 AL 均采用 BV-2×16+PE16 导线，AW 箱至底层 AL1-1、AL1-2 箱穿焊接钢管 SC32 保护，AW 箱至其他楼层 AL 箱穿硬塑料管 PC40 保护。

由用户箱引出至用电设备的配电支线，空调插座回路采用 BV-2×4+PE4 导线穿硬塑料管 PC25 保护；其他插座回路采用 BV-2×2.5+PE2.5 导线穿硬塑料管 PC20 保护；照明回路采用 BV-2×2.5 导线穿硬塑料管 PC 保护，其中 2 根线用硬塑料管 PC16，3 根线用硬塑料管 PC20，4～6 根线用硬塑料管 PC25。楼道照明由 AW 箱单独引出一回路供电。

（4）设备距楼地面安装高度：AW 总电表箱底边 1.4 m，AL 用户配电箱底边 1.8 m；链吊式荧光灯具 3.0 m，软线吊灯 2.8 m；灯具开关、吊扇调速开关 1.3 m；空调插座 1.8 m，厨房、卫生间插座 1.5 m，普通插座 0.3 m。

（三）主要设备材料表

主要设备材料表见表 8-9，表中的主要设备材料为该商住楼一个单元的数量，其余单元的均相同，表中的管线数量需按施工图纸统计计算。

表 8-9 主要设备材料表（一个单元）

序号	图例	名称	规格	单位	数量	备注
1	▬	电表箱	JLZX-4,950×900×200	台	1	底边距地 1.4 m
2	▬	配电箱	XM(R)23-3-15,450×450×105	台	8	底边距地 1.8 m
3	⊏═⊐	成套型链吊式双管荧光灯	YG2-2,2×40 W	套	24	距地 3.0 m

序号	图例	名称	规格	单位	数量	备注
4		组合方形吸顶灯	XD117,4×40 W	套	12	吸顶安装
5		半圆球吸顶灯	JXD5-1,1×40 W	套	18	吸顶安装
6	①	无罩软线吊灯	250 V/6 A,1×40 W	套	30	距地2.8 m
7	②	瓷质座灯头	250 V/6 A,1×40 W	套	18	吸顶安装
8	●	声控圆球吸顶灯	250 V/6 A,1×40 W	套	4	吸顶安装
9		暗装单联单控开关（暗装单级单控开关）	L1E1K/1	套	36	距地1.3 m
10		暗装双联单控开关（暗装双级单控开关）	L1E2K/1	套	24	距地1.3 m
11		暗装三联单控开关（暗装三级单控开关）	L1E3K/1	套	4	距地1.3 m
12		暗装二、三孔单相插座	L1E2US/P	套	154	距地0.3 m
13	K	暗装空调专用插座	L1E1s/16P	套	28	距地1.8 m
14	A	暗装防溅三孔插座（插座内置带开关）	L1E2SK/16P + L1E1F	套	18	距地1.5 m
15	B	暗装三孔单相插座（带保护门）	L1E1S/P + L1E1F	套	30	距地1.5 m
16		吊风扇	φ1 200	台	8	吸顶安装
17		吊风扇调速开关		个	8	距地1.3 m
18		电力电缆	VV22-1000 (3×35+1×16)	m	20	
19		钢管	SC80	m	按实际计算	
20		钢管	SC32	m	按实际计算	
21		硬塑料管	PC40	m	按实际计算	

序号	图例	名称	规格	单位	数量	备注
22		硬塑料管	PC25	m	按实际计算	
23		硬塑料管	PC20	m	按实际计算	
24		硬塑料管	PC16	m	按实际计算	
25		导线	BV - 16	m	按实际计算	
26		导线	BV - 4	m	按实际计算	
27		导线	BV - 2.5	m	按实际计算	
28		接地极	∟ 50 × 50 × 5	m	按实际计算	
29		接地母线	— 40 × 4	m	按实际计算	

（四）电气系统图

图 8-36 ～ 图 8-39 是该商住楼一个单元的电气系统图,其余单元的均相同。电气系统图由配电干线图、电表箱系统图和用户配电箱系统图组成。

1. 配电干线图

配电干线图表明了该单元电能的接收和分配情况,同时也反映出了该单元内电表箱、配电箱的数量关系,如图 8-36 所示。

安装在底层的电表箱其文字符号为 AW,它也是该单元的总配电箱,底层还有两个用户配电箱 AL1 - 1、AL1 - 2;二至四层每层均有两台用户配电箱,它们的文字符号分别为 AL2 - 1 ～ AL4 - 2。

进线电源引至总电表箱 AW 经计量后,由 AW 箱引出的配电干线采用放射式连接方式,即由 AW 箱向每一楼层的每一台用户配电箱 AL 单独引出一路干线供电,配电干线回路的编号为 WLM1 ～ WLM8。

2. 电表箱系统图

电表箱系统图如图 8-37 所示,该图表明了该单元电

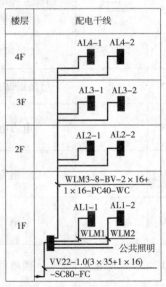

图 8-36 配电干线图

源引入线的型号规格,电源引入线采用铜芯塑料低压电力电缆,进入建筑物穿钢管 SC80 保护。电表箱内共装设了 8 个单相电度表,每个电度表由一个低压断路器保护。电表引出的导线即为室内低压配电干线,每一回路均由三根 16 mm² 的铜芯塑料线组成,并穿线管保护,其中至一层 AL1 - 1、AL1 - 2 箱的用钢管 SC32,至其余楼层的用硬塑料管 PC40。电表箱还引出了另一回路——楼道公共照明支线,它采用两根 2.5 mm² 的铜芯塑料线,穿硬塑料管 PC16 沿墙或天棚暗敷设。

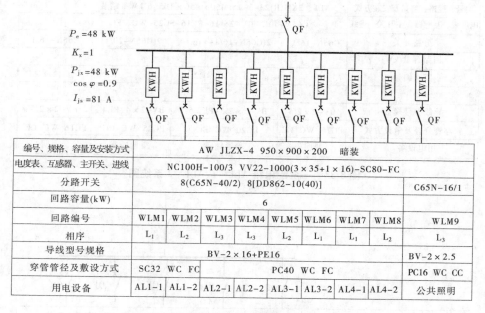

编号、规格、容量及安装方式	AW JLZX-4 950×900×200 暗装								
电度表、互感器、主开关、进线	NC100H-100/3 VV22-1000(3×35+1×16)-SC80-FC								
分路开关	8(C65N-40/2) 8[DD862-10(40)]								C65N-16/1
回路容量(kW)	6								
回路编号	WLM1	WLM2	WLM3	WLM4	WLM5	WLM6	WLM7	WLM8	WLM9
相序	L_1	L_2	L_3	L_3	L_2	L_1	L_1	L_2	L_3
导线型号规格	BV-2×16+PE16								BV-2×2.5
穿管管径及敷设方式	SC32 WC FC		PC40 WC FC						PC16 WC CC
用电设备	AL1-1	AL1-2	AL2-1	AL2-2	AL3-1	AL3-2	AL4-1	AL4-2	公共照明

图 8-37 电表箱系统图

3.用户配电箱系统图

用户配电箱系统图如图 8-38、图 8-39 所示,该图表明了引至箱内的配电干线型号规格、箱内的开关电器型号规格以及由箱内引出的配电支线的型号规格。

由系统图可了解到 AL1 - 1、AL1 - 2 箱引出 6 回路支线,其中:两回路照明支线 M1、M2,穿硬塑料管 PC16 保护;两回路普通插座支线 C1、C2,穿硬塑料管 PC20 保护;两回路空调插座支线 K1、K2,穿硬塑料管 PC25 保护。

AL2 - 1 ~ AL4 - 2 箱引出 5 回路支线,其中:一回路照明支线 M1,穿硬塑料管 PC16 保护;三回路插座支线,普通插座支线 C1、卫生间插座支线 C2 和厨房插座支线 C3,均穿硬塑料管 PC20 保护;一回路空调插座支线 K1,穿硬塑料管 PC25 保护。

(五)电气平面图

底层电气平面图如图 8-40 所示,标准层电气平面图如图 8-41 所示。

因为该商住楼底层为商店,二~四层为住宅,而每一单元的平面布置是相同的,并且每一单元内每层分为两户,两户的建筑布局和配电布置又为对称相同,所以在看图时只需弄清楚一个单元中底层和标准层一户的电气安装就可以了。

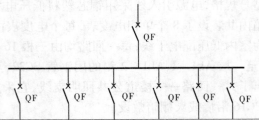

编号、规格、容量及安装方式	AL1、2XM(R)23-3-15 450×450×105 6 kW 暗装						
电度表、互感器、主开关、进线	C65N-40/2 BV-2×16+PE16-SC25-WC、FC						
分路开关	C65N-16/1	2(C65N-16/1+Vigi)		2(C65N-20/1)		C65N-16/1	
回路容量(kW)							
回路编号	M1	C1	C2	K1	K2	M2	
相序							
导线型号规格	BV-2×2.5	BV-2×2.5+PE2.5		BV-2×4+PE4		BV-2×2.5	
穿管管径及敷设方式	PC16 WC CC	PC20 WC FC		PC25 WC CC		PC16 WC CC	
用电设备	照明	普通插座		空调插座		照明	

图 8-38   一层配电箱 AL1 – 1、AL1 – 2 系统图

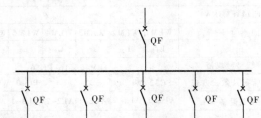

编号、规格、容量及安装方式	AL2~4-1~2XM(R)23-3-15 450×450×105 6 kW 暗装				
电度表、互感器、主开关、进线	C65N-40/2 BV-2×16+PE16-PC40-WC、CC				
分路开关	C65N-16/1	3(C65N-16/1+Vigi)			C65N-16/1
回路容量(kW)					
回路编号	M1	C1	C2	C3	K1
相序					
导线型号规格	BV-2×2.5	BV-2×2.5+PE2.5			BV-2×4+PE4
穿管管径及敷设方式	PC16 WC CC	PC20 WC FC	PC20 WC CC		PC25 WC CC
用电设备	照明	普通插座	卫生间插座	厨房插座	空调插座

图 8-39   二 ～ 四层配电箱 AL2 – 1 ～ AL4 – 2 系统图

1. 底层电气平面图

(1)电源引入线及室内干线。由底层电气平面图可知,该单元的电源进线是从建筑物北面,沿1/4轴埋地引至位于底层的电表箱 AW,电表箱 AW 的具体安装位置在一楼楼梯口,暗装,安装高度 1.4 m。由 AW 箱引出至各楼层的室内低压配电干线,至底层用户配电箱 AL1 – 1、AL1 – 2 的由其下端引出,至二层以上用户配电箱的由其上端引出,楼道公共照明支线也由其上端引出。这部分垂直管线在平面图上无法表示,只能通过电气系统图来理解。

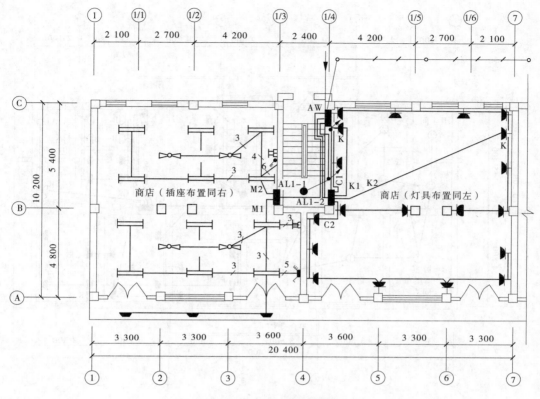

图 8-40 底层电气平面图

（2）接地装置。由底层电气平面图还可了解到室外接地装置的安装平面位置,室外接地母线埋地引入室内后由电表箱 AW 的下端口进入箱内。

（3）每户配电支线。底层用户配电箱 AL1-1、AL1-2 分别暗装在 1/3 轴和 1/4 轴墙内,对照电气系统图可知每个配电箱引出 6 回路支线:支线 M1 由配电箱上端引出给 6 套双管荧光灯、2 台吊扇及 3 个半圆球吸顶灯供电,支线 M2 由配电箱上端引出给 6 套双管荧光灯和 2 台吊扇供电,支线 C1 由配电箱下端引出给 8 套普通插座供电,支线 C2 由配电箱下端引出给 9 套普通插座供电,支线 K1、K2 分别由配电箱上端引出给 1 套空调插座供电。

2. 标准层电气平面图

（1）配电干线。由标准层电气平面图可知,引入每层用户配电箱 AL 的配电干线由楼梯间墙内暗敷引上,并经楼地面、墙体引到暗装的配电箱。

（2）每户配电支线。对照电气系统图可知,每一个用户配电箱引出 5 回路支线:支线 M1 由配电箱上端引出给该户所有的照明灯具供电,它的具体走向是出箱后先到客厅,然后到北阳台、南卧室、卫生间、厨房,由于该支线较长,所以看图时应注意每根图线代表的导线根数以及穿管管径;支线 C1 由配电箱下端引出给所有的普通插座供电,它的具体走向是出箱后先到客厅,然后到南面的各卧室;支线 C2 由配电箱上端引出给餐厅、厨房插座供电,它的具体走向是出箱后先到餐厅,然后到厨房;支线 C3 由配电箱上端引出给盥

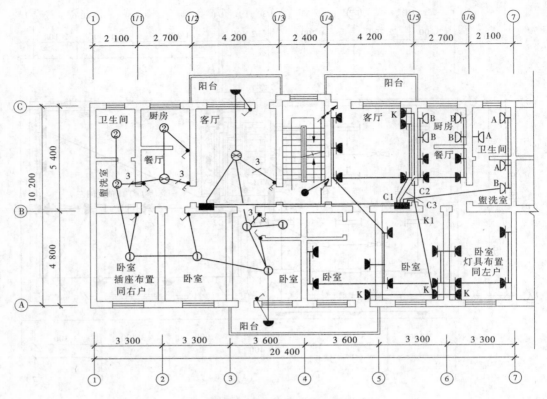

图 8-41　标准层电气平面图

洗室、卫生间插座供电,它的具体走向是出箱后先到盥洗室,然后到卫生间;支线 K1 由配电箱上端引出给所有的空调插座供电(这样布置实际上不太合理),它的具体走向是出箱后先到箱上方的分线盒,再由分线盒分出两路线,一路至客厅空调插座,另一路至南面卧室各空调插座。

思考题与习题

1. 什么是建筑供配电系统? 建筑低压配电系统有哪些常见的配电方式,各有何特点?

2. 建筑施工现场的电力供应有何特点?

3. 简述建筑电气系统中常用电光源的种类、特性及其应用。

4. 简述灯具的作用及灯具的选择依据。

5. 灯具布置时应考虑哪些因素?

6. 照明按照其用途可以分为哪些类型?

7. 简述照明系统中照明控制的几种方式。

8. 室内照明常用的电线、电缆有哪些?

9. 什么是安全电压? 常见的触电种类有哪些?

10. 简述雷电形成的危害以及建筑物采取的防雷措施。

11. 建筑物防雷等级有哪些? 各级如何考虑防雷要求?

12. 简述建筑物的避雷装置的组成及其作用。

13. 什么是接地? 常见的接地有哪些? 建筑低压配电保护接地系统有哪三种类型,各有何特点?

14. 简述建筑电气施工图的内容,如何识读电气施工图?

第九章 建筑弱电系统概述

智能建筑中的弱电主要有两类:一类是国家规定的安全电压等级及控制电压等低电压电能,有交流与直流之分,交流 36 V 以下,直流 24 V 以下,如 24 V 直流控制电源,或应急照明灯备用电源。另一类是载有语音、图像、数据等信息的信息源,如电话、电视、计算机的信息。人们习惯把弱电方面的技术称之为弱电技术。它主要包括:综合布线工程,主要用于计算机网络;通信工程,如电话;电视信号工程,如电视监控系统、有线电视;智能工程,如楼宇自动控制系统、智能消防系统、安全防范系统。随着计算机技术的飞速发展,软硬件功能的迅速强大,各种弱电系统工程和计算机技术的完美结合,以往的各种分类不再像以前那么清晰。各类工程相互融合,逐步形成一套完善的系统。

第一节 智能建筑概述

随着现代高科技和信息技术的发展、人们生活水平的提高,人们从以往追求居住的物理空间和豪华装饰向着享受现代精神内涵与浪漫舒适的生活情趣方向发展,并将建筑智能化带来的多元信息和安全、舒适、便利的生活环境作为理想目标。城市建筑的智能化管理是城市走向现代化的一项重要标志,也是伴随城市建筑的发展状况孕育而生的一个新课题。

一、智能建筑的概念

所谓智能建筑,是指综合计算机、信息通信等方面最先进的技术,使建筑内的电力、空调、照明、防灾、防盗、运输设备等,实现建筑物综合管理自动化、远程通信和办公自动化的有效运作,并使这三方面功能结合起来的建筑。

二、智能建筑的主要特征

智能建筑具备在一座建筑物内进行信息管理和对信息进行综合利用的能力。这个能力包括信息的采集、综合、分析、处理、交换与共享。它具有办公自动化、通信自动化和建筑物自动化的功能。智能建筑内机电设备的自动化控制也是信息处理的一个方面,它可以节能和保护环境,进一步改善人类的居住和工作环境。

三、智能建筑的类型

智能建筑的功能将朝着多样化方向发展。由于用途、规模不同,各类智能建筑所需要的功能系统也不同,因而有必要区分为商业建筑、办公建筑、旅游建筑、医疗建筑、教育建筑、交通建筑、居住建筑等类型。

(1)商业建筑,如银行、证券交易所、饭店宾馆、商场等。

(2)办公建筑,如政府行政机构、公司总部、律师事务所等。

(3)教育建筑,如大学校园。

（4）交通建筑，如飞机场、火车站、交通中心等。

（5）医疗建筑，如医院、疗养院等。

（6）居住建筑，如住宅和居住小区。

四、智能建筑的功能

智能建筑的功能是指在建筑物内综合计算机、信息通信等方面的最先进技术，使建筑内的电力、空调、照明、防火、防盗、运输设备等协调工作，实现建筑物自动化、通信和办公自动化的有效运行。主要包括：

（1）信息处理功能，实现办公自动化（OA）。

（2）信息通信功能，实现通信自动化（CA），能进行语音、数据、图像通信，而且通信的范围不局限于建筑物内部，甚至还包括在城市、地区或国家间进行。

（3）安全防范和设备自动控制功能，实现楼宇自动控制（BA）。

五、智能建筑的发展

智能建筑是人、信息和工作环境的智慧结晶，是建立在建筑设计、行为科学、信息科学、环境科学、社会工程学、系统工程学、人类工程学等各类理论学科之上的交叉应用。智能建筑已成为未来建筑的标志，20世纪90年代末以来，我国经济建设的规模宏大，发展速度迅猛，已形成了全球最大最快的智能建筑市场。"节资、节能、环保、安全、舒适"已成为智能化建筑的主要趋势。在建设节约型社会的大背景下，智能建筑的节能尤为突出。就像家电中"变频空调"的功效一样，智能建筑中的控制系统也能依据楼内的温、湿度变化实现光、电、热输出的自动控制，达到节约能源的效果。上海金茂大厦（88层）、深圳地王大厦（69层）、广州中信大厦（80层）、南京金鹰国际商城（58层）、上海环球金融中心（101层）等一批智能大厦闻名于全世界。

智能建筑的发展经历了四个阶段，图9-1形象地描述了智能建筑的演化过程和今后的发展方向。

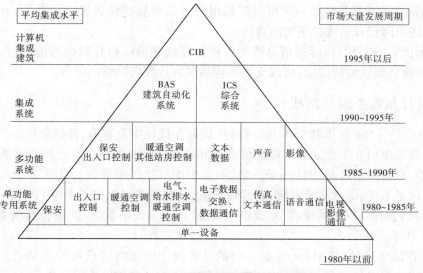

图9-1 智能建筑发展的四个阶段

目前,我国已经将智能化建筑技术开发应用列入"中国 21 世纪议程优先项目计划",这一发展计划必将对我国的智能建筑和建筑业的发展产生重大的、深远的影响。

第二节　综合布线系统

综合布线系统(PDS,Premises Distribution System)又称开放式布线系统(Open Cabling System),是建筑物或建筑群内部之间的传输网络。它能使建筑物或建筑群内部的语音、数据通信设备,信息交换设备,建筑物自动化管理设备及物业管理等系统之间彼此相连,也能使建筑物内的信息通信设备与外部的信息通信网络连接。

综合布线系统是为了满足综合业务数据网(ISDN)的发展需求而特别设计的一种布线系统,它采用一系列高质量的标准材料,以模块化的组合方式,把语音、数据、图像和部分控制信号系统,用统一的传输媒介进行综合,从而在智能建筑中组成一套标准、灵活、开放的布线系统。

一、综合布线系统的特点

(1)实用性。布线系统实施后,能满足目前通信技术的应用和未来通信技术的发展需求,即在系统中能实现语音通信、数据通信、图像通信以及多媒体信息的通信。

(2)灵活性。布线系统能满足灵活应用的要求,即在任何一个信息插座上都能连接不同类型的终端设备,如个人计算机、可视电话机、双音频电话机、可视图文终端、G3 或 G4 类传真机。

(3)模块化。布线系统中,除敷设在建筑物内的铜芯或光缆外,其余所有的接插件都是积木式的标准件,以方便维护人员的管理与使用。

(4)扩充性。布线系统是可以扩充的,以便将来技术更新和有更大发展时可将设备扩充进去。

(5)经济性。布线系统的应用可以降低用户重新布局或设备搬迁的费用,并节省搬迁的时间,还可降低日后维护系统的费用。

(6)通用性。对符合国际通信标准的各种计算机和网络拓扑结构均能适应,对不同传递速度的通信要求均能适应,可以支持和容纳多种计算机网络的运行。

二、综合布线系统的组成

以 EIA/TIA－568 标准和 ISO/IEC 11801 国际布线标准为基准,并结合我国的实际情况,综合布线系统由 6 个独立的子系统组成,采用星形结构,每个子系统均可视为一个独立的单元组,一旦要更改其中任一子系统,不会影响其他的子系统。这 6 个子系统依次为:①工作区子系统;②水平系统;③管理子系统(包括楼层电信系统);④干线(垂直干线)子系统;⑤设备间子系统;⑥建筑群子系统(即入口处子系统)。综合布线系统的结构如图 9-2 所示。

(1)工作区子系统(Worklocation)。目的是实现工作区终端设备与水平子系统之间的连接,由终端设备连接到信息插座的连接线缆所组成。工作区常用设备是计算机、网络

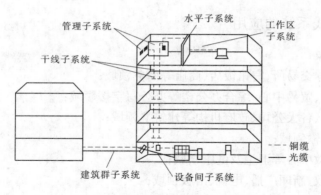

图 9-2　综合布线系统的结构图

集线器(Hub 或 Mau)、电话、报警探头、摄像机、监视器、音响等。

　　(2)水平子系统(Horizontal)。目的是实现信息插座和管理子系统(跳线架)间的连接,将用户工作区引至管理子系统,并为用户提供一个符合国际标准,满足语音及高速数据传输要求的信息出口。该子系统由一个工作区的信息插座开始,经水平布置到管理区的内侧配线架的线缆。系统中常用的传输介质是 4 对 UTP(非屏蔽双绞线),它能支持大多数现代通信设备。如果需要某些宽带应用,可以采用光缆。信息出口采用插孔为 ISDN 8 芯(RJ45)的标准插口,每个信息插座都可灵活地运用,并根据实际应用要求随意更改用途。

　　(3)管理子系统(Administration)。该子系统由交连、互连配线架组成,为连接其他子系统提供连接手段。交连和互连允许将通信线路定位或重定位到建筑物的不同部分,以便能更容易地管理通信线路,使在移动终端设备时能方便地进行插拔。互连配线架根据不同的连接硬件,分为楼层配线架(箱)IDF 和总配线架(箱)MDF,IDF 可安装在各楼层的干线接线间,MDF 一般安装在设备机房内。

　　(4)干线(垂直干线)子系统(Backbone)。目的是实现计算机设备、程控交换机(PBX)、控制中心与各管理子系统间的连接,是建筑物干线电缆的路由。该子系统通常是两个单元之间,特别是在位于中央点的公共系统设备处提供多个线路设施。系统由建筑物内所有的垂直干线多对数电缆及相关支撑硬件组成,以提供设备间总配线架与干线接线间楼层配线架之间的干线路由。常用介质是大对数双绞线电缆和光缆。

　　(5)设备间子系统(Equipment)。该子系统主要由设备间中的电缆、连接器和有关的支撑硬件组成,作用是将计算机、程控交换机、摄像头、监视器等弱电设备互连起来,并连接到主配线架上。设备包括计算机系统、网络集线器(Hub)、网络交换机(Switch)、程控交换机(PBX)、音响输出设备、闭路电视控制装置和报警控制中心等。

　　(6)建筑群子系统(Campus)。该子系统将一个建筑物的电缆延伸到建筑群的另外一些建筑物中的通信设备和装置上,是结构化布线系统的一部分,支持提供楼群之间通信所需的硬件。它由电缆、光缆和入楼处的过流过压电气保护设备等相关硬件组成,常用介质是光缆。

三、综合布线系统的应用

（一）应用对象

（1）银行、证券交易所、宾馆饭店、商店等商务领域；

（2）各大公司、贸易中心、综合办公楼等办公写字楼领域；

（3）大学校园、各大公司、政府机构等建筑群领域；

（4）各交通运输领域；

（5）医院、急救中心等卫生及健康领域；

（6）电信、邮政、新闻广播、电视、出版领域；

（7）高级住宅、智能小区等居住领域。

（二）应用范围

由于综合布线系统主要是针对建筑物内部及建筑群之间的计算机、通信设备和自动化设备的布线而设计的，所以布线系统的应用主要是满足于各类不同的计算机、通信设备、建筑物自动化设备传输弱电信号的要求。

综合布线系统网络上传输的弱电信号有：

（1）模拟与数字语音信号；

（2）高速与低速的数据信号；

（3）传真机等需要传输的图像资料信号；

（4）会议电视等视频信号；

（5）建筑物的安全报警和自动化控制的传感器信号等。

（三）综合布线系统的传输导线和电缆

美国《商用建筑物通信布线标准》（EIA/TIA 568）规定的综合布线系统的干线和室内配线有下述 4 种类型：

（1）100 Ω UTP 电缆；

（2）150 Ω STP 电缆；

（3）50 Ω 同轴电缆；

（4）62.5/125 μm 多模光缆。

该标准的附录部分提到的其他线缆有 100 Ω STP 电缆、75 Ω 同轴电缆和单模光纤。目前，在综合布线系统中大量采用的是 UTP 双绞线缆和多模光缆。

第三节　通信系统

一、通信系统的组成

通信的目的是有效可靠地传递和交换信息。传递信息所需的一切技术设备的总和称为通信系统，通信系统的一般组成如图 9-3 所示。

通信系统由信源、发送设备、传输媒介（信道）、接收设备和信宿等五个部分构成。

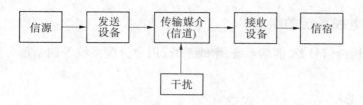

图 9-3　通信系统的组成

二、通信系统的类型

(1)智能建筑通信系统。在智能建筑中,广大用户都把通信和信息业务作为生存和发展的基础、参与竞争的必要手段。随着社会的发展和科学技术的进步,特别是计算机技术与通信技术相结合,各种新兴的通信业务应运而生,为智能建筑用户提供了更为广泛的信息服务,用户对信息的需求不再仅限于普通电话,还包括视觉信息(文字、图形、图像等)和计算机信息的非语音信息业务,如数据传输、数据库检索、可视图文、电子邮件、电子数据交换(EDI)、传真存储转发、可视电话、电视会议和多媒体通信等。

智能建筑中的通信系统与办公自动化系统(OAS)有着密切的关系。随着智能建筑中办公自动化系统的不断扩展,通信系统在用户业务活动中的作用越来越重要。

(2)有线电视系统。有线电视系统(CATV)是在一座建筑物或一个建筑群中,选择一个最佳的天线安装位置,根据所接收的电视频道的具体情况,选择一组优质天线,然后将接收到的电视信号进行混合扩大,并通过传输和分配网络送至各用户的电视接收机。这种电视接收方式既省时又美观,还可以使各个用户都有比较满意的接收效果,而且由于有线电视系统是一种有线分配网络,配有一定的设备,就可以同时传送调频广播,可以转播卫星电视节目;还可以配备电视摄像机,经过视频信号调制器进入系统,构成保安闭路电视;配上电视放像机还可以自办电视节目等。因而,有线电视系统在智能建筑中得到了广泛应用。

(3)公共广播系统。公共广播系统是智能建筑中传播实时信息的重要手段。当公共广播系统有消防广播和背景音乐广播双重功能时,其分区划分也与消防分区相一致。消防控制中心的传声器和数控式录放机可接入公共广播系统,根据需要而切入公共广播系统中。某些公共场合(如会议厅等)的公共广播,还设有自助转接插座,可进行节目自播及演讲。

第四节　有线电视系统

有线电视系统(CATV)公用一组电视天线,以接收电视广播为目的,用有线方式将电视信号分送到各个用户。因为有线电视系统不向外界辐射电磁波,以有线闭路形式传送电视信号,所以被人们称为闭路电视。实际上有线电视系统由于不断发展和扩大,有开路又有闭路,因而也可称之为电缆电视系统(CATV)。

一、有线电视系统的组成

其基本结构由信号源、前端系统、干线系统、用户分配系统等四个部分组成,如图9-4所示。

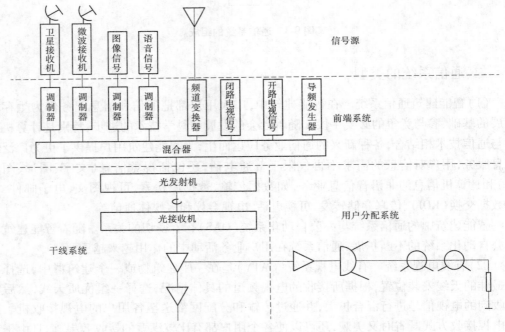

图9-4　CATV 系统组成

（1）信号源。信号源是有线电视系统电视节目的来源,包括电视接收天线、视频广播接收天线、卫星地面接收设备、微波接收设备、自办节目设备等。主要作用是对开路信号、闭路信号、自办节目信号进行接收和处理。所谓的开路信号,是指无线传输的信号,包括电视台无线发射的电视信号、微波信号、卫星电视信号、调频广播信号等;闭路信号是指有线传输的电视信号;自办节目信号是指 CATV 系统自备的节目源,如 DVD、VCD、摄像机、卡座等。

（2）前端系统。前端系统是指处于信号源之后和干线系统之前的部分,包括滤波器、天线放大器、调制器、解调器、频道变换器、混合器等。主要作用是把从信号源送过来的信号进行滤波、变频、放大、调制和混合等。由于 CATV 系统的规模不同,前端系统的组成也不尽相同。

（3）干线系统。干线系统是一个传输网络,是前端系统的混合器输出端到用户分配系统之间的部分,主要包括各种类型的干线放大器、干线电缆或光缆、光发射机、光接收机、多路微波分配系统和调制微波中继等设备。主要作用是把前端输出的电视射频信号高质量地传输给用户分配系统。

（4）用户分配系统。用户分配系统主要包括支线放大器、分配器、分支器、分支线、用户线、用户终端等。对于双向传输系统,还配有相应的调制器、解调器、机顶盒、数据终端等。主要作用是:对于单向传输系统,是把干线输出的下行信号有效地分配给千家万户;对于双向传输系统,既要进行信号分配,又要把用户发出的上行信号传输给干线输出部分。

二、有线电视系统的主要设备

(1)接收天线。接收天线的主要作用有:磁电转换,选择信号,放大信号,抑制干扰,改善接收的方向性。

(2)混合器。混合器的主要作用有三个:一是把多路射频信号混合成一路,共用一根电缆传输,以便实现多路复用;二是对干扰信号进行滤波,提高系统的抗干扰能力;三是可以把无源滤波器的输入端与输出端互换,构成分波器。

(3)放大器。放大器的作用是:放大信号,保证信号电平幅度;稳定信号输出电平。

(4)频道变换器。频道变换器的主要作用是:由于电视射频信号在电缆中传输的损耗与信号频率的平方根成正比,为了降低电缆对高频信号的损耗,通常把高频道转换成低频道进行传输;为了避免离电视台较近和场强较强地区的开路电视信号直接进入电视机,并干扰 CATV 系统中相同频道的信号,故必须对开路信号进行频道变换。

(5)调制器。调制器的主要作用有两个:其一是将自办节目中的摄像机、录像机、VCD、DVD、卫星接收机、微波中继等设备输出的视频信号与音频信号加载到高频载波上面去,以便传输;其二是把 CATV 系统开路接收的甚高频与特高频信号经过调制,使之符合邻频传输的要求。

(6)解调器。解调器的主要作用在大、中型 CATV 的前端系统,从开路接收的射频信号中取出音频、视频信号,然后与调制器配对,把音频、视频信号重新解调到符合邻频传输要求的频道上,以便充分利用频道资源。

(7)分配器。分配器的作用主要是:分配,隔离,匹配。

(8)分支器。分支器的主要作用是:以较小的插入损耗从干线或支线上取出一小部分信号传输给用户,从干线上取出部分信号形成分支,反向隔离与分支隔离。

(9)用户接线盒。用户接线盒主要是为用户提供电视、语音、数据等信号的接口。

(10)串接单元。串接单元是指把一分支路的输出端与用户端结合在一起的部件,其电气特性与一分支路完全相同。

(11)传输线。CATV 系统中的传输线也称为馈线,它是有线电视信号传输的媒介。常用的有同轴电缆和光缆。

第五节　楼宇自动控制系统

楼宇自动控制系统是建筑设备自动化控制系统的简称。建筑设备主要是指为建筑服务、提供人们基本生存环境(风、水、电)所需的大量机电设备,如暖通空调设备、照明设备、变配电设备以及给水排水设备等。通过实现建筑设备自动化控制,以达到合理利用设备,节省能源、节省人力,确保设备安全运行之目的。

随着信息技术、网络技术、计算机技术、通信技术、显示技术、半导体集成技术、控制技术、表面安装技术及其他高新科学技术的发展,楼宇自动控制系统也将得到长足的发展。

一、楼宇自动控制系统的组成

(1)建筑设备运行管理的监控。其主要包括:①暖通空调系统的监控(HVAC);②给水排水系统监控;③供配电与照明系统监控。

(2)火灾报警与消防联动控制、电梯运行管制。

(3)公共安全技术防范。其主要包括:①电视监控系统;②防盗报警系统;③出入口控制系统;④安保人员巡查系统;⑤汽车库综合管理系统;⑥各类重要仓库防范设施;⑦安全广播信息系统。

诸多的机电设备之间有着内在的相互联系,于是就需要完善的自动化管理。建立楼宇自动控制系统,以达到对机电设备的综合管理、调度、监视、操作和控制。

二、楼宇自动控制系统的功能

(1)制定系统的管理、调度、操作和控制的策略;

(2)存取有关数据与控制的参数;

(3)管理、调度、监视与控制系统的运行;

(4)显示系统运行的数据、图像和曲线;

(5)打印各类报表;

(6)进行系统运行的历史记录及趋势分析;

(7)统计设备的运行时间,进行设备维护、保养管理等。

楼宇自动控制系统是由中央计算机及各种控制子系统组成的综合性系统,它采用传感技术、计算机和现代通信技术对采暖、通风、电梯、空调监控,给水排水监控,配变电与自备电源监控,火灾自动报警与消防联动,安全保卫等系统实行全自动的综合管理。各子系统之间可以信息互联和联动,为大楼的拥有者、管理者及客户提供最有效的信息服务和高效、舒适、便利和安全的环境。楼宇自动控制系统一般采用分散控制、集中监控与管理,其关键是传感技术与接口控制技术以及管理信息系统。

楼宇智能化"5A"包括:

OA:办公自动化系统;

CA:通信自动化系统;

FA:消防保安监控自动化系统;

MA:信息处理自动化系统;

BA:楼宇自动控制系统。

第六节　火灾自动报警与消防联动控制系统

一、火灾自动报警系统的组成

火灾自动报警系统能够自动捕捉火灾监测区域内火灾发生时产生的烟雾或热气,从而发出声、光报警,并联动其他设备的输出接点,控制自动灭火系统、事故广播、事故照明、消防给水和排烟系统,实现监测、报警和灭火的自动化。

火灾自动报警系统是由触发装置、火灾报警控制装置、火灾警报装置及电源等组成的通报火灾发生的设备。

(一)触发装置

触发装置是自动或手动产生火灾报警信号的器件。自动触发器件包括各种火灾探测器、水流指示器、压力开关等。手动报警按钮是用人工手动发送火警信号通报火警的部件,是一种简单易行、报警可靠的触发装置。它们各有其优缺点和适用范围,可根据其安装的高度、预期火灾的特性及环境条件等进行选择。

(二)火灾报警控制装置

火灾报警控制器通过接收触发装置发来的报警信号,发出声、光报警,指示火灾发生的具体部位,使值班人员迅速采取有效措施,扑灭火灾。对一些建筑平面比较复杂或特别重要的建筑物,为了使发生火灾时值班人员能迅速、准确地确定报警部位,往往采用火灾模拟显示盘,它较普通火灾报警控制器的显示更为形象和直观。某些大型或超大型的建筑物,为了减少火灾自动报警系统的施工布线,采用数据采集器或中继器。

火灾报警控制器的基本工作原理如图9-5所示。原理框图中,对输入单元而言,集中报警控制器有所不同。区域报警控制器处理的探测信号可以是各种火灾探测器、手动报警按钮或其他探测单元的输出信号,而集中报警控制器处理的是区域报警控制器输出的信号。由于两者的传输特性不同,相应输入单元的接口电路不同。通常,采用总线传输方式的接口电路工作原理是:通过监控单元将待巡检(待检测)的地址(部位)信号发送到总线上读取信息,执行相应报警处理功能。一般地,时序要求严格,每个时序都有其固定含义。火灾报警控制器工作的基本顺序要求为:发地址→等待→读信息→等待。控制器周而复始地执行上述时序,完成对整个信号源的检测。

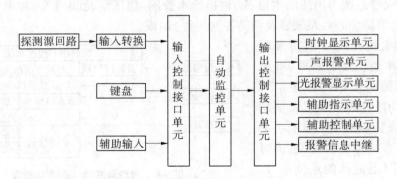

图9-5　火灾报警控制器基本工作原理

(三)火灾警报装置

警报装置是在确认火灾后,由报警装置自动或手动向外界通报火灾发生的一种设备,可以是警铃、警笛、高音喇叭等音响设备,也可以是警灯、闪灯等光指示设备或两者的组合,供疏散人群、向消防队报警等用。

（四）电源

电源是向触发装置、报警装置、警报装置供电的设备。火灾自动报警系统中,除应由消防电源供电外,还要有直流备用电源。

二、火灾自动报警与消防联动控制系统的工作原理

在火灾自动报警系统中,火灾探测器监测被监视的现场或对象,当监测场所或对象发生火灾时,火灾探测器监测到火灾产生的烟雾、高温、火焰及火灾特有的气体等信号,并转换成电信号,经过与正常状态值或参数模型分析比较,给出火灾报警信号,通过火灾报警控制器上的声光报警器启动警报装置显示出来,通知消防人员发生了火灾。同时,火灾自动报警系统通过火灾报警控制器启动警报装置,告诫现场人员投入灭火操作或从火灾现场疏散;启动断电控制装置、防排烟设施、防火门、防火卷帘门、消防电梯、火灾应急灯、消防电话等减灾装置,防止火灾蔓延、控制火势和求助消防部门支援;启动消火栓、水喷淋、水幕、气体灭火系统及装置,及时扑灭火灾,减少火灾损失。

三、消防联动控制系统

现代建筑中的火灾自动报警系统应具备对室内消火栓系统、自动喷淋系统、防排烟系统、卤代烷灭火系统、一级防火卷帘门、火灾警报装置和火灾应急照明等的联动控制功能,并且联动控制要求一般按照实际消防工程需要来确定。对消防设备的联动控制操作及消防设备的运行监测是在消防控制室中实现的。

消防控制室是火灾自动报警系统的控制和信息中心,也是火灾时灭火作战的指挥和信息中心,具有十分重要的地位和作用。

（一）固定灭火装置的联动控制

1. 室内消火栓系统的控制

室内消火栓系统由消防给水设备(包括给水管网、加压泵及阀门等)和电控部分(包括启泵按钮、消防中心启泵装置及消防控制柜等)组成。

室内消火栓系统中消防泵联动控制的基本逻辑要求如图9-6所示。当手动消防按钮的报警信号送入系统的消防控制中心后,消防泵控制屏(或控制装置)产生手动或自动信号直接控制消防泵,同时接收水位信号器返回的水位信号。一般地,消防泵的控制都是经消防

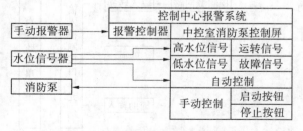

图9-6　消防泵联动控制逻辑框图

控制室来联动控制的,应具备分散(现场)控制、集中(消防中心)管理的功能,并在满足实用要求的前提下,力求简单可靠。

2. 自动喷淋系统的联动控制

自动喷淋系统在现代建筑和高层建筑中得到广泛的应用,其中湿式系统最为广泛。湿式自动喷淋系统又称充水式闭式自动喷淋灭火系统,适用于温度不低于 4 ℃和不高于

70 ℃的场所。它由喷头、报警单向阀、延迟器、水力警铃、压力开关、水流指示器、管道系统、供水设施、报警装置及控制盘组成。

湿式自动喷淋系统的控制原理如图9-7所示。系统的工作过程是:在无火灾时,管网压力水由高位水箱提供,使管网充满不流动的压力水,处于准工作状态。当火灾发生时,水喷头的温度元件达到设定温度时,水喷头动作,系统支管内的水开始流动,水流指示器动作,湿式报警阀动作,压力开关动作,这三个部件的动作信号均送至消防控制室。当信号送入系统后,喷淋控制器产生手动或自动信号直接控制消防泵,消防泵启动,启泵信号送至消防控制室,且水力警铃报警,同时在消防控制室接收返回的水位信号,检测消防泵工作状态,实现集中控制。当支管末端放水阀或试验阀动作时,也将有相应的动作信号送至消防控制室。这样既保证了火灾动作无误,又方便平时维护检修。

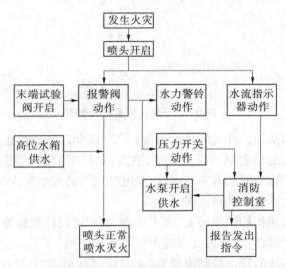

图9-7 湿式自动喷淋系统控制原理

3.干粉灭火系统的联动控制

根据设置干粉灭火装置场所的要求,干粉灭火系统可以分为手动操作系统、半自动操作系统和自动操作系统。一般地,在经常有人停留的房间可以采用手动操作系统;在人员难以接近或值班室离保护房间较远,且生产装置自动化程度较高和人员不经常停留的地方,可以采用远距离启动的干粉灭火系统,其电气启动(或气动启动)的按钮操作装置在灭火房间外设置;在自动化程度较高的场所,常设火灾报警系统与干粉灭火装置联动的自动灭火系统,也可根据需要设置半自动与自动合用的干粉灭火系统,如图9-8所示。当被保护现场发生火灾时,经火灾探测与确认,通过自动操作盘或启动装置打开氮气瓶并发出火灾报警,或由人工按下启动按钮打开氮气瓶,使高压氮气通过调压阀进行减压,进入干粉罐,使干粉流动和加压;当达到规定压力时,依次打开主阀、选择阀,使干粉在动力气体——氮气的作用下,经分压阀、管道达到喷头,或经胶管至喷枪,喷出灭火。

4.卤代烷灭火系统的联动控制

卤代烷灭火系统用于怕水而又比较重要的对象,如变配电室、通信机房、计算机房等重要设备间。不过,卤代烷作为灭火用的人造化学物质,经科学研究证实是破坏大气臭氧

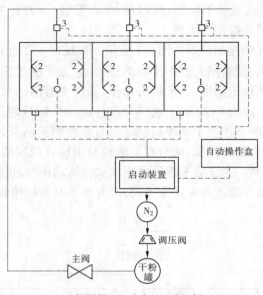

1—探测器;2—喷头;3—分配阀

图9-8 干粉灭火系统原理图

层的元凶之一。我国从保护环境的角度出发,从2005年起已经禁止卤代烷灭火剂和灭火器的使用。取而代之的是七氟丙烷灭火剂,它对臭氧层的耗损潜能值为零,符合环保要求,毒性作用比卤代烷更小,具有非导电性,是电气设备的理想灭火剂。

5. 二氧化碳灭火系统的联动控制

二氧化碳具有对保护物体不污染、灭火迅速、空间淹没性能好等特点;但是造价高,且灭火的同时对人产生毒性危害,因此只有重要场合才使用。

二氧化碳灭火系统的联动控制内容有:火灾报警显示、二氧化碳的自动释放灭火、切断保护区内的送排风机、关闭门窗等。其控制原理如图9-9所示。当发生火灾时,火灾探测器的报警信号传送到消防报警控制器上,驱动控制器发出报警信号,同时发出联动信号(如停空调、关闭防火门等),待人员撤离后再发出信号关闭火灾区域的门。从报警开始延时约30 s后发出指令,启动二氧化碳存储容器,储存的二氧化碳灭火剂通过管道输送到保护区,经喷嘴释放灭火。

(二)防排烟设备的联动控制

防排烟设备的作用是阻止烟气入侵疏散通道,消除烟气使之不致大量积累,并防止烟气扩散到疏散通道。防排烟设备及其系统的设计是综合性自动消防系统的必要组成部分。防排烟设备的控制一般应根据暖通专业的工艺要求进行电气控制设计,防排烟设备的电气控制有以下不同要求:

(1)消防控制室能显示各种防排烟设施的运行情况,并能进行联动遥控和就地手动。

(2)根据火灾情况打开有关排烟管道上的排烟口,启动排烟风机,打开安全出口的电动门。与此同时,关闭有关的防烟阀及防火门,停止有关防烟区域内的空调系统。

(3)在排烟口、防火卷帘、电动安全出口等执行机构处布置火灾探测器。

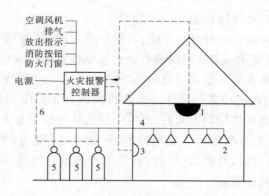

1—火灾探测器;2—喷头;3—警报器;
4—二氧化碳管线;5—二氧化碳钢瓶;6—控制电缆

图9-9 二氧化碳灭火系统原理控制图

(4)正压送风的系统应打开送风口,启动风机。

以上所述防排烟设备的电气控制是由联动控制盘发出指令给各个防排烟设施的执行机构,使其进行工作并发出动作信号的,如图9-10所示。

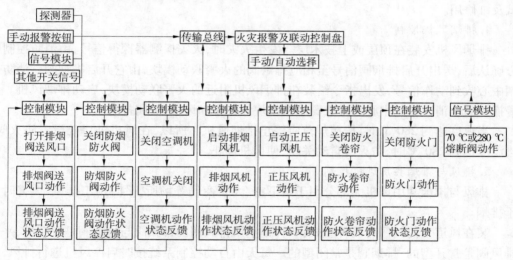

图9-10 防排烟设施的相互关系

1. 防排烟控制

防排烟控制有中心控制和模块控制两种方式。中心控制方式的控制过程是:消防中心控制室接到火灾报警信号后,直接产生信号控制排烟阀门开启,排烟风机、正压风机启动,空调、防火门等关闭,并接收各个设备的返回信号和防火阀动作信号,监测各个设备运行状态。模块控制方式的控制过程是:消防控制室收到火灾报警信号后,产生排烟风机和排烟阀等的动作信号,经总线和控制模块驱动各个设备动作并接收其返回信号,监测其运行状态。在现代建筑或高层建筑中,送风机通常装在建筑物的下技术层或2~3层,排烟机均装在建筑物顶层或上技术层。

2. 防火阀及防烟防火阀的控制

防火阀及防烟防火阀正常时是打开的,当发生火灾时,随着烟气温度上升,熔断器熔断使阀门自动关闭,起到在一定时间内满足耐火稳定性和耐火完整性要求及隔烟阻火的作用。防火阀及防烟防火阀一般用在有防火要求的通风及空调系统的风道上,可用手动复位(打开),也可用电动机构进行操作。电动机构通常采用电磁铁,接收消防控制中心命令而关闭阀门。电磁铁的控制方式有三种:一是消防控制中心火警连锁控制;二是自启动控制,即由自身的温度熔断器动作实现控制;三是就地(现场)手动操作控制。无论何种控制方式,当阀门打开后,其微动(行程)开关便连通信号回路,向控制室返回阀门已开启的信号或连锁控制其他装置。

3. 正压风机控制

送风机的电气控制应按防排烟系统的要求进行设计,通常由消防控制中心、排烟口及就地控制组成。高层建筑中一般安装在下技术层或 2 ~ 3 层。

当发生火灾时,直接启动楼梯间或消防电梯前室的正压风机,对各层前室都送风,使前室中的风压为正压,周围的烟雾进不了前室,以保证垂直疏散通道的安全。除火警信号联动外,还可以通过联动模块在消防中心直接控制;另外设置就地启停控制按钮,以供调试及维修用。

4. 排烟风机控制

排烟风机安装在顶层或上技术层。发生火灾时,火灾探测器探得信号,由消防控制中心确认后,送出开启排烟阀信号至相应排烟阀的火警联动模块,由它开启排烟阀。消防控制中心收到动作信号,发出指令给装在排烟风机附近的火警联动模块,启动排烟风机。火警撤销后由消防控制中心通过火警联动模块停止排烟风机、关闭排烟阀。

当温度达到 280 ℃时,按照规范应停止排烟风机。所以,在风机进口处设置防火阀,当温度达到 280 ℃时,防火阀自动关闭,使风机停止。

5. 排风与排烟共用风机控制

排风与排烟共用风机大部分用于地下室、大型商场等场所,平时用于排风,火警时用于排烟。

装在风道上的阀门有两种型式:一种是空调排风用的排风阀与排烟阀是分开的,平时排风阀是常开型的,排烟阀是常闭型的。每天由自动控制系统按时启停风机进行排风,但排风阀不动。火警时,由消防联动指令关闭全部排风阀,按失火部位开启相应的排烟阀,再指令开启风机,进行排烟。火警撤销时,指令停止风机,再由人工到现场手动开启排风阀,手动关闭排烟阀。另一种是空调排风用的排风阀与排烟阀是合一的,平时是常开的,系统按时指令风机的开停,作为排风用。火警时,由消防控制中心指令阀门全关,再由各个阀门前的探测器送出火警信号后,开启相应的阀门,同时指令开启风机,进行排烟。火警撤销后,由消防控制中心发出指令停止风机,同时开启所有排风阀。

6. 防火门及防火卷帘的控制

防火门及防火卷帘都是防火分隔物,有隔火、阻火、防止火势蔓延的作用。在消防工程应用中,防火门及防火卷帘的动作通常都是与火灾自动报警系统连锁的,其电气控制逻辑较为特殊,是高层建筑中应该认真对待的被控对象。

1) 防火门的控制

防火门在建筑中的状态是:平时(无火灾时)处于开启状态,火灾时控制其关闭。防火门可用手动控制或电动控制(即由现场感烟、感温火灾探测器控制,或由消防控制中心控制)。当采用电动控制时,需要在防火门上配备相应的闭门器及释放开关。防火门的工作方式按其固定方式和释放开关分为两种:一种是平时通电、火灾时断电关闭方式,即防火门释放开关平时通电吸合,使防火门处于开启状态,火灾时通过联动装置自动控制加手动控制切断电源,由装在防火门上的闭门器使之关闭;另一种是平时不通电,火灾时通电关闭方式,即通常将电磁铁、油压泵和弹簧制成一个整体装置,平时不通电,防火门被固定销扣住呈开启状态,火灾时受连锁信号控制,电磁铁通电将销子拔出,防火门靠油压泵的压力或弹簧力作用而慢慢关闭。

现代建筑中经常可以看到电动安全门,它是疏散通道上的出入口。其状态是:平时(无火灾时)处于关闭或自动状态,火灾时呈开启状态;其控制目的与防火门相反,控制电路却基本相同。

2) 防火卷帘的控制

防火卷帘通常设置在建筑物中防火分区通道口外或需要防火分隔的部位,可以形成门帘式防火分隔。防火卷帘平时处于收卷(开启)状态,当火灾发生时受消防控制中心连锁控制或手动操作控制处于降下(关闭)状态。一般防火卷帘分两步降落,其目的是便于火灾初起时根据消防控制中心的连锁信号(或火灾探测器信号)指令或就地手动操作控制,使卷帘首先下降至预定点(1.8 m处),经过一段时间延时后,卷帘降至地面,从而达到人员紧急疏散,灾区隔烟、隔水、控制火势蔓延的目的。

(三)其他消防设备的联动控制

1. 消防疏散指示系统

现代建筑消防工程中,消防疏散指示系统是必不可少的。消防疏散指示系统中大多数问题是建筑构造及其防火问题,与火灾自动报警系统有关的是疏散指示标志设置要求和疏散指示灯具的照明要求。疏散指示标志是以显眼的文字、鲜明的箭头标记指明疏散的方向,引导疏散用的符号标记,它与电光源的组合称为疏散指示灯。

疏散指示灯(疏散照明)的亮灯方式有两种:一种是平时不点亮,火灾发生时接受指令而点燃;另一种是平时点燃,兼作平时出入口标志。在无自然采光的地下室、楼内通道与楼梯间的出入口等处,需要采用平时点燃方式。在现代建筑或高层建筑中,楼梯间照明往往兼作火灾事故疏散照明;由于通常楼梯间照明灯具采用自熄开关,因此需在火灾事故时强行启点。

2. 火灾应急照明系统

火灾发生时,无论是事故停电或是在人为切断电源的情况下,为了保证火灾扑救人员的正常工作和居民的安全疏散,防止疏散通道骤然变暗带来的影响,抑制人们心理上的惊慌,必须保持一定的电光源。据此而设置的照明总称火灾应急照明。它有两个作用:一是使消防人员继续工作,二是使居民安全疏散。

火灾应急照明供电电源可以是柴油发电机组、蓄电池或城市电网电源中的任意两个组合,以满足消防设备供电要求。火灾应急照明和疏散指示标志既可集中供电,也可分散供电。疏散照明装置由于容量较小,一般采用小型内装灯具、蓄电池、充电器和继电器的组装单元,其原理如图9-11所示。当交流电源正常供电时,一路点燃灯管,另一路驱动稳压电源工作,并以小电流给镍镉蓄电池组连续充电。当交流电源停电时,无触点开关自动接通逆变电路,将直流电变成交流电;同时,控制部分把原来的电路切断,而将直流电路接通,转入应急照明。一般地,持续供电时间要求大于 20 min。

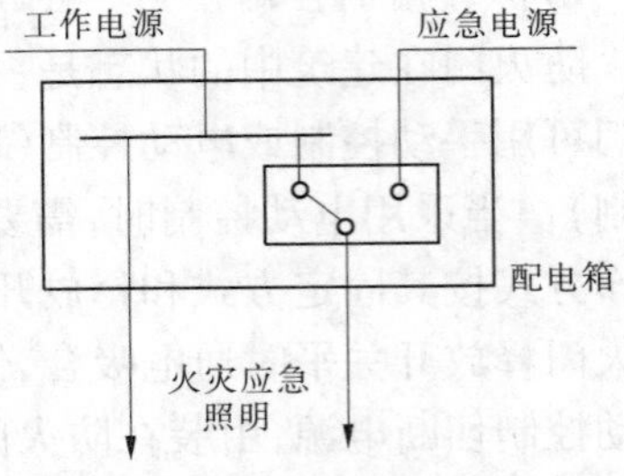

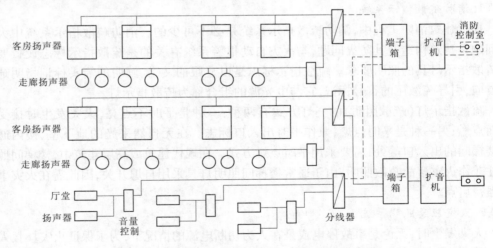

图 9-11　应急照明配电方式

3. 火灾应急广播与警报装置

火灾应急广播是火灾或意外事故时指挥现场人员进行疏散的设备,火灾警报装置(包括警铃、警笛、警灯等)是发生火灾或意外事故时向人们发出警告的装置。虽然两者在设置范围上有些差异,但是使用目的是统一的,即为了及时向人们通报火灾,指导人们安全、迅速地疏散。

发生火灾时,为了便于疏散和减少不必要的混乱,火灾应急广播发出警报时不能采用整个建筑物火灾应急广播系统全部启动的方式,而应该仅向着火楼层及其相关楼层进行广播。当着火层在二楼以上时,仅向着火层及其上下各一层或下一层、上二层发出火灾警报;当着火层在首层时,需要向首层、二层及全部地下层进行紧急广播;当着火层在地下的任一层时,需要向全部地下层和首层紧急广播。

当火灾应急广播按照图9-12所示方式与建筑物内其他音响广播系统合用扬声器时,一旦发生火灾,要求能在消防控制室采用如下两种控制切换方式将火灾现场的扬声器和广播音响扩音机强制转入火灾事故广播状态。

图 9-12　火灾应急广播与一般广播系统合用示意图

(1)火灾应急广播系统仅用音响广播系统的扬声器和传输线路,其扩音机等装置却是专用的。当发生火灾时,应由消防控制室切换输出线路,使音响广播系统投入火灾紧急广播。

· 270 ·

（2）火灾应急广播系统完全利用音响广播系统的扩音机、扬声器和传输线路等装置时，消防控制室应设有紧急播放盒（内含话筒放大器和电源、线路输出遥控按键等），用于火灾时遥控音响广播系统紧急开启火灾紧急广播。

以上两种控制方式都应注意使扬声器无论处于关闭或在播放音乐等状态下，都能紧急播放火灾广播。特别是在设有扬声器开关或音量调节的系统中，紧急广播时，应采用继电器切换到火灾应急广播线路上。无论采用哪种控制方式，都能使消防控制室采用电话直接广播和遥控扩音机的开闭及输出线路的分区播放，还能显示火灾事故广播扩音机的工作状态。

4. 消防专用电话

消防专用电话是与普通电话分开的独立系统，一般采用集中式对讲电话，主机设在消防控制室，分机分设在其他各个部位。相关规范规定，消防专用电话应建在独立的消防通信网络系统中；消防控制室、消防值班室或工厂消防队（站）等处应装设向公安消防部门直接报警的外线电话。

5. 电梯应急控制

当主电源故障时，常常需要提供允许一部或多部电梯运行的备用电源。

在有些场合，备用电源的容量应保证所有电梯都能投入运行。如果能安全地绕道运输，且正在运行的电梯有能力承担这部分额外运输任务的话，在供电中断时可首先给一半电梯供电。然后，把电源切换到另一半电梯，以清理停下来的电梯。此后，供电可留在这组电梯上一直维持到主电源恢复正常为止。

备用电源一般采用自动启动的柴油发电机组，发电机的启动和电源切换装置不需要人工监视。因为可能没有操作和维修人员在场来及时进行手动操作，特别是当电源故障发生在周末、节假日或夜间时，更需要备用电源自动投入。

除上述消防设备控制问题外，发生火灾时，火灾自动报警系统还要考虑消防电源监控、消防电梯监控、空调系统断电控制、消防设备用电末端切换等问题。

第七节　安全防范系统

安全防范系统是一个综合性的系统，它是由物理防范、技术防范、人员管理防范组成的有机组合体。所谓物理防范，就是指建筑物的墙体、门窗等设施的防范作用，在一般情况下，如果在进行建筑物的结构设计时适当地考虑安全防范的特点和需求，将会大大简化安全防范系统，减少投资，提高建筑物本身的安全系数；技术防范是指用防盗探测器、摄像机、门禁等一些电子设备对建筑物内外进行防范的一种手段，是对物理防范的补充和延伸。有了上述两种基础防范设施，再结合人员对设备的管理应用，才能形成一套行之有效的综合安全保卫系统，而人是整个环节中最重要的一环。

一、出入口控制系统

出入口控制系统就是对建筑物内外的正常出入通道进行管理，限制无关人员进入住宅小区和楼宇内电梯，以保证住宅小区及楼宇内的安宁。对于综合性住宅小区而言，其出入口控制系统可设置在主要出入口及电梯上,并配合可视对讲系统。

(一)系统的功能

出入口控制系统的主要功能有:

(1)对已授权的人员,凭有效的卡片、代码或特征,允许其进入;对未授权人员,拒绝其入内。

(2)对某段时间内人员的进出状况、某人的出入情况、在场人员名单等资料实时统计、查询和打印输出。

出入口控制的主要目的是对重要的通行口、出入口通道、电梯等进行出入监视和控制。

(二)系统的组成

出入口控制系统也称为门禁管制系统。出入口控制系统一般由出入口对象(人、物)识别装置,出入口信息处理、控制、通信装置和出入口控制执行机构三部分组成。出入口控制系统应有防止一卡出多人或一卡入多人的防范措施,应有防止同类设备非法复制的密码系统,而且密码系统应能修改。图 9-13 是出入口控制系统的基本结构框图,其中读卡机、电子门锁、出口按钮、报警传感器和报警喇叭等,用来接收人员输入的信息,再转换成电信号送至控制器,同时根据来自控制器的信号,完成开锁、闭锁等工作。控制器接收底层设备发来的有关人员的信息,做出比较判断,然后发出处理信息。单个控制器可组成一个简单的门禁系统,用来管理一个或几个门;多个控制器通过通信网络同计算机连接起来就组成整幢建筑物的门禁系统。计算机装有门禁系统的管理软件,它管理系统中所有的控制器,向它们发送控制命令,进行设置,接收其发来的信息,并完成系统中所有信息的分析和处理。

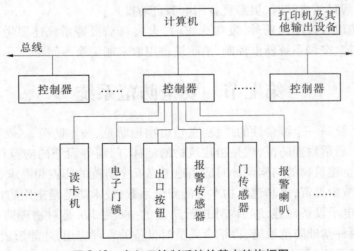

图 9-13 出入口控制系统的基本结构框图

二、闭路电视监控系统

要求较高的办公大厦、宾馆酒店、超级商场、银行或智能小区等场所,常设有保安中心,通过闭路电视监控系统随时观察入口、重要通道和重点保安场所的动态。

（一）系统的组成

闭路电视监控系统根据其使用环境、使用部门和功能而具有不同的组成方式。无论系统规模的大小和功能的多少，一般闭路电视监控系统均由摄像、传输分配、控制、图像处理与显示等四个部分组成，如图9-14所示。

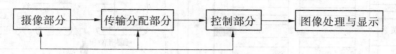

图9-14 闭路电视监控系统组成

当有监听功能的需求时，应增设伴音部分。只需在一处连续监视一个固定目标时，可选单机电视监控系统；也可在一处集中监视多个目标。在进行监视的同时，可以根据需要定时启动录像机、伴音系统和时标装置，记录监视目标的图像、数据、时标，以便存档分析处理。

（二）电视监控的区域及要求

应根据各类建筑物安全技术规范管理的需要，对建筑物内的主要公共活动场所、重要部位等进行视频探测的画面再现、图像的有效监视和记录。对重要部门和设施的特殊部位，应能进行长时间的录像。系统应设置视频报警或其他报警装置。

应能与安全技术防范系统的中央监控室联网，来满足中央监控室对电视监控系统的集中管理和控制的有关要求。

一般来讲，一幢建筑物的监视区域大致可分为户外区域、公共通道和重点防范区域。

1. 户外区域的监视

（1）大楼前后的广场与停车场监视，以掌握进出大楼的人流与车流的动向；

（2）大楼周边的门窗监视，以监视非法进入的情况；

（3）大楼顶部监视，以防意外情况发生。

2. 公共通道的监视

（1）出入口的通道监视，捕捉重点控制对象或掌握人流情况；

（2）电梯轿厢内的监视，防抢劫与非礼案件；

（3）电动扶梯监视，防止人群涌动或设备故障造成人身事故。

3. 重点防范区域的监视

（1）金库、文物珠宝库；

（2）现金柜台、财务账册存放柜；

（3）计算机中心、软盘库；

（4）机要档案室。

（三）摄像点的布置

在办公大厦和高级宾馆或酒店的入口、主要通道、客梯轿厢等处设置摄像机，根据监视对象不同，可设置一台或多台摄像机。摄像点的布置是否合理将直接影响整个系统的质量。从使用的角度来看，要求监视区域范围内的景物，尽可能都进入摄像画面，减少摄像区的死角。摄像点合理的布局就是用较小数量的摄像机获得较好的监视效果。图9-15是几种监控系统摄像机的布置实例。

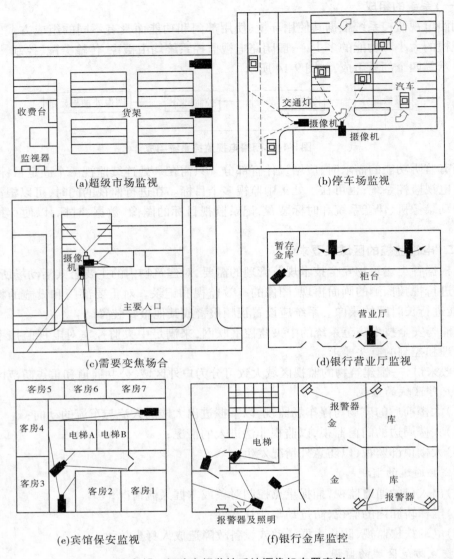

(a)超级市场监视

(b)停车场监视

(c)需要变焦场合

(d)银行营业厅监视

(e)宾馆保安监视

(f)银行金库监控

图9-15　闭路电视监控系统摄像机布置实例

（四）中央监控室

中央监控室应设在禁区内,并应设置值班人员卫生间,避开电梯等冲击性负荷的干扰,还应考虑防潮、防雷及防暑降温的措施。监控中心往往与消防控制中心合用一室。

三、入侵报警系统

入侵报警系统是在探测到防范现场有入侵者时能发出报警信号的专用电子系统,入侵报警系统用探测器对建筑物内外的重要地点和区域进行布防。它用来探测非法侵入,一旦探测到有非法入侵时能及时向有关人员示警,同时还可记录下入侵的时间、地点,并向闭路电视监控系统发出信号,录下现场情况。

(一)系统的组成

入侵报警系统一般由周界防护、建筑物内区域、空间防护和实物目标防护等部分单独或组合构成。图9-16是入侵报警系统的组成框图,系统的前端设备为各种类型的入侵探测器(传感器)。传输方式可采用有线传输或无线传输,有线传输又可采用专线传输和电话线传输等方式。系统的终端显示、控制、通信设备可采用报警控制器,也可设置报警中心控制台。当探测器检测到有人入侵时就产生报警信号,并通过传输系统进入报警控制器发出声、光等报警。

图9-16 入侵报警系统的组成框图

(二)入侵探测器

入侵探测器的种类有很多,在选择探测器时主要根据所在场所的防护等级来考虑,选用的产品必须符合国家有关技术标准。常用的检测器件有门窗电磁开关,检测破坏玻璃或者墙外力撞击的振动传感器,检测人体散发热量的红外线传感器,检测人体和物体运动变化的光电、超声波和微波传感器等。常用的报警输出为报警发声器、警号、警灯和可集中或分散打开的灯光。

(三)报警控制器

1.区域报警控制器

区域报警控制器直接与各种防盗报警传感器相连,接收传感器送来的信号,并向上级控制台输出报警信号。区域报警控制器也可单独使用。

2.中心控制台

它是安全防范系统的中心设备,安装在监控室内,主要的设备有计算机、键盘、显示器、主监视器、录像机、打印机和电话机等。中心控制台基本可分为两种类型,一种直接与防盗探测器和摄像机连接,另一种与区域控制器连接。前者适用于小型系统,而后者适用于较大型的局域网络系统。

另外,需要注意的是,探测器和报警控制器都应该隐蔽安装,线路敷设采用暗敷方式,系统具有自动防止故障的特性,当使用交流电源时,还应配备备用电器。

四、楼宇对讲系统

楼宇对讲系统符合当今住宅的安全和通信需求,它把住宅的人口、住户及保安人员三方面的通信包含在同一网络中,并与监控系统配合,为住户提供了安全、舒适的智能小区环境。楼宇对讲系统通常可分为访客对讲型和可视对讲型两种类型。

(一)访客对讲系统

访客对讲系统是指为来访客人与住户之间提供双向通话或可视通话,并由住户遥控防盗门的开关及向保安管理中心进行紧急报警的一种安全防范系统。它适用于单元式公寓、高层住宅楼和居住小区等。

图9-17所示是一种访客对讲系统。它由对讲系统、控制系统和电控防盗安全门

组成。

1. 对讲系统

对讲系统主要由传声器和语音放大器、振铃电路等组成,要求对讲语言清晰,信噪比高,失真度低。

2. 控制系统

一般采用总线控制传输、数字编码解码方式控制。只要访客按下户主的代码,对应的户主拿下话机就可以与访客通话,并决定是否打开防盗安全门;而户主则可凭电磁钥匙出入该单元大门。

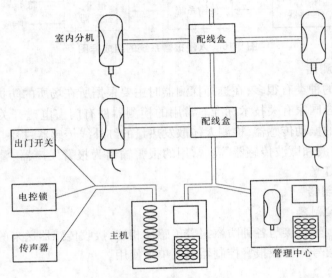

图 9-17　访客对讲系统

3. 电控防盗安全门

对讲系统用的电控防盗安全门是在一般防盗安全门的基础上加上电控锁、闭门器等构件组成的。

(二)可视对讲系统

可视对讲系统除对讲功能外,还具有视频信号传输功能,使户主在通话的同时可观察到来访者的情况。因此,系统增加了微型摄像机一部,安装在大门入口处附近,每户终端设一部监视器。

可视对讲系统主要具有以下功能:

(1)通过观察监视器上来访者的图像,可以将不希望的来访者拒之门外。

(2)按下呼出键,即使没人拿起听筒,屋里的人也可以听到来客的声音。

(3)按下"电子门锁打开按钮",门锁可自动打开。

(4)按下"监视按钮",即使不拿起听筒,也可以监听和监看来访者长达 30 s,而来访者却听不到屋里的任何声音;再按一次,解除监视状态。

可视对讲室内对话机可配置报警控制器,并同报警控制器一起接到小区管理机上。管理机与计算机连接,运行专门的小区安全管理软件,可随时在电子地图上直观地看出报警发生的地理位置、报警住户资料,便于物业管理人员采取相应的措施。

五、电子巡更系统

巡逻时,传统签名簿的签到形式容易出现冒签或补签的问题,在查核签到时比较费时费力,对于失盗、失职分析难度较大。随着 IC 卡和非接触式 IC 卡的出现,产生了电子巡更系统。电子巡更系统分为在线式巡更系统和非在线式巡更系统两种。

在线式巡更系统是指保安人员在规定的巡逻路线上,在指定时间和地点向中央控制站发回信号以表示正常。如在指定时间内,没有信号发回或不按规定次序发回,系统将认为异常。有了巡更系统后,如巡逻人员出现问题或危险,会很快被发觉。

非在线式巡更系统是指保安人员手持巡更棒在规定时间内到指定的巡更间采集该点的信号,并储存在巡更棒中,几个巡更周期后,管理人员将该巡更棒连接到计算机,将所有的巡更信息下载到计算机中,由计算机进行统计。这种结构的巡更系统具有安装简单、使用方便、造价低廉、维护方便等特点。在实际应用中,非在线式巡更系统比较常用。

(一)系统的功能

(1)巡更路线设定、调整及巡更时间的设定和调整;

(2)巡更人员信息的识别;

(3)巡更点信息的识别;

(4)控制中心计算机软件编排巡更班次、时间间隔、线路走向;

(5)计算机对采集回来的数据进行整理、存档,并自动生成分类记录、报表并打印。

另外,在线式巡更系统还具有如下功能:

(1)巡更开关的故障报警,住宅小区监控中心图像视频上给出提示信息,并要求确认;

(2)发出“未到位”信号,将启动有关摄像机与录像机;

(3)报警状态下的信息记录、显示及打印;

(4)巡更到位超时报警;

(5)巡更路线及当前巡更位置的显示;

(6)“未到位”报警时,住宅小区监控中心弹出与报警点相关的摄像机的图像信号。

(二)系统的组成

非在线式电子巡更系统主要由巡更棒、人员信息卡、巡更点信号器、数据转换器、计算机和专用管理软件六部分组成,如图 9-18 所示。

在每个巡更点安装一个巡更点信号器,值班巡更人员首先输入人名信息,然后手持巡更棒在规定的时间内到指定的巡更点采集该点的信号。巡更棒有很大的存储容量,几个巡更周期后,管理人员将该巡更棒连接到计算机,将所有的巡更信息下载到计算机中,由计算机进行统计。管理人员可根据巡更数据知道各巡更人员的检查情况,并能清晰地了解所有巡更路线的运行状况,而且所有巡更信息的历史记录都在计算机里储存,以备事后统计和查询。控制中心的计算机内存有巡更的管理程序,可设定巡更路线和方式,管理人员可通过软件更改巡逻路线以配合不同场合(如有特殊会议、贵宾访问等)的需要。

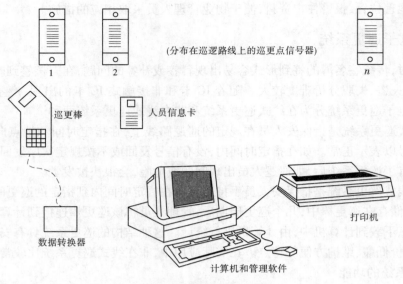

（分布在巡逻路线上的巡更点信号器）

1   2   n

巡更棒

人员信息卡

打印机

数据转换器

计算机和管理软件

图 9-18　巡更系统示意图

六、停车场管理系统

随着人们生活水平的提高,家庭轿车的拥有量逐年增加,住宅小区内必须修建一定规模的停车场。为提高停车场的管理质量、效益及安全性,应建立完善的停车场管理系统。

（一）系统的组成

停车场管理系统主要由车辆出入的检测和控制、车位和车满的显示和管理、计时收费管理等三部分组成。

当车辆驶近入口时,可看到停车场指示信息标志,显示入口方向与车库内空余车位的情况。若车库停车满额,则车满信号灯亮,拒绝车辆入库;若车库未满,允许车辆进入,但驾驶员必须用停车票或停车卡,通过验读机认可,入口电动栏会自动升起放行,车辆驶过栏杆门后,栏杆自动放下,阻挡后续车辆进入。进入的车辆可由车牌摄像机将车牌影像摄入并形成当时驶入车辆的车牌数据。车牌数据与停车凭证数据(凭证类型、编号、进库日期、时间)一齐存入管理系统的计算机内。进库车辆在停车引导灯指引下停在指定位置上,此时管理系统的显示器即显示该车位已被占用的信息。车辆离库时,汽车驶近出口,出示停车凭证,并经验读机读出的数据识别出行的车辆编号与出库时间,出口车辆摄像识别器提供的车牌数据与验读机读出的数据一齐送入管理系统,进行核对与计费。若需当场核收费用,由出口收费器(员)收取,手续完毕后,出口电动栏杆升起放行。放行后电动栏杆落下,车库停车数减一,入口指示信息标志中的停车状态被刷新一次。

（二）智能感应卡停车场管理系统

随着现代科学技术的发展,智能感应卡已应用于停车场管理系统中,因此省去了使用磁卡而带来的庞大的计算、传递、动作机构。此系统以智能卡技术和计算机应用软件为核心,配备精良的停车场设备。

智能感应卡停车场管理系统流程示意图如图 9-19 所示。

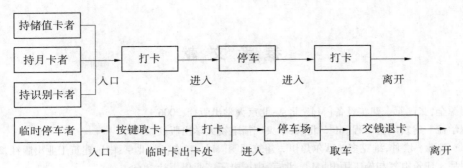

图9-19　智能感应卡停车场管理系统流程示意图

思考题与习题

1. 简述智能建筑的定义、功能、特点。

2. 简述火灾自动报警与消防联动控制系统的组成及其工作原理。

3. 简述电话通信系统、建筑广播音响系统、共用天线电视系统、安全防范系统、综合布线系统的组成。

4. 智能建筑的核心技术包含哪些内容?

5. 简述建筑智能化系统的组成与结构。

6. 什么是综合布线系统?

7. 建筑物综合布线系统分为哪几个子系统?

8. 综合布线系统的传输介质包含哪些?

9. 简述通信系统的功能。

10. 简述各种防排烟设备联动控制的工作原理。

参 考 文 献

[1] 刘源全,张国军. 建筑设备[M]. 北京:北京大学出版社,2006.
[2] 魏学孟. 建筑设备工程[M]. 北京:中央广播电视大学出版社,2000.
[3] M·戴维·埃甘,维克多·欧尔焦伊. 建筑照明[M]. 袁樵,译.北京:中国建筑工业出版社,2006.
[4] 刘兵. 建筑电气与施工用电[M]. 北京:中国电子工业出版社,2006.
[5] 谢社初,刘玲. 建筑电气工程[M]. 北京:机械工业出版社,2005.
[6] 郭永年. 电工与电气设备[M]. 北京:中国水利水电出版社,1995.
[7] 徐志强. 建筑电气设计技术[M]. 广州:华南理工大学出版社,2004.
[8] 于国清. 建筑设备工程 CAD 制图与识图[M]. 北京:机械工业出版社,2005.
[9] 喻建华. 建筑应用电工[M]. 武汉:武汉工业大学出版社,2002.
[10] 杨光臣. 建筑电气工程识图·工艺·预算[M]. 北京:中国建筑工业出版社,2004.
[11] 张卫兵. 电气安装工程识图与预算入门[M]. 北京:人民邮电出版社,2005.
[12] 熊德敏. 安装工程定额与预算[M]. 北京:高等教育出版社,2003.
[13] 杨绍胤. 智能建筑设计实例精选[M]. 北京:中国电力出版社,2006.
[14] 董羽蕙. 建筑设备[M]. 重庆:重庆大学出版社,2002.
[15] 郑庆红,高湘,王慧琴. 现代建筑设备[M]. 北京:冶金工业出版社,2004.
[16] 张东放. 建筑设备工程[M]. 北京:机械工业出版社,2009.
[17] 徐勇. 通风与空气调节工程[M]. 北京:机械工业出版社,2007.
[18] 李媛英. 中央空调运行与管理读本[M]. 北京:机械工业出版社,2007.
[19] 刘金生. 建筑设备工程[M]. 北京:中国建筑工业出版社,2006.
[20] 王付全. 建筑设备[M]. 北京:科学出版社,2004.
[21] 王继明,卜城,屠峥嵘,等. 建筑设备[M].2 版. 北京:中国建筑工业出版社,2007.
[22] 全国造价工程师执业资格考试培训教材编审组.建设工程技术与计量(安装工程部分)[M]. 北京:中国计划出版社,2009.
[23] 赵培森,王树瑛,田会杰,等. 建筑施工手册·建筑给水排水及采暖工程[M].4 版. 北京:中国建筑工业出版社,2003.
[24] 刘昌明,鲍东杰. 建筑设备工程[M]. 武汉:武汉理工大学出版社,2007.
[25] 黄翔. 空气调节[M]. 北京:机械工业出版社,2006.